高等职业教育建筑工程技术专业工学结合"十二五"规划教材

建筑构造与设计实训

主　编　李维敦　张亚娟

WUHAN UNIVERSITY PRESS

武汉大学出版社

图书在版编目(CIP)数据

建筑构造与设计实训/李维敦,张亚娟主编.—武汉:武汉大学出版社,2015.1
(2017.1 重印)
高等职业教育建筑工程技术专业工学结合"十二五"规划教材
ISBN 978-7-307-14982-3

Ⅰ.建… Ⅱ.① 李… ② 张… Ⅲ.① 建筑构造—高等职业教育—教材
② 建筑设计—高等职业教育—教材 Ⅳ.TU2

中国版本图书馆 CIP 数据核字(2014)第 301167 号

责任编辑:路亚妮 郭 芳 责任校对:黄孝莉 装帧设计:吴 极

出版发行:**武汉大学出版社** (430072 武昌 珞珈山)
(电子邮件:whu_publish@163.com 网址:www.stmpress.cn)
印刷:湖北画中画印刷有限公司
开本:787×1092 1/16 印张:15 字数:351 千字
版次:2015 年 1 月第 1 版 2017 年 1 月第 2 次印刷
ISBN 978-7-307-14982-3 定价:29.00 元

前　言

本实训教材是为了适应高职高专院校土建、工程监理、经济管理、建筑设计等专业学生进行课程实训、课程设计及毕业设计的需要而编写的。本实训教材以培养学生职业能力为主线,旨在促进学生处理好知识、能力和素质三者之间的关系;以让学生掌握基本的理论知识为出发点,强化对学生基本技能和职业能力的培养。

课程实训、课程设计是教学过程中综合性和实践性极强的环节,是理论与实践相结合的实训操练阶段。在实训中,学生不仅要把所学的知识运用到设计、施工中去,还要熟练掌握国家有关法律、规范和条例,注重各专业课程之间的联系,扩大专业知识面。本实训教材的理念及思路就是根据课程的定位和培养目标,以工程案例为载体,以背景资料为依托,以实训知识和技能要点为引导,以知识链接为补充,培养学生的动手能力和实践能力,提高学生对所学知识的实际应用能力。

本实训教材内容分为两篇,第 1 篇为建筑构造与设计实训要点及方案,包括 4 个构造实训模块(基础构造实训、墙体构造实训、楼梯构造实训、屋面构造实训)、3 个设计实训模块(住宅楼单体设计实训、办公楼单体设计实训、建筑总平面设计实训)及设计实训引导资料;第 2 篇为建筑构造与设计实务操练。第 1 篇在各实训模块前都有围绕教材内容提炼出的实训要点知识和相关规范要求,并以此提出实训内容;第 2 篇用案例引领,依托背景资料,结合第 1 篇提出的实训内容列出实训步骤,完成各实训模块的实训任务。本实训教材内容通俗易懂、深入浅出,同时每一个实训模块都有学生实训的效果评价标准,评价标准分为教师评价和学生自评两个部分,便于教师更准确地掌握学生的实训效果。通过实训,学生能熟练掌握建筑构造与设计基础课程中构造和设计两部分内容的要点,培养学生的动手能力(绘图能力)、组织能力和专业知识的综合运用能力。

"建筑构造与设计实训"是高等职业教育建筑工程技术专业,工程监理专业,建筑管理、工程造价及建筑设计等相关专业的一门核心专业实践课程。本教材是与"建筑构造与设计基础""建筑构造""房屋建筑学"等相关课程配套的实训教材。

本实训教材由甘肃建筑职业技术学院李维敦副教授和张亚娟副教授共同编写而成。全书在编写过程中得到了甘肃建筑职业技术学院的大力支持,在此一并致谢!

由于编者水平有限,书中难免存在漏误之处,恳请读者批评指正,以便及时修正。

编　者

2014 年 10 月

实 训 导 航

　　本实训教材从"建筑构造与设计基础""建筑构造""房屋建筑学"等课程教学中找出可操作性强的知识点,结合当前建筑施工与建筑设计内容,依据《建筑设计防火规范》(GB 50016—2006)、《民用建筑设计通则》(GB 50352—2005)、《严寒和寒冷地区居住建筑节能设计标准》(JGJ 26—2010)、《建筑工程设计文件编制深度规定》(建质〔2008〕216 号)、《工程建设标准强制性条文　房屋建筑部分》(2009 年版)等建筑设计规范和建筑构造标准图集,以工程案例为背景,将每一个模块作为一个实训内容,通过识读和绘图手段,使学生系统地完成每一模块实训任务。

　　实训思路:本实训教材将"建筑构造与设计基础""建筑构造""房屋建筑学"等课程的教学内容概括总汇,围绕 7 个实训模块(分实训要点及方案和实务操练两部分)展开。将实训知识要点和案例背景资料相结合,按实训步骤要求完成每个实训模块的实训,且每个实训模块后均有对应的实训能力评价标准进行考核。

　　实训手段:本实训教材以"建筑构造与设计实训"为载体,采用现场见习、模型讲解、课件演示、分组讨论等教学手段,结合手工绘图及实训操作完成"建筑构造与设计基础""建筑构造""房屋建筑学"等课程教学过程中的实训教学工作。

　　成果评价:本实训教材倡导团队协同工作、分组考查、学生自评、教师总评和效果考评理念。实训能力评价分教师评价和学生自评两个部分,其中教师评价占 80%,学生自评占 20%,具体参照书中评价表格执行。其以现场见习、模型认识能力及绘图能力为评价主导,各模块确定评价标准权重后,给出学生综合能力评价成绩。

目　　录

第1篇　建筑构造与设计
实训要点及方案

1 基础构造实训 ……………………… 3
　1.1 基础构造实训知识及技能
　　　领域 ……………………………… 3
　1.2 基础构造实训知识及技能
　　　要点应用 ……………………… 4
　　1.2.1 基础设计的条件尺寸 … 4
　　1.2.2 地基持力层的选择 …… 8
　　1.2.3 基础埋深的初步确定 … 9
　　1.2.4 基础埋深的确定 ……… 9
　　1.2.5 基础类型的选择 …… 10
　　1.2.6 绘制基础平面布置图
　　　　　及基础大样详图 …… 10
　1.3 基础构造实训内容及方案 … 13
　　1.3.1 实训内容 …………… 13
　　1.3.2 实训方案 …………… 13

2 墙体构造实训 ………………… 14
　2.1 墙体构造实训知识及技能
　　　领域 …………………………… 14
　2.2 墙体构造实训知识及技能要点
　　　应用 …………………………… 15
　　2.2.1 外墙身构造设计的条件
　　　　　尺寸 ………………… 15
　　2.2.2 外墙身墙脚处构造设计 … 19
　　2.2.3 外墙身与地面交接处构造
　　　　　设计 ………………… 22
　　2.2.4 门窗洞口处构造设计 … 24
　　2.2.5 外墙身与楼面交接处构造
　　　　　设计 ………………… 25
　　2.2.6 外墙身保温及装饰构造
　　　　　设计 ………………… 26

　2.3 墙体构造实训内容及方案 … 30
　　2.3.1 实训内容 …………… 30
　　2.3.2 实训方案 …………… 30

3 楼梯构造实训 ………………… 31
　3.1 楼梯构造实训知识及技能
　　　领域 …………………………… 31
　3.2 楼梯构造实训知识及技能要点
　　　应用 …………………………… 32
　　3.2.1 确定楼梯部数和每部楼梯
　　　　　的梯段宽度 ………… 32
　　3.2.2 确定踏步尺寸 ……… 33
　　3.2.3 计算每层级数 ……… 33
　　3.2.4 确定楼梯和楼梯间形式 … 33
　　3.2.5 确定平台的宽度和标高 … 35
　　3.2.6 计算楼梯段的水平投影长
　　　　　和楼梯间的进深最小
　　　　　净尺寸 ………………… 36
　　3.2.7 计算楼梯间的开间最小
　　　　　净尺寸 ………………… 36
　　3.2.8 确定楼梯间开间和进深
　　　　　的轴线尺寸 ………… 37
　　3.2.9 绘制楼梯平面图和
　　　　　剖面图 ………………… 37
　　3.2.10 楼梯的细部构造节点
　　　　　　设计 ………………… 41
　3.3 楼梯构造实训内容及方案 … 54
　　3.3.1 实训内容 …………… 54
　　3.3.2 实训方案 …………… 54

4 屋面构造实训 ………………… 55
　4.1 屋面构造实训知识及技能
　　　领域 …………………………… 55

4.2 屋面构造实训知识及技能
　　要点应用 …………………… 56
　4.2.1 屋面排水设计 ………… 56
　4.2.2 屋面防水设计 ………… 59
4.3 屋面构造实训内容及方案 … 72
　4.3.1 实训内容 …………… 72
　4.3.2 实训方案 …………… 73

5 住宅楼单体设计实训 ………… 74
5.1 住宅楼单体设计实训知识及
　　技能领域 …………………… 74
5.2 住宅楼单体设计实训知识及
　　技能要点应用 ……………… 76
　5.2.1 住宅的功能空间分析 … 76
　5.2.2 住宅的单一空间设计 … 77
　5.2.3 住宅的空间组合设计
　　　　（平面设计） ………… 81
　5.2.4 住宅立面设计 ………… 88
　5.2.5 住宅防火与疏散设计 … 90
　5.2.6 住宅构造设计要求 …… 93
　5.2.7 住宅楼设计技术经济
　　　　指标 …………………… 101
5.3 住宅楼单体设计实训内容
　　及方案 ……………………… 102
　5.3.1 实训内容 …………… 102
　5.3.2 实训方案 …………… 102

6 办公楼单体设计实训 ………… 104
6.1 办公楼单体设计实训知识及
　　技能领域 …………………… 104
6.2 办公楼单体设计实训知识及
　　技能要点应用 ……………… 105
　6.2.1 办公楼的功能空间分析 … 106
　6.2.2 办公楼的单一空间设计 … 107
　6.2.3 办公楼的空间组合设计 … 117
　6.2.4 办公楼的立面设计和
　　　　剖面设计 …………… 132

　6.2.5 办公楼的防火设计 …… 133
　6.2.6 办公楼构造要求 ……… 133
6.3 办公楼单体设计实训内容及
　　方案 ………………………… 136
　6.3.1 实训内容 …………… 136
　6.3.2 实训方案 …………… 136

7 建筑总平面设计实训 ………… 137
7.1 建筑总平面设计实训知识及
　　技能领域 …………………… 137
7.2 建筑总平面设计实训知识及
　　技能要点应用 ……………… 138
　7.2.1 建筑总平面设计的内容 … 138
　7.2.2 建筑场地设计的规定和
　　　　要求 …………………… 139
　7.2.3 建筑间距设计 ………… 141
　7.2.4 场地道路设计 ………… 143
　7.2.5 停车场设计 …………… 144
　7.2.6 建筑场地竖向设计 …… 146
　7.2.7 场地绿化及管线设计 … 146
7.3 建筑总平面设计实训内容及
　　方案 ………………………… 147
　7.3.1 实训内容 …………… 147
　7.3.2 实训方案 …………… 147

8 设计实训引导资料 …………… 148
8.1 建筑设计总论 ……………… 148
　8.1.1 基本术语 …………… 148
　8.1.2 建筑物的分类及等级
　　　　划分 …………………… 150
　8.1.3 建筑设计的内容和
　　　　程序 …………………… 151
　8.1.4 建筑设计依据 ………… 152
　8.1.5 建筑节能设计要求 …… 157
8.2 民用建筑防火及疏散设计 … 160
　8.2.1 民用建筑防火 ………… 160
　8.2.2 民用建筑的安全疏散 … 165

第 2 篇　建筑构造与设计实务操练

9　基础构造实务操练 …………… 177
　9.1　基础构造实训资料 ………… 177
　　9.1.1　背景资料(一) ………… 177
　　9.1.2　背景资料(二) ………… 177
　　9.1.3　背景资料(三) ………… 179
　9.2　基础构造实训能力评价
　　　　标准 ……………………… 180

10　墙体构造实务操练 …………… 183
　10.1　墙体构造实训资料 ………… 183
　　10.1.1　背景资料(一) ………… 183
　　10.1.2　背景资料(二) ………… 183
　10.2　墙体构造实训能力评价
　　　　标准 ……………………… 187

11　楼梯构造实务操练 …………… 189
　11.1　楼梯构造实训资料 ………… 189
　　11.1.1　背景资料(一) ………… 189
　　11.1.2　背景资料(二) ………… 189
　　11.1.3　背景资料(三) ………… 190
　11.2　楼梯构造实训能力评价
　　　　标准 ……………………… 193

12　屋面构造实务操练 …………… 196
　12.1　屋面构造实训资料 ……… 196

　　12.1.1　背景资料(一) ……… 196
　　12.1.2　背景资料(二) ……… 197
　12.2　屋面构造实训能力评价
　　　　标准 ……………………… 200

13　住宅楼单体设计实务操练 …… 202
　13.1　住宅楼单体设计实训
　　　　资料 …………………… 202
　　13.1.1　背景资料(一) ……… 202
　　13.1.2　背景资料(二) ……… 202
　13.2　住宅楼单体设计实训能力
　　　　评价标准 ……………… 215

14　办公楼单体设计实务操练 …… 217
　14.1　办公楼单体设计实训
　　　　资料 …………………… 217
　14.2　办公楼单体设计实训能力
　　　　评价标准 ……………… 226

15　建筑总平面设计实务操练 …… 227
　15.1　总平面设计实训资料 …… 227
　　15.1.1　背景资料(一) ……… 227
　　15.1.2　背景资料(二) ……… 228
　15.2　建筑总平面设计实训能力
　　　　评价标准 ……………… 230

参考文献 ……………………… 232

第 1 篇

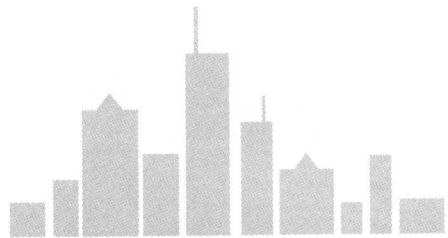

建筑构造与设计实训要点及方案

1 基础构造实训

【实训引言】

建筑构造类的相关课程中主要围绕基础的埋深、类型、构造尺寸及适用范围和特点,对基础作了详尽的介绍。本实训以工程案例背景为依托,以书本知识要点为支撑,以工程绘图为载体,通过对深、浅基础的构造设计,加深学生对课本知识的理解和应用。

【实训思路】

```
实训知识要点 ──┐            ┌── 参观基础模型及实体 ──┐
              ├────────────┤                        ├── 能力评价(成绩评定)
案例背景资料 ──┘            └── 绘制基础构造图 ──────┘
```

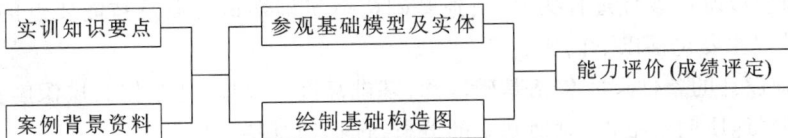

1.1 基础构造实训知识及技能领域

基础构造实训知识及技能领域如表 1-1、表 1-2 所示。

表 1-1　　　　　　　　　　　　　　基础构造实训知识领域

知识领域	知识单元		知识点
基础构造	核心知识单元	基础设计的条件尺寸	① 基础埋深; ② 基础构造尺寸; ③ 地基持力层深度
		基础埋深的确定依据	① 水文地质条件及建筑高度的影响; ② 相邻建筑物及地沟深度的影响
		基础的类型	① 深、浅基础的划分及构造; ② 刚性、柔性基础的划分及构造; ③ 按构造形式的分类及其适合的范围
	拓展知识单元	根据"地质勘察报告"对地基土的分析,选择地基持力层	
		参照地基持力层的承载能力、基础埋深及上部主体结构类型选择基础类型	
		依照上部结构竖向及水平荷载标准值及地基承载力确定基础的尺寸大小	

表 1-2 基础构造实训技能领域

技能领域	技能单元		技能点
基础平面图、节点大样图的绘制及读图能力	核心技能单元	浅基础节点大样图的绘制及识读	① 独立基础大样图的绘制； ② 条形基础大样图的绘制
		深基础节点大样图的绘制及识读	① 承台桩基础大样图的绘制； ② 大直径桩基础大样图的绘制
	拓展技能单元	独立基础平面图及基础大样详图的绘制和识读图例	
		条形基础平面图及基础大样详图的绘制和识读图例	
		桩基础平面图及基础大样详图的绘制和识读图例	

1.2 基础构造实训知识及技能要点应用

本节内容以基础设计过程为例，讲述基础构造实训知识要点及技能要点的应用。基础设计的过程主要包括以下内容：

① 基础设计的条件尺寸包括基础埋深、基础高度及宽度、地基持力层深度。

② 根据"地质勘察报告"对地基土的分析，选择地基持力层。

③ 依据水文地质条件（建筑物所在地地下水位深度、冻土深度等）及建筑物高度初步确定基础埋深。

④ 考察相邻建筑物的基础埋深及本工程地沟深度（对于浅基础而言）与②、③综合确定基础的埋深。

⑤ 主要参照地基持力层的承载能力、基础埋深及上部主体结构类型选择基础类型。

⑥ 绘制基础平面布置图及基础大样详图。

1.2.1 基础设计的条件尺寸

基础设计的条件尺寸包括基础埋深尺寸、基础构造尺寸（基础高度及宽度）、地基持力层深度。

1.2.1.1 基础埋深尺寸

（1）基础埋深

① 基础埋深是指从室外设计地坪到基础底面的垂直距离。

② 基础埋深不大于 4m 时为浅基础。在确定基础埋深时应优先考虑浅基础，但浅基础的埋置深度不得小于 0.5m。

（2）影响基础埋深的因素

影响基础埋深的主要因素可以归纳为以下 5 个方面。

① 建筑物的用途，有无地下室、设备基础和地下设施，基础的形式和构造。

② 作用在地基上的荷载大小和性质；多层建筑物一般根据地下水位及冻土深度等来确定埋深。一般高层建筑的基础埋置深度为地面以上建筑物总高度的 1/14～1/10。

③ 工程地质、土层构造和水文地质条件。

④ 相邻建筑物的基础埋深。

⑤ 地基土冻胀和融陷的影响。

关于各因素的影响将在 1.2.3，1.2.4 节中详细讲述。

1.2.1.2　基础构造尺寸

(1)常见刚性基础的构造要求

由抗压强度高而抗拉、抗剪强度低的材料制作的基础称为刚性基础(图 1-1)。为满足地基承载力的要求及刚性基础的受力特点，基础必须具有相应的高度，且基础在传力时只能在材料的允许范围(即刚性角 α 范围)内控制。刚性基础高度应符合式(1-1)的要求。

$$H_0 \geqslant \frac{b - b_0}{2\tan\alpha} \tag{1-1}$$

式中　b——基础底面宽度；

　　　b_0——基础顶面的墙体宽度或柱脚宽度；

　　　H_0——基础高度；

　　　$\tan\alpha$——基础台阶宽高比，即 $b_2 : H_0$，其允许值可按表 1-3 选用；

　　　b_2——基础台阶宽度。

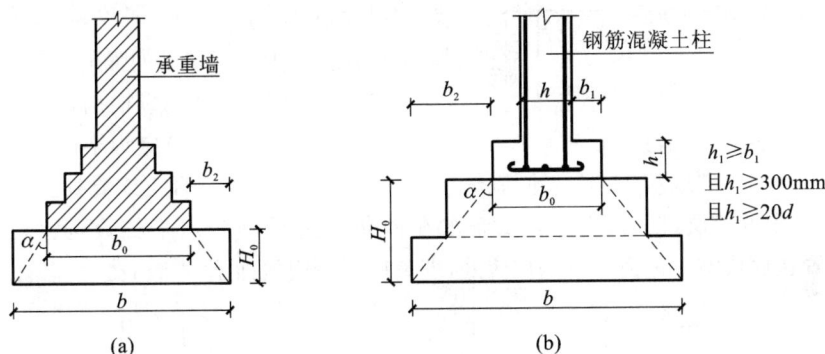

图 1-1　刚性基础构造图

表 1-3　**刚性基础台阶宽高比允许值(刚性角范围)**

基础材料	质量要求	台阶宽高比允许值		
		$p_k \leqslant 100$	$100 < p_k \leqslant 200$	$200 < p_k \leqslant 300$
混凝土基础	C15 混凝土	1:1.00	1:1.00	1:1.25
毛石混凝土基础	C15 混凝土	1:1.00	1:1.25	1:1.50
砖基础	砖不低于 MU10，砂浆不低于 M5	1:1.50	1:1.50	1:1.50
毛石基础	砂浆不低于 M5	1:1.25	1:1.50	—
灰土基础	体积比为 3:7 或 2:8 的灰土，其最小干密度：粉土为 1.55t/m³；粉质黏土为 1.50t/m³；黏土为 1.45t/m³	1:1.25	1:1.50	—
三合土基础	体积比 1:3:6～1:2:4(石灰:砂:骨料)，每层约虚铺 220mm，夯至 150mm	1:1.50	1:2.00	—

注：1. p_k 为荷载效应标准组合作用下基础底面处的平均压力值(kPa)。

　　2. 阶梯形毛石基础的每阶伸出宽度不宜大于 200mm。

① 毛石基础构造。

毛石基础是用毛石与水泥砂浆或水泥混合砂浆砌成的。所用的毛石应质地坚硬、无裂纹、强度等级一般为 MU20 以上,砂浆宜用水泥砂浆,强度等级不低于 M5。毛石基础可作墙下条形或柱下独立基础。其断面形状有矩形、阶梯形和梯形等。一般情况下,阶梯形剖面是每砌 300～500mm 高后收退一个台阶,收退几次后,达到基础顶面宽度为止;梯形剖面是上窄下宽,由下往上逐步收小尺寸;矩形剖面为满槽装毛石,上下一样宽。毛石基础的标高一般砌到室内地坪以下 50mm,基础顶面宽度不应小于 400mm。基础顶面宽度比墙基底面宽度大 200mm,基础底面宽度依结构设计计算而定。梯形基础坡角应大于 60°。阶梯形基础每阶高度不小于 300mm,每阶挑出宽度不大于 200mm,如图 1-2 所示。

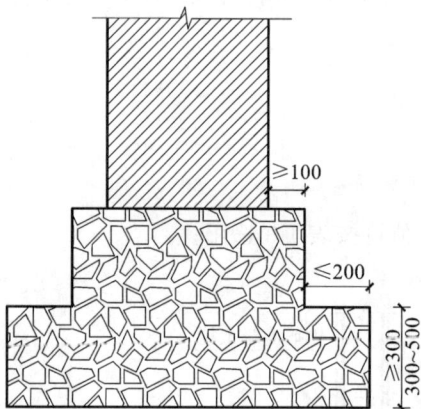

图 1-2 阶梯形毛石基础构造图

② 砖基础构造。

砖基础下部通常扩大,称为大放脚。大放脚有等高式和不等高式两种。等高式大放脚是两皮一收,即每砌两皮砖,两边各收进 1/4 砖长,如图 1-3(a)所示;不等高式大放脚是两皮一收与一皮一收相间隔,即砌两皮砖,收进 1/4 砖长,再砌一皮砖,收进 1/4 砖长,如此往复,如图 1-3(b)所示。在相同底宽的情况下,不等高式大放脚可减小基础高度,但为保证基础的强度,底层需用两皮一收砌筑。大放脚的底宽应根据计算而定,各层大放脚的宽度(包括灰缝)应为半砖长的整数倍。

在大放脚下面为基础地基(垫层),地基(垫层)一般用灰土、碎土三合土或混凝土等砌成。在墙基顶面应设防潮层,防潮层用 1:2.5 水泥砂浆加适量的防水剂铺设,其厚度一般为 20mm,位置在底层室内地面以下一皮砖处,即离底层室内地面下 60mm 处。

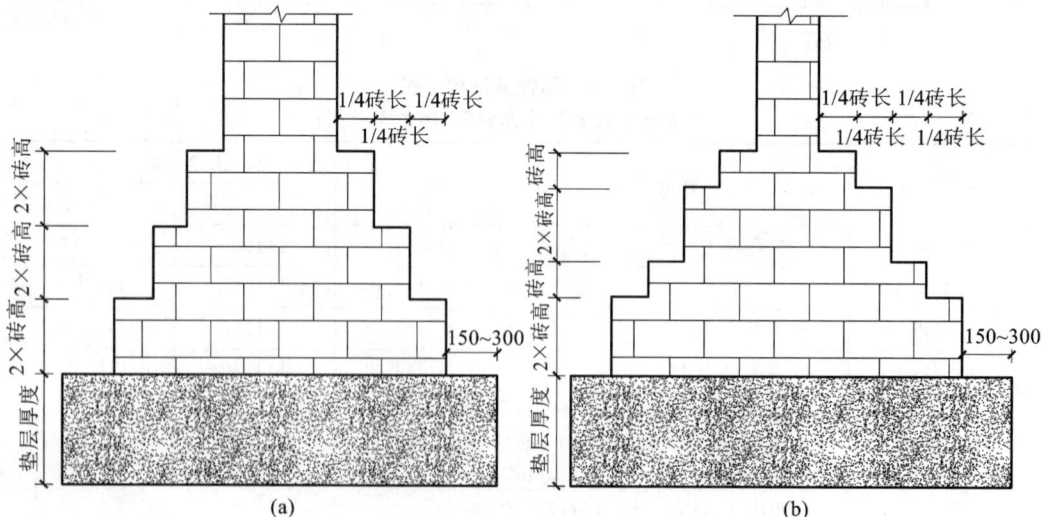

图 1-3 砖基础构造图

(a)等高式;(b)不等高式

（2）常见柔性基础的构造要求

用抗拉和抗弯强度都很高的材料建造的基础称为柔性基础，一般用钢筋混凝土制作而成。这种基础适用于上部结构荷载比较大、地基比较柔软、用刚性基础不能满足要求的情况。

钢筋混凝土基础的构造要求如下：

基础的根部板厚依据基础抗冲切计算确定；锥形基础的边缘高度不宜小于 200mm，阶梯形基础的每阶高度宜为 300～500mm，扩展基础底板受力钢筋的最小直径不宜小于 10mm，间距不宜大于 200mm，也不宜小于 100mm。墙下钢筋混凝土条形基础纵向分布钢筋的直径不宜小于 8mm，间距不宜大于 300mm，每平方米分布钢筋的面积应不小于受力钢筋面积的 1/10。当有垫层时钢筋保护层的厚度应不小于 40mm，无垫层时应不小于 70mm，混凝土强度等级应不小于 C20。

① 独立基础。

当建筑物上部结构采用框架结构或单层排架结构承重时，基础常采用方形、圆柱形和多边形等形式的基础，这类基础称为独立基础，也称单独基础，是整个或局部结构物下的无筋或配筋基础。如图 1-4 所示，独立基础一般是指结构柱基、高烟囱、水塔基础等的形式。独立基础分为阶形基础、坡形基础和杯形基础三种。

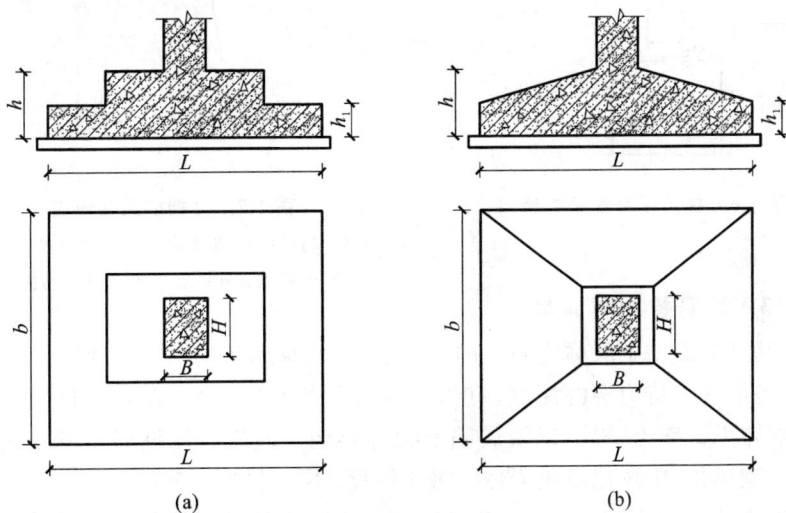

(a)　　　　(b)

图 1-4　独立基础构造图

② 满堂基础。

当上部结构传下的荷载很大、地基承载力很低、独立基础不能满足地基要求时，常将这个建筑物的下部做成整块钢筋混凝土基础，称为满堂基础。满堂基础按构造形式又分为筏形基础和箱形基础。

③ 桩基础。

当建造比较大的工业与民用建筑，地基的软弱土层较厚，采用浅埋基础不能满足地基的强度和变形要求时，常采用桩基础。桩基础的作用是将荷载通过桩传给埋藏较深的坚硬土层，或通过桩周围的摩擦力传给地基。其按照施工方法可分为钢筋混凝土预制桩和钢筋混凝土灌注桩。

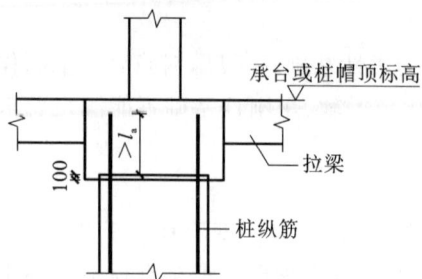

图 1-5　桩纵筋伸入承台或柱帽内的要求

l_a—钢筋锚固长度

a. 钢筋混凝土预制桩。这种桩在施工现场或构件场预制,用打桩机打入土中,然后再在桩顶浇筑钢筋混凝土承台。其承载力大,不受地下水位变化的影响,耐久性好,但自重大,运输和吊装比较困难。打桩时震动较大,对周围房屋有一定影响。

b. 钢筋混凝土灌注桩。其按施工方式分为套管成孔灌注桩、钻孔灌注桩、爆扩成孔灌注桩三类。图 1-5～图 1-7 所示为灌注桩桩底和桩顶构造图。

灌注桩扩底端尺寸应符合下列要求:

(a) 挖孔桩的 D/d 不应大于 3,钻孔桩的 D/d 不应大于 2.5。

(b) 扩底端侧面的斜率应根据实际成孔及土体自立条件确定,a/h_c 可取 1/4,粉灰或黏性土可取 1/3～1/2。

(c) 锅底高度 h_b 可取 (0.15～0.20)D。

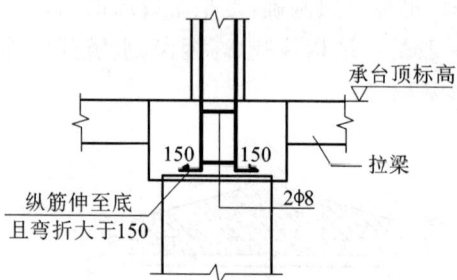

图 1-6　柱与承台连接构造

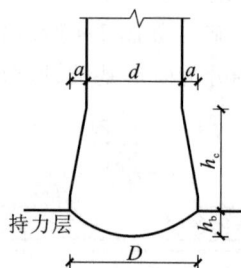

图 1-7　桩端扩大头做法

D—扩底端直径;d—桩身直径;h_c—扩大头外扩高度;
a—扩大头外扩尺寸;h_b—锅底高度

1.2.1.3　地基持力层深度

建筑物基础下面的土层称为基础的持力层。《建筑地基基础设计规范》(GB 50007—2011)规定:桩底进入持力层的深度,宜为桩身直径的 1～3 倍。在确定桩底进入持力层深度时,尚应考虑特殊土、岩溶以及震陷液化等影响。嵌岩灌注桩周边嵌入完整和较完整的未风化、微风化、中风化硬质岩体的最小深度,不宜小于 0.5m。

《建筑桩基技术规范》(JGJ 94—2008)规定:应选择较硬土层作为桩端持力层。桩端全断面进入持力层的深度,对于黏性土、粉土不宜小于 $2d$,对于砂土不宜小于 $1.5d$,对于碎石类土不宜小于 d。当存在软弱下卧层时,桩端以下硬持力层厚度不宜小于 $3d$。

1.2.2　地基持力层的选择

根据"地质勘察报告"对地基土的分析,桩端持力层的选择应符合下列规定:

① 软土地区中的桩基,应优先选择软土中夹砂及可塑至硬塑黏性土层,以及软土场地下伏砂性土、可塑至硬塑黏性土、碎石土、全风化和强风化岩及基岩作为桩端持力层。

② 以较硬地层作为桩端持力层时,桩端下持力层厚度不宜小于 4 倍桩径;扩底桩桩端下持力层厚度不宜小于 2 倍扩底直径。

1.2.3　基础埋深的初步确定

依据水文地质条件(建筑物所在地的土层构造、地下水位深度、冻土深度等信息)及建筑高度初步确定基础埋深。

① 地基土层构造的影响。

土质条件好、承载力高的土层,基础可以浅埋。一般来说基础底面应尽量选在常年未经扰动而且坚实平坦的土层或岩石上,俗称"老土层"。在满足地基稳定和变形的前提下,基础尽量浅埋,但通常不浅于0.5m。如浅层土作持力层不能满足要求,则可考虑深埋,但应与其他方案比较。地基软弱土层在2m以内,下卧层为压缩性低的土,此时应将基础埋在下卧层上;如软弱土层厚为2～5m,则低层轻型建筑争取将基础埋于表层软弱土层内,可加宽基础,必要时也可用换土、压实等方法进行地基处理;如软弱土层厚度大于5m,则低层轻型建筑尽量浅埋于软弱土层内,必要时可加强上部结构或进行地基处理;当地基土由多层土组成且均属于软弱土层或上部荷载很大时,常采用深基础方案,如桩基等。按地基条件选择埋深时,还要求从减少不均匀沉降的角度来考虑,当土层分布明显不均匀或各部分荷载差别很大时,同一建筑物可采用不同的埋深来调整不均匀沉降量。

② 地下水位的影响。

建筑物的基础应争取埋置在地下水位以上。当地下水位很高,基础不能埋在地下水位以上时,应将基础埋在最低地下水位200mm以下,不应使基础底面处于地下水位变化的范围之内,从而避免地下水的浮力影响。

③ 土的冻结深度的影响。

地面以下的冻结土与非冻结土的分界线称为冻结线。地基土如有冻胀现象,则基础应埋置在冻结线以下大约200mm的地方。若基础不能埋置于冻结线以下,则应作保温处理。

④ 建筑物高度的影响。

建筑物基础的埋置深度除与建筑物的荷载大小、土层地质构造、地下水位线、土的冻结深度有关外,还与建筑物的高度有密切的联系。高层建筑筏形和箱形基础(满堂基础)的埋置深度应满足地基承载力、变形和稳定性要求。在抗震设防区,除岩土地基外,天然地基上的箱形和筏形基础的埋置深度不宜小于建筑物高度的1/15;桩箱或桩筏基础的埋置深度(不计桩长)不宜小于建筑物高度的1/20～1/18。位于岩石地基上的高层建筑,其基础埋置深度应满足抗滑要求。

1.2.4　基础埋深的确定

考察相邻建筑物的基础埋深及本工程地沟深度(对于浅基础而言)与前1.2.2和1.2.3条综合确定基础的埋深。

当存在相邻建筑物时,新建建筑物基础埋深不宜大于相邻原基础埋深。当埋深大于原有建筑物基础时,基础间的净距应根据荷载大小和性质等确定,一般为相邻基础底面高差的1～2倍,如不能满足上述要求则应采取加固原有地基或分段施工,设临时加固支撑、打板桩、地下连续墙等施工措施。

地沟埋深对基础埋深的影响为：建筑物的设备管道都要敷设在地沟内，在建筑物下形成贯通网络。地沟的埋设位置及埋深都与基础的埋深有很大关系。地沟的高度一般为 0.8～1.4m，地沟的底板一般要高于基础的顶面。

1.2.5　基础类型的选择

主要参照地基持力层的承载能力、基础埋深及上部主体结构类型选择基础类型。

基础类型的选择与场地工程地质及水文地质条件、房屋的使用要求及荷载大小、上部结构对不均匀沉降的适应程度及施工条件等因素有关。单独基础适用于上部结构荷载较小或地基条件较好的情况；条形基础通常沿柱列布置，它将上部结构较好地连成整体，可减少差异沉降量；十字交叉条形基础比条形基础更加增强基础的整体性，它适用于地基土质较差或上部结构的荷载分布在纵横两方向都很不均匀的房屋。

当地基土质较差，采用条形基础也不能满足地基的承载力和上部结构容许变形的要求，或当房屋要求基础具有足够的刚度以调节不均匀沉降时，可采用片筏基础。

当上部结构传来的荷载很大，需进一步增大基础的刚度以减少不均匀沉降时，可采用筏形基础。

桩基础也是多、高层建筑常用的一种基础形式，它适用于地基的上层土质较差、下层土质较好，或上部结构的荷载较大以及上部结构对基础不均匀沉降很敏感的情况。

1.2.6　绘制基础平面布置图及基础大样详图

图 1-8～图 1-11 分别为独立基础平面图、条形基础平面图、基础大样图及桩基础平面图。

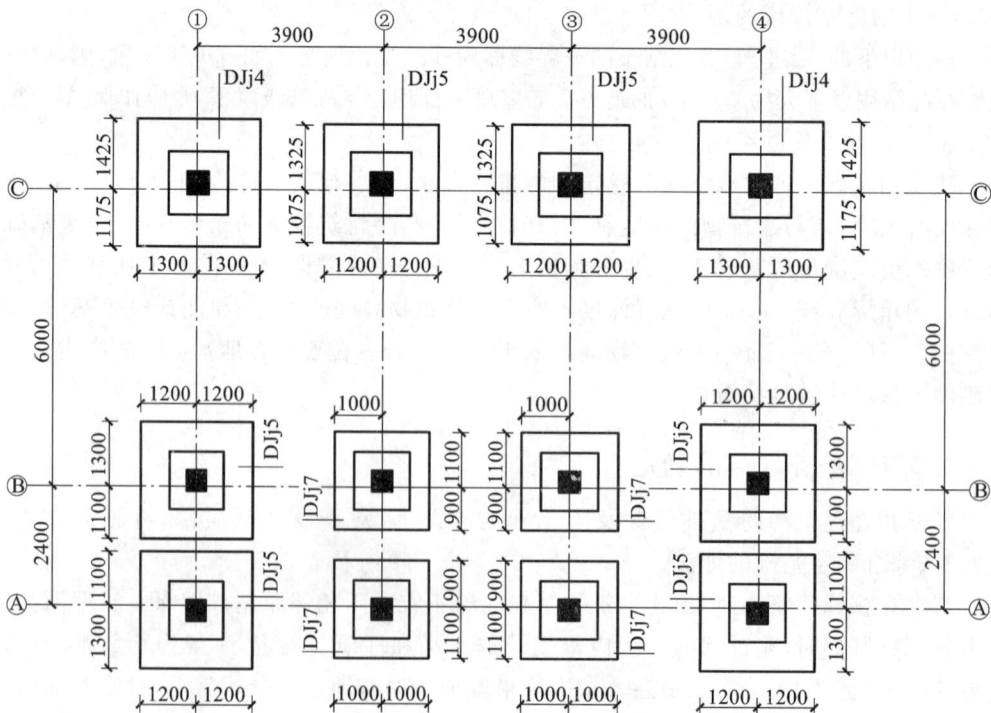

图 1-8　阶梯形独立基础平面图

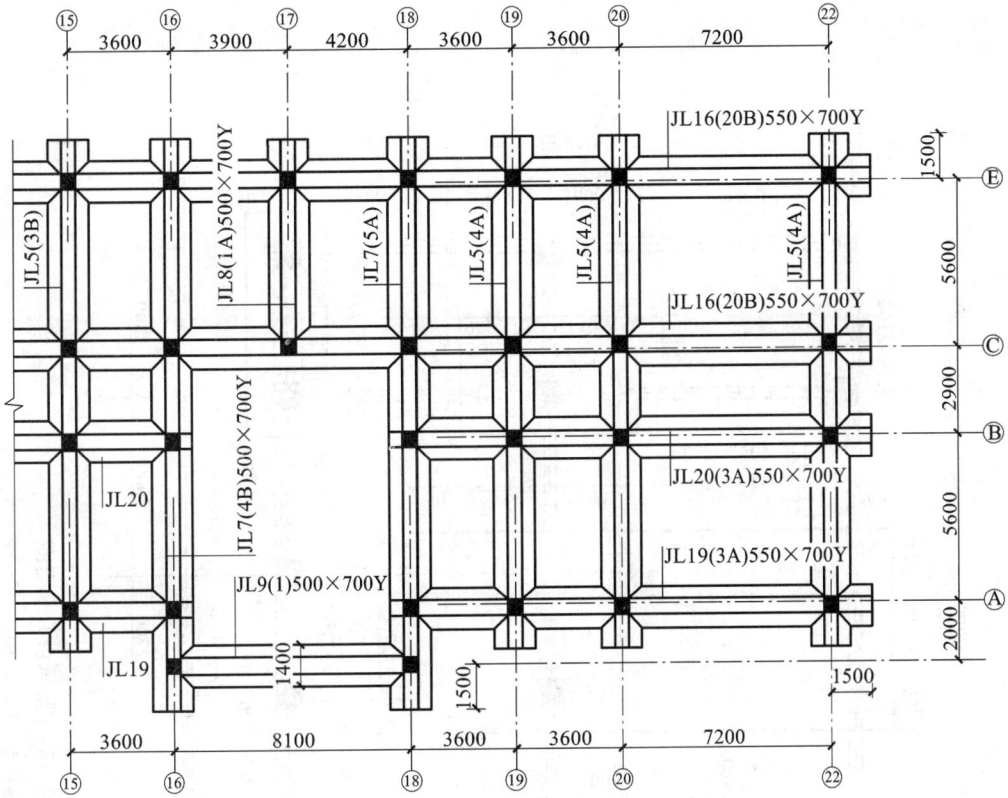

图 1-9 锥形条形基础平面图

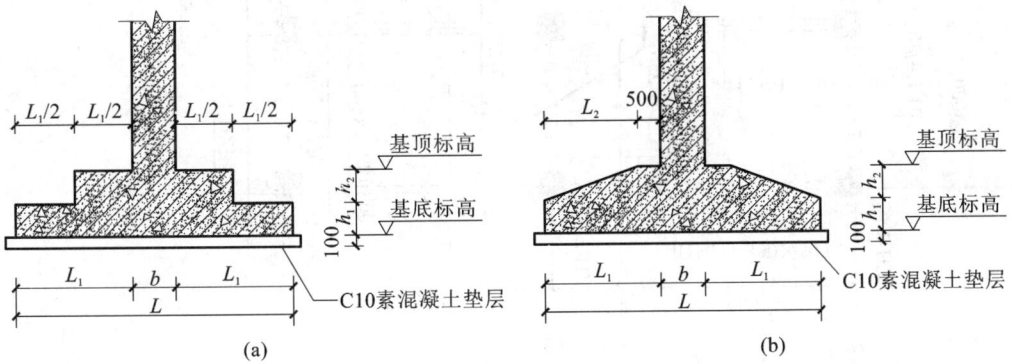

图 1-10 基础大样图

(a)独立基础阶梯大样图;(b)条形基础大样图

L—基础底面宽度(根据结构设计计算而得)

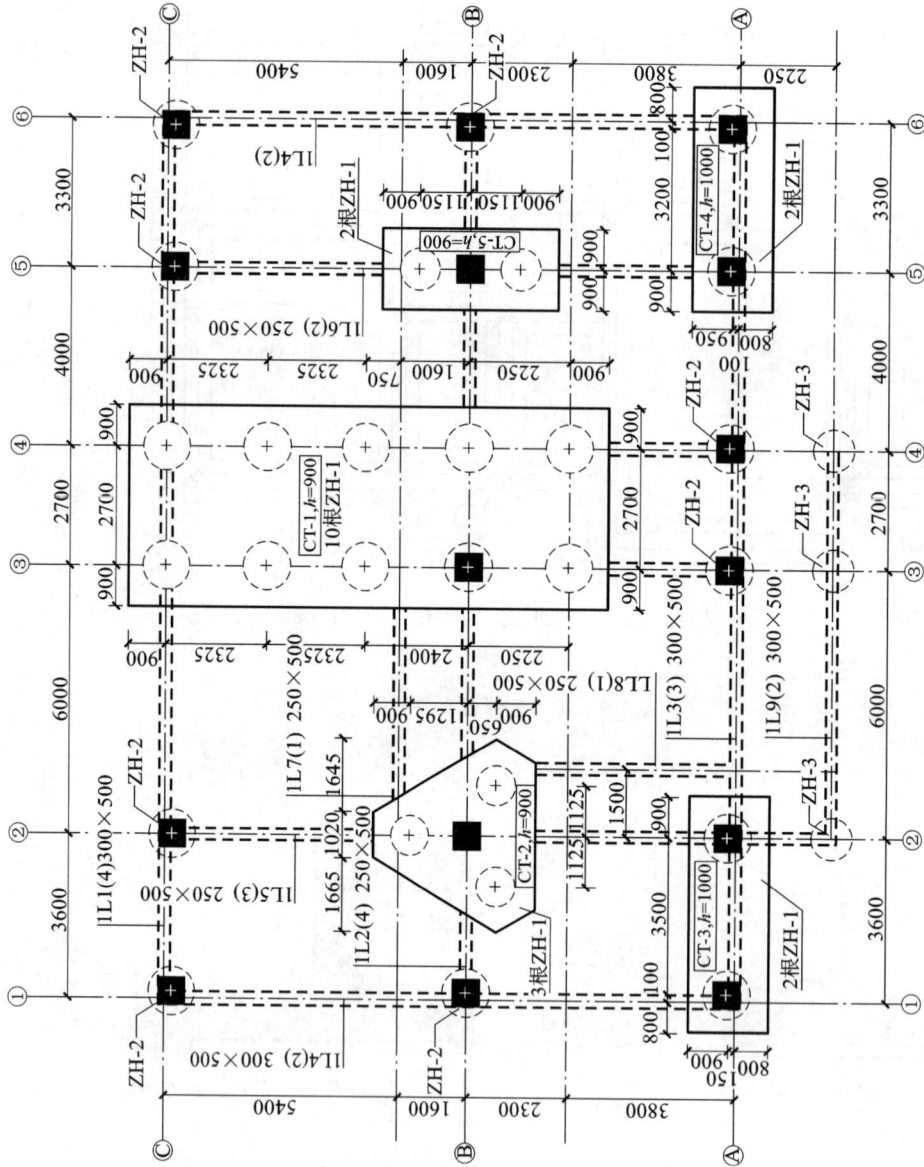

图 1-11 桩基础（带承台）平面图

注：桩与承台连接构造如图1-5、图1-5、图1-7所示。

1.3　基础构造实训内容及方案

1.3.1　实训内容

（1）实训内容概述

① 利用实训要点知识确定浅基础埋深。

② 依据地质条件和上部结构合理选择基础类型。

③ 按照基础平面布置图绘制基础剖面图。

（2）能力目标

在有背景资料的条件下，具有绘制基础大样详图的能力，具有判断基础施工图中基础构造尺寸取值是否合理的能力。

1.3.2　实训方案

（1）实训方案内容

将参与实训的学生等分为几组，每组确定一位组长，由各组组长抽签选择任务，按照任务要求完成实训。由实训老师发放实训作业评定标准后，各组组长抽签选择作业交换对象，学生在老师的讲评下完成对方实训作业的评定，之后上交给实训老师，由老师最后给予实训评定成绩。

（2）实训工具

① 工具书：《房屋建筑学》《建筑制图与识图》《土力学与地基基础》。

② 仪器用品：图板、图纸、丁字尺、三角板、铅笔等。

2 墙体构造实训

【实训引言】

　　墙在建筑物中起分隔、围护、承重的作用。房屋建筑学课程中重点介绍墙体的细部构造、骨架墙的构造、墙体节能构造、墙面装修等。本实训以工程案例背景为依托，以书本知识要点为支撑，以工程绘图为载体，通过对内、外墙身的构造设计，使学生掌握各构造措施的原理，加深学生对课本知识的理解和应用。

【实训思路】

```
┌─────────────┐        ┌──────────────────┐
│ 实训知识要点 │────┬──│  参观墙身模型及实体 │
└─────────────┘    │   └──────────────────┘
                   │   ┌──────────────────┐      ┌─────────────────┐
                   ├──│ 认识墙身各组成构件，│────│ 能力评价(成绩评定) │
┌─────────────┐    │   │ 清楚各构件间的连接 │      └─────────────────┘
│ 案例背景资料 │────┤   └──────────────────┘
└─────────────┘    │   ┌──────────────────┐
                   └──│   绘制墙身剖面图    │
                       └──────────────────┘
```

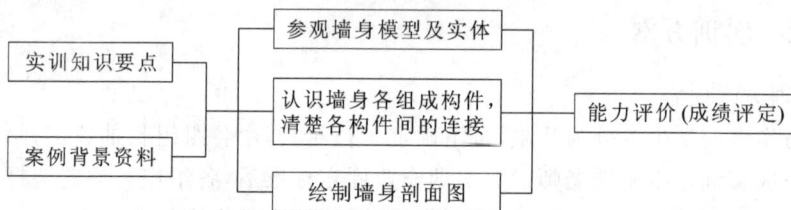

2.1　墙体构造实训知识及技能领域

墙体构造实训知识及技能领域如表 2-1、表 2-2 所示。

表 2-1　　　　　　　　　　　　**墙体构造实训知识领域**

知识领域	知识单元		知识点
墙身构造	核心知识单元	外墙身设计的条件尺寸	① 室内外高差； ② 层数及层高尺寸； ③ 门窗洞口尺寸； ④ 墙体厚度
		外墙身墙脚处的构造设计	① 散水、明沟的构造要求； ② 勒脚的构造要求； ③ 防潮层的设置及构造做法
		门窗洞口处的构造设计	① 飘窗、断桥铝门窗的特点及构造做法； ② 门窗过梁的设置及构造要求
		外墙身保温及装饰构造	① 外墙身保温的作用； ② 外墙保温的做法类型及要求
		外墙身与楼、地面交接处的构造	① 外墙身与地面交接处的构造设计； ② 外墙身与楼面交接处的构造设计

14

续表

知识领域	知识单元	知识点
墙身构造	拓展知识单元	国家规范对外墙身设计的条件尺寸的相关规定要求
		《砌体结构设计规范》(GB 50003—2011)对过梁设置的规定要求
		楼、地面的选择类型,垫层、排水及防潮层的构造做法
		《民用建筑热工设计规范》(GB 50176—1993)对外墙身保温的结构和材料要求

表 2-2 　　　　　　　　　　　　　　　**墙体构造实训技能领域**

技能领域	技能单元	技能点
墙身大样图绘制及读图能力	核心技能单元	墙身各节点构造图绘制及识读	① 散水构造做法; ② 勒脚构造做法; ③ 防潮层构造做法; ④ 窗台构造做法; ⑤ 过梁构造做法
	墙身大样图绘制及识读	各构造节点的串联
	拓展技能单元	湿陷性黄土区墙脚处构造做法图例
		飘窗窗洞口处、断桥铝合金中空双玻窗构造做法图例
		墙身保温材料要求及外保温做法图例
		地面防潮及地暖楼地面的构造做法

2.2　墙体构造实训知识及技能要点应用

本节内容以外墙身构造设计过程为载体,讲述墙身实训知识要点及技能要点的应用。墙身构造设计过程包括:

① 确定外墙身构造设计的条件尺寸。

② 外墙身墙脚处构造设计。

③ 外墙身与地面交接处构造设计。

④ 门窗洞口处构造设计。

⑤ 外墙身与楼面交接处构造设计。

⑥ 外墙身保温及装饰构造设计。

2.2.1　外墙身构造设计的条件尺寸

(1)室内外高差

建筑物底层出入口处应采取措施防止室外地面雨水回流,通常设置高度不低于

100mm 的室内外高差。其主要由以下因素确定。

① 内外联系与运输要求：为内外联系方便，室外踏步的级数常以不超过四级即 600mm 左右为宜；为便于运输，仓库常设置坡道，其室内外地面高差以不超过 300mm 为宜。

② 防水、防潮要求：底层室内地面应高于室外地面 300mm 或 300mm 以上。

③ 地形及环境条件：山地和坡地建筑物，应结合地形的起伏变化和室外道路布置等因素，综合确定底层地面标高。

④ 建筑物性能特征：一般民用建筑室内外高差不宜过大；纪念性建筑常借助于室内外高差值的增大，以增强其严肃、庄重、雄伟的气氛。

(2)层数及层高尺寸

① 《民用建筑设计通则》(GB 50352—2005)对层高有如下要求：

a. 建筑层高应结合建筑使用功能、工艺要求和技术经济条件综合确定，并符合专用建筑设计规范的要求。

b. 室内净高应按楼地面完成面至吊顶或楼板或梁底面之间的垂直距离计算；当楼盖、屋盖的下悬构件或管道底面影响有效使用空间者，应按楼地面完成面至下悬构件下缘或管道底面之间的垂直距离计算。

c. 建筑物用房的室内净高应符合专用建筑设计规范的规定；地下室、局部夹层、走道等有人员正常活动的最低处的净高不应小于 2m。

② 建筑物的使用功能不同，其层数、层高也应视具体要求而定。

a.《住宅建筑规范》(GB 50368—2005)规定：四级耐火等级的住宅建筑最多允许建造层数为 3 层，三级耐火等级的住宅建筑最多允许建造层数为 9 层，二级耐火等级的住宅建筑最多允许建造层数为 18 层。卧室、起居室(厅)的室内净高不应低于 2.40m，局部净高不应低于 2.10m，局部净高的面积不应大于室内使用面积的 1/3。利用坡屋顶内空间作卧室、起居室(厅)时，其 1/2 使用面积的室内净高不应低于 2.10m。

b.《办公建筑设计规范》(JGJ 67—2006)规定：根据办公建筑分类，办公室的净高应满足一类办公建筑不应低于 2.70m，二类办公建筑不应低于 2.60m，三类办公建筑不应低于 2.50m。办公建筑的走道净高不应低于 2.20m，贮藏间净高不应低于 2.00m。

c.《中小学校设计规范》(GBJ 50099—2011)规定：小学教学楼不应超过四层，中学、中师、幼师教学楼不应超过五层。

学校主要教学用房的最小净高应符合表 2-3 的规定。

表 2-3　　　　　　　　　　　　**主要教学用房的最小净高**　　　　　　　　　　(单位：m)

教室	小学	初中	高中
普通教室，史地、美术、音乐教室	3.00	3.05	3.10
舞蹈教室	4.50		
科学教室、实验室、计算机教室、劳动教室、技术教室、合班教室	3.10		
阶梯教室	最后一排(楼地面最高处)距顶棚或上方突出物最小距离为 2.20m		

(3)门窗洞口尺寸

《民用建筑设计通则》(GB 50352—2005)对于门窗的设置要求如下。

① 窗的设置。窗扇的开启形式应满足方便使用、安全和易于维修、清洗的要求;当采用外开窗时,应加强牢固窗扇的措施;开向公共走道的窗扇,其底面高度不应低于 2m;临空的窗台低于 0.80m 时,应采取防护措施,防护高度由楼地面起计算不应低于 0.80m;防火墙上必须开设窗洞时,应按防火规范设置;天窗应采用防破碎伤人的透光材料;天窗应有防冷凝水产生或引泄冷凝水的措施;天窗应便于开启、关闭、固定、防渗水,并方便清洗。同时,当住宅窗台低于 0.90m 时,应采取防护措施;低窗台、凸窗等下部有能上人站立的宽窗台面时,贴窗护栏或固定窗的防护高度应从窗台面起计算。

② 门的设置。外门构造应满足开启方便,坚固耐用的要求;手动开启的大门扇应有制动装置,推拉门应有防脱轨的措施;双面弹簧门应在可视高度部分装透明安全玻璃;旋转门、电动门、卷帘门和大型门的邻近应另设平开疏散门,或在门上设疏散门;开向疏散走道及楼梯间的门扇开足时,不应影响走道及楼梯平台的疏散宽度;全玻璃门应选用安全玻璃或采取防护措施,并应设防撞提示标志;门的开启不应跨越变形缝。

③ 门的尺寸。门作为交通疏散通道,其尺度取决于人的通行要求,家具器械的搬运及与建筑物的比例关系等,并要符合现行《建筑模数协调标准》(GB/T 50002—2013)的规定。

a.门的高度不宜小于 2100mm。当门设有亮子时,亮子高度一般为 300~600mm,则门洞高度为 2400~3000mm。公共建筑大门的高度可视需要适当提高。

b.门的宽度。单扇门的宽度为 700~1000mm,双扇门的宽度为 1200~1800mm。若门的宽度在 2100mm 以上,则做成三扇、四扇门或双扇带固定扇的门,因为门扇过宽易产生翘曲变形,同时也不利于开启。辅助房间(如浴厕、贮藏室等)门的宽度可窄些,一般为 700~800mm。

④ 窗的尺寸。窗的尺寸主要取决于房间的采光、通风、构造做法和建筑造型等要求,并要符合现行《建筑模数协调标准》(GB/T 50002—2013)的规定。为使窗坚固耐久,一般平开木窗的窗扇高度为 800~1200mm,宽度不宜大于 500mm;上下悬窗的窗扇高度为 300~600mm;中悬窗的窗扇高度不宜大于 1200mm,宽度不宜大于 1000mm;推拉窗的高度、宽度均不宜大于 1500mm。对一般民用建筑用窗,各地均有通用图,各类窗的高度与宽度尺寸通常采用扩大模数 3M 数列作为洞口的标志尺寸,需要时只要按所需类型及尺度大小直接选用即可。表 2-4 中数值为各类建筑功能房间窗地比的最低值。

表 2-4   **窗地比最低值**

建筑类别	房间或部位名称	窗地比
宿舍	居室、管理室、公共活动室、公用厨房	1/7
住宅	卧室、起居室、厨房	1/7
	厕所、卫生间、过厅	1/10
	楼梯间、走廊	1/14

建筑类别	房间或部位名称	窗地比
托幼	音体活动室、活动室、乳儿室、寝室	1/7
	喂奶室、医务室、保健室、隔离室	1/6
	其他房间	1/8
文化馆	展览、书法、美术、游艺、文艺、音乐	1/4
	舞蹈、戏曲、排练、教室	1/5
图书馆	阅览室、装裱间、陈列室、报告厅、会议室、开架书库、视听室	1/4
	闭架书库、走廊、门厅、楼梯	1/6
	厕所	1/10
办公	办公、研究、接待、打字、陈列、复印、设计绘图、阅览室	1/6

（4）墙体厚度

① 砖墙的厚度。

砖墙的厚度应符合砖的规格。砖墙的厚度一般以砖长表示，如半砖墙、3/4 砖墙、1砖墙、2 砖墙等。其相应厚度为：115mm（称 12 墙）、178mm（称 18 墙）、240mm（称 24 墙）、365mm（称 37 墙）、490mm（称 50 墙）。墙厚应满足砖墙的承载能力要求，一般情况下，墙体越厚承载能力越大，稳定性越好。砖墙的厚度还应满足一定的保温、隔热、隔声、防火要求，一般情况下，砖墙越厚，保温隔热效果越好。建筑物外墙身材料多采用烧结多孔砖和烧结空心砖。

烧结多孔砖主要适用于承重墙体，分为 P 型和 M 型。P 型为普通砖（240mm×115mm×90mm），M 型为模数砖（190mm×190mm×90mm）。地面以下或室内防潮层以下的砌体，不应采用烧结多孔砖。圆孔形烧结多孔砖的导热系数高，不能评为一等品或优等品；宜选用有序交错排列矩形条孔的烧结多孔砖，导热系数低，有利于建筑节能。

烧结空心砖主要适用于建筑物的非承重部位。烧结黏土空心砖墙体常采用 13 孔长方形孔有序交错排列，应采用砌筑砂浆砌筑，空洞率为 40.3%，墙厚 370mm，砖规格为240mm×240mm×115mm，两面抹灰。地面以下或室内防潮层以下的砌体，不应采用烧结空心砖。用于外填充墙时，墙厚度不宜小于 240mm。

② 剪力墙的厚度。

a.剪力墙结构。

二级抗震等级的剪力墙厚度，不应小于 160mm，且不应小于层高的 1/20；底部加强部位的墙厚，不宜小于 200mm，且不宜小于层高的 1/16；当墙端无端柱或翼墙时，墙厚不宜小于层高的 1/12。对三、四级抗震等级，不应小于 140mm，且不应小于层高的 1/25。

b.框架-剪力墙结构及筒体结构。

剪力墙的厚度不应小于 160mm，且不应小于层高的 1/20，其底部加强部位的墙厚，不应小于 200mm，且不应小于层高的 1/16。筒体底部加强部位及其以上一层不应改变墙体厚度。

2.2.2 外墙身墙脚处构造设计

墙脚处构造设计包括散水（明沟）、勒脚、防潮层三部分。它们的构造做法除了满足基本的构造要求外，还应根据地质特点采取合适的构造措施。下面以湿陷性黄土地区为例，介绍墙脚处构造设计的做法要求。

（1）散水

《湿陷性黄土地区建筑规范》（GB 50025—2004）规定：

① 散水的坡度不得小于 5%，散水外缘应略高于平整后的场地。

② 散水的宽度 B 应按下列规定采用：a. 当屋面为无组织排水时，檐口高度在 8m 以内宜为 1.50m，檐口高度超过 8m，每增高 4m 宜增宽 250mm，但最宽不宜大于 2.50m；b. 当屋面为有组织排水时，在非自重湿陷性黄土场地不得小于 1m，在自重湿陷性黄土场地不得小于 1.50m；c. 水池的散水宽度宜为 1～3m，散水外缘超出水池基底边缘不应小于 200mm，喷水池等的回水坡或散水的宽度宜为 3～5m；d. 高耸结构的散水宜超出基础底边缘 1m，并不得小于 5m。

散水应用现浇混凝土浇筑，其下应设置 150mm 厚的灰土垫层或 300mm 厚的土垫层，并应超出散水和建筑物外墙基础底外缘 500mm。散水宜每隔 6～10m 设置一条伸缩缝。散水与外墙交接处和散水的伸缩缝，应用柔性防水材料填缝，沿散水外缘不宜设置雨水明沟。湿陷性黄土地区散水构造做法如图 2-1 所示。

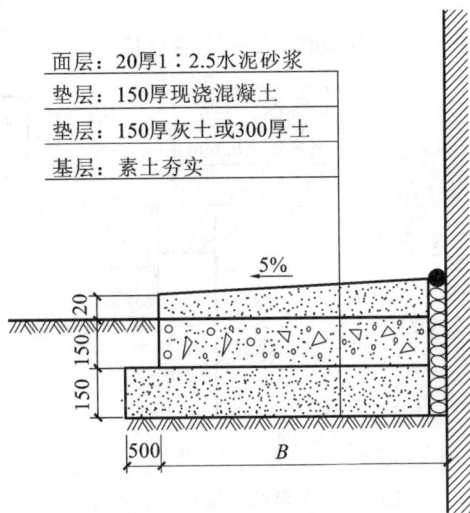

图 2-1 湿陷性黄土地区散水构造做法

（2）勒脚

湿陷性黄土地区勒脚的构造做法同其他地区一样，高度一般为室内外墙体的高差部分，现在多数为了立面美观、整齐，将高度提升至底层窗台以下，厚度一般为 25～40mm。常见的形式如图 2-2 所示。

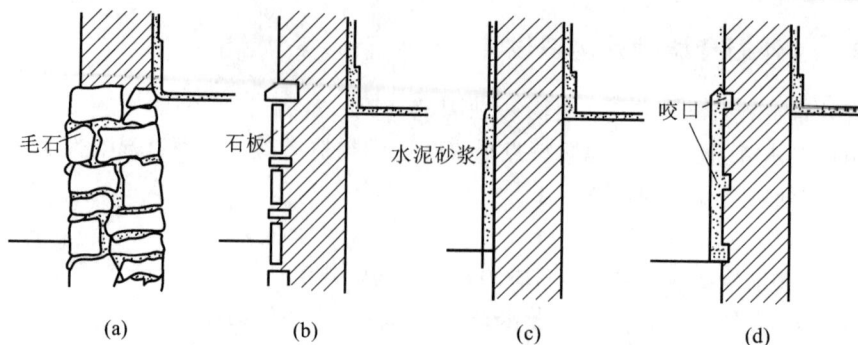

图 2-2 勒脚的构造做法

(a)毛石勒脚;(b)石板贴面勒脚;(c)抹灰勒脚;(d)带咬口抹灰勒脚

（3）防潮层

湿陷性黄土地区的防潮层构造做法同其他地区一样。根据隔阻的水汽来源路径不同,其分为水平防潮层和垂直防潮层。

① 水平防潮层的构造做法。

水平防潮层的设置位置如图 2-3 所示。

a.室内地面垫层为混凝土等密实不透水材料时,水平防潮层应低于室内地面 60mm。

b.室内地面垫层为碎石、碎渣等透水材料时,水平防潮层应与室内地面平齐或高于室内地面 60mm。

c.墙脚处设有钢筋混凝土地圈梁时,水平防潮层应与地圈梁重合设置。

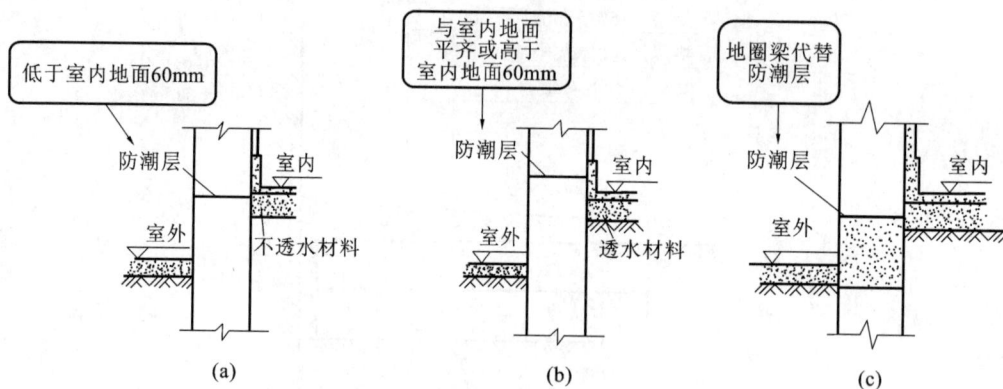

图 2-3 水平防潮层的设置位置

(a)垫层不透水时;(b)垫层透水时;(c)有地圈梁时

水平防潮层的构造做法如图 2-4 所示。

② 垂直防潮层的设置。

室内地面低于室外地面或室内首层地面出现高差时,垂直防潮层在高差处靠回填土的一侧墙面设置。垂直防潮层的做法如图 2-5所示。

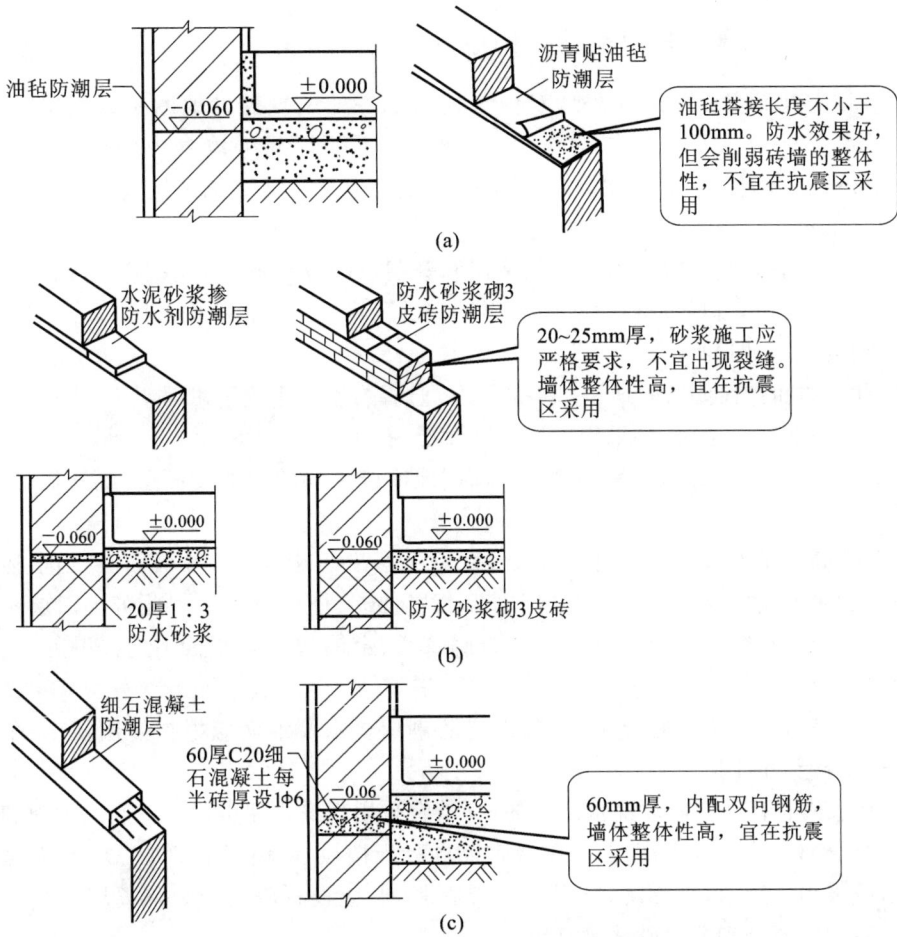

油毡防潮层

−0.060

±0.000

沥青贴油毡
防潮层

油毡搭接长度不小于
100mm。防水效果好，
但会削弱砖墙的整体
性，不宜在抗震区采
用

(a)

水泥砂浆掺
防水剂防潮层

防水砂浆砌3
皮砖防潮层

20~25mm厚，砂浆施工应
严格要求，不宜出现裂缝。
墙体整体性高，宜在抗震
区采用

−0.060

±0.000

20厚1∶3
防水砂浆

−0.060

±0.000

防水砂浆砌3皮砖

(b)

细石混凝土
防潮层

60厚C20细
石混凝土每
半砖厚设1Φ6

−0.06

±0.000

60mm厚，内配双向钢筋，
墙体整体性高，宜在抗震
区采用

(c)

图 2-4　水平防潮层的构造做法

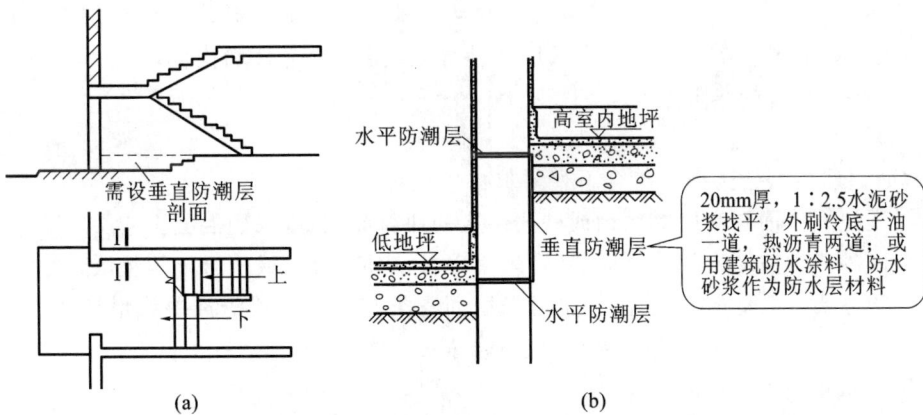

需设垂直防潮层
剖面

II

II

上

下

(a)

水平防潮层

高室内地坪

低地坪

垂直防潮层

水平防潮层

20mm厚，1∶2.5水泥砂
浆找平，外刷冷底子油
一道，热沥青两道；或
用建筑防水涂料、防水
砂浆作为防水层材料

(b)

图 2-5　垂直防潮层的做法

(a)平面图；(b)Ⅰ—Ⅰ剖面图

2.2.3　外墙身与地面交接处构造设计

外墙身与地面交界处应在外墙身内与地面平齐的位置处设地圈梁或底层框架梁。此处的梁可以兼起水平防潮层的作用。同时,地面面层与外墙身内侧交接处应设置120～180mm高踢脚线。有防水处理的房间,地面与墙面连接处隔离层应翻边,其高度不宜小于150mm。

底层地面的基本构造层宜由面层、垫层和基层三部分组成。若基本构造层不能满足使用或构造要求时,可增设结合层、隔离层、填充层、找平层等其他构造层。

(1)地面类型的选择

① 有清洁和弹性要求的地段,地面类型的选择应符合下列要求。

a.有一般清洁要求时,可采用水泥石屑面层、石屑混凝土面层。

b.有较高清洁要求时,宜采用水磨石面层或涂刷涂料的水泥类面层,或其他板、块材面层等。

c.有较高清洁和弹性等使用要求时,宜采用菱苦土或聚氯乙烯板面层,当上述材料不能完全满足使用要求时,可局部采用木板面层,或其他材料面层。菱苦土面层不应用于经常受潮湿或有热源影响的地段。在金属管道、金属构件与菱苦土的接触处,应采取非金属材料隔离。

d.有较高清洁要求的底层地面,宜设置防潮层。木板地面应根据使用要求,采取防火、防腐、防蛀等相应措施。

② 有水或非腐蚀性液体经常浸湿的地段,宜采用现浇水泥类面层。底层地面和现浇钢筋混凝土楼板,宜设置隔离层;装配式钢筋混凝土楼板,应设置隔离层。经常有水流淌的地段,应采用不吸水、易冲洗、防滑的面层材料,并应设置隔离层。隔离层可采用防水卷材类、防水涂料类和沥青砂浆等材料。

③ 采暖房间的地面,可不采取保温措施,但遇到下列情况之一时,应采取局部保温措施:架空或悬挑部分直接对室外采暖房间的楼层地面或对非采暖房间的楼层地面;建筑物周边无采暖通风管沟时的严寒地区底层地面,保温范围为外墙内侧0.5～1.0m,其热阻值不应小于外墙的热阻值。

(2)地面垫层的选择

地面垫层类型的选择应符合下列要求:

① 现浇整体面层和以黏结剂或砂浆结合的块材面层,宜采用混凝土垫层。

② 以砂或炉渣结合的块材面层,宜采用碎石、矿渣、灰土或三合土等垫层。

③ 防潮要求较低的底层地面,也可采用沥青类胶泥涂覆式隔离层或增加灰土、碎石灌沥青等垫层。地面垫层的最小厚度应符合表2-5的规定。

(3)地面的排水

当有需要排除的水或其他液体时,地面应设朝向排水沟或地漏的排泄坡面。排泄坡面较长时,宜设排水沟。

① 底层地面的坡面,宜采用修正地基高程筑坡。楼层地面的坡面,宜采用变更填充层、找平层的厚度或由结构起坡。

表 2-5 地面垫层的最小厚度

垫层名称	材料强度等级或配合比	厚度/mm
混凝土	≥C10	60
四合土	1:1:6:12(水泥:石灰膏:砂:碎砖)	80
三合土	1:3:6(熟化石灰:砂:碎砖)	100
灰土	3:7或2:8(熟化石灰:黏性土)	100
砂、炉渣、碎(卵)石		60
矿渣		80

注:1. 一般民用建筑中混凝土垫层的最小厚度可采用50mm。

　　2. 表中熟化石灰可用粉煤灰、电石渣等代替,砂可用炉渣代替,碎砖可用碎石、矿渣、炉渣等代替。

② 地面排泄坡面的坡度,应符合下列要求:整体面层或表面比较光滑的块材面层,可采用0.5%~1.5%;表面比较粗糙的块材面层,可采用1%~2%;排水沟的纵向坡度,不宜小于0.5%。

③ 地漏四周、排水地沟及地面与墙面连接处的隔离层,应适当增加层数或局部采用性能较好的隔离层材料。地面与墙面连接处隔离层应翻边,其高度不宜小于150mm。

④ 有水或其他液体作用的地面与墙、柱等连接处,应分别设置踢脚板或墙裙。踢脚板的高度不宜小于150mm。有水或其他液体流淌的地段与相邻地段之间,应设置挡水墙或调整相邻地面的高差。

(4)地面返潮的处理

无特殊要求的首层地面除应满足基本构造要求外还应做防止地面返潮的防潮处理(图2-6)。经常受水浸泡或可能积水的地面,还应按防水地面设计。对采用严格防水措施的建筑,其防水地面应设可靠的防水层。地面坡向集水点的坡度不得小于1%。地面与墙、柱、设备基础等交接处应做翻边,地面下应做300~500mm厚的灰土(或土)垫层。管道穿过地坪处应做好防水处理,排水沟与地面混凝土宜一次浇筑。

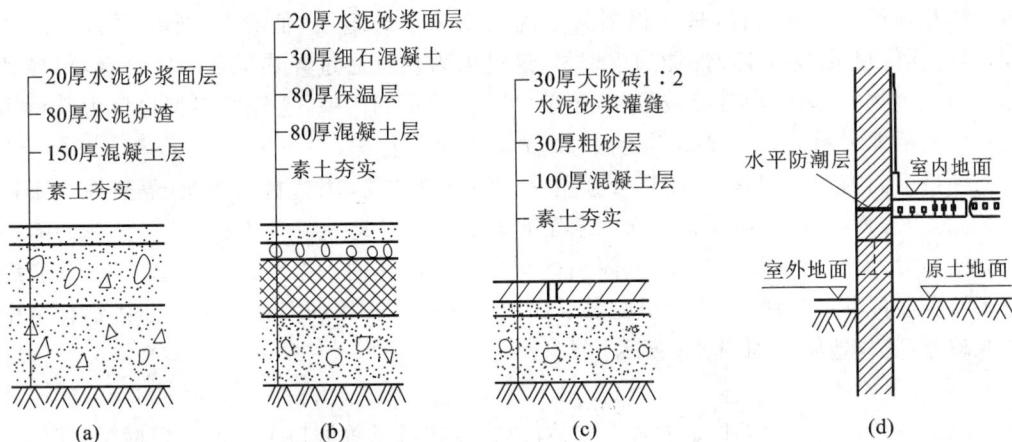

图 2-6 改善整体类地面返潮现象的构造措施

(a)设炉渣层;(b)设保温层;(c)大阶砖填砂;(d)架空地面

2.2.4 门窗洞口处构造设计

门窗洞口处构造设计包括窗台、过梁的构造要求,重点应选取适合的窗台、过梁的构造形式。其除应满足基本的构造尺寸要求外,还应注意外悬挑的窗台及过梁,其顶面应向外找排水坡,底面应设置滴水。

(1)飘窗的构造

现代建筑中,墙面采光常用的飘窗(凸窗)既美观大方,又综合利用了室内空间,备受青睐,其构造做法如图 2-7 所示。

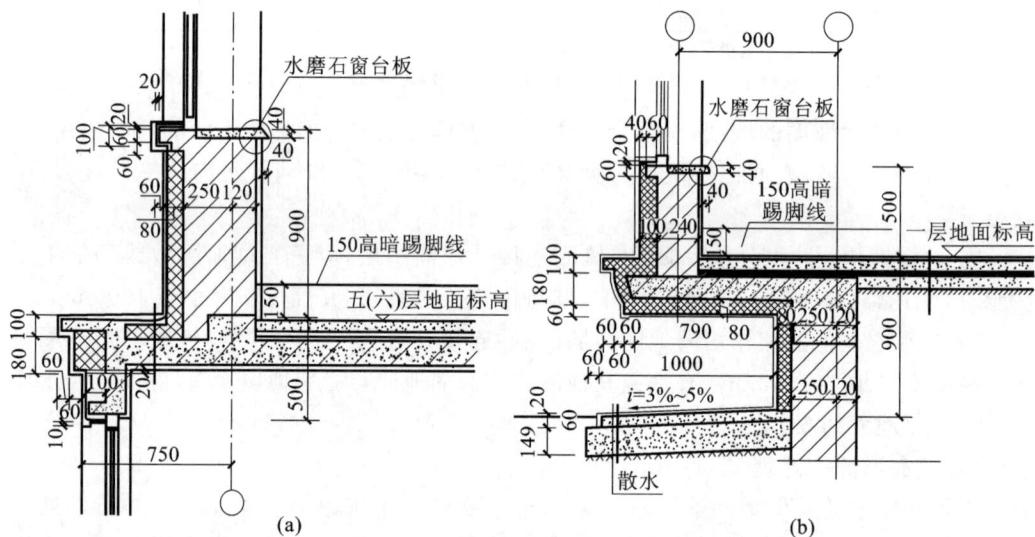

图 2-7 飘窗的构造做法
(a)飘窗顶部详图;(b)落地住宅山墙底部飘窗详图

(2)断桥铝门窗

断桥铝门窗就是隔热断桥铝型材所制作的门和窗户,是现在居多采用的一种门窗材料。隔热断桥铝门窗型材,是在铝型材中间夹入一个非金属,低导热、导冷系数的隔离物,可得到优良的隔热(冷)性能的铝型材,这是因为热量通过导热优良的铝合金,传导到非金属隔离物时,热(冷)传导被阻断,热量(冷气)传不到内壁,这样的铝型材称为断桥铝型材。断桥即表示热量(冷气)不能在室内外之间进行传递。

断桥铝门窗的原理是:利用铝合金型材中间分隔两块,用塑料或尼龙(隔热性高于铝型材 1250 倍)将室内外两层铝合金,既隔开又紧密连接成一个整体,构成一种新的隔热型的铝型材,用这种型材做门窗,其隔热性与塑(钢)窗在同一个等级——国标级,彻底解决了铝合金传导散热快,不符合节能要求的致命缺点。常用的断桥铝窗有断桥铝合金中空双玻窗,其构造做法如图 2-8 所示。

(3)过梁

门窗洞口处的过梁 GL 是搁置在墙体门、窗或预留洞等洞口上部的一根横梁,其作用是承受洞口顶面以上砌体的自重及上层楼盖梁板传来的荷载,并将其传递给左右支撑构件。

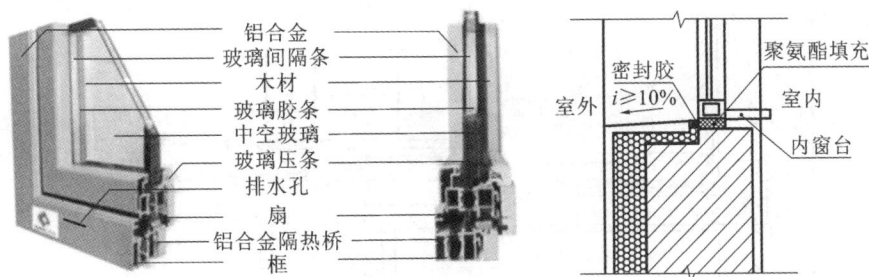

图 2-8 断桥铝合金中空双玻窗的构造做法

《砌体结构设计规范》(GB 50003—2011)对过梁有如下规定。

① 对有较大震动荷载或可能产生不均匀沉降的房屋,应采用混凝土过梁。当过梁的跨度不大于 1.5m 时,可采用钢筋砖过梁;不大于 1.2m 时,可采用砖砌平拱过梁。

② 过梁的荷载,应按下列规定采用。

a. 对砖和砌块砌体,当梁、板下的墙体高度 $h_w < l_n$(l_n 为过梁的净跨)时,过梁应计入梁、板传来的荷载,否则,可不考虑梁、板荷载。

b. 对砖砌体,当过梁上的墙体高度 $h_w < l_n/3$ 时,墙体荷载应按墙体的均布自重采用,否则,应按高度为 $l_n/3$ 墙体的均布自重来采用。

c. 对砌块砌体,当过梁上的墙体高度 $h_w < l_n/2$ 时,墙体荷载应按墙体的均布自重采用,否则应按高度为 $l_n/2$ 墙体的均布自重采用。

③ 砖砌过梁的构造,应符合下列规定。

a. 砖砌过梁截面计算高度内的砂浆不宜低于 M5。

b. 砖砌平拱用竖砖砌筑部分的高度不应小于 240mm。

c. 钢筋砖过梁底面砂浆层处的钢筋,其直径不应小于 5mm,间距不宜大于 120mm,钢筋伸入支座砌体内的长度不宜小于 240mm,砂浆层的厚度不宜小于 30mm。

2.2.5 外墙身与楼面交接处构造设计

建筑物的楼面通常有面层、结构层、顶棚层三个基本组成部分。有保温、防水、防潮、隔声等特殊要求的楼板层,还应设置附加层。有水或其他液体流淌的楼层地面孔洞四周和平台临空边缘,应设置翻边或贴地遮挡,高度不宜小于 150mm。楼板面层与外墙身内侧交接处应设置 120～180mm 高踢脚线,如图 2-9(a)所示。遇水的楼地面与墙体的门洞口交接处,应将防水层铺出门外至少 250mm,如图 2-9(b)所示。顶棚层有直接式和悬吊式两种,顶棚的面层应和外墙身内侧连接。楼面类型的选择、排水等构造的要求同地面一致。

地面辐射采暖按照供热方式的不同主要分为水地暖和电地暖。地面辐射采暖相比传统采暖有无可比拟的优势,具有舒适健康、节能环保、散热均匀稳定、可减少楼层噪音等优点。地热辐射采暖结构自下而上的各构造层分别如下。

① 结构层:钢筋混凝土楼板。

② 隔热层:聚苯乙烯发泡板(XPS板),用来隔绝热量向下传递(也可采用泡沫混凝

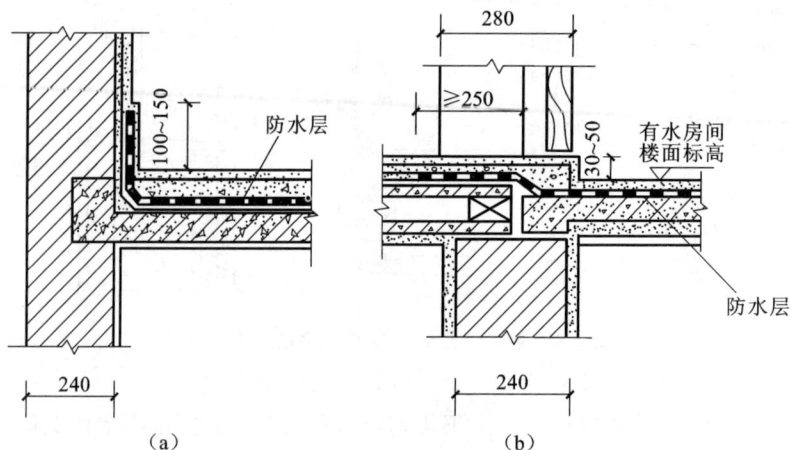

图 2-9　楼面与墙面交接处的防水处理

土);上敷反射膜(无纺布基铝箔材料),阻止向下辐射传热。

③ 钢丝网:固定地热管线,均匀辐射热量,避免局部温度过高。水暖一般采用蘑菇板固定。

④ 地热管线:分为地暖管材(水热,一般为 PE-RT、PE-X 或 PB)和发热材料(电热,一般为电缆或电热膜)两种不同的供热方式。

⑤ 填充层:采用豆石混凝土浇制,起均热蓄热的作用。

⑥ 铺地材料及防潮材料:木地板和瓷砖等。

常见地暖楼地面构造做法如图 2-10 所示。

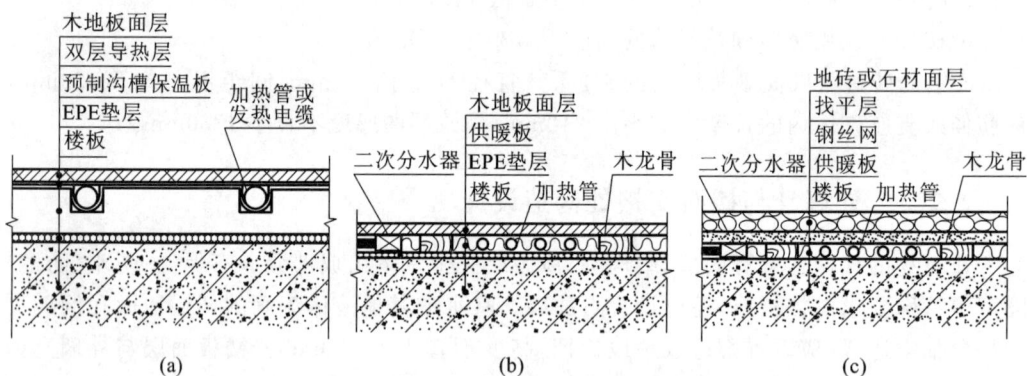

图 2-10　地暖楼地面的构造做法

(a)预制沟槽保温板木地板面层;(b)预制轻薄供暖板木地板面层;(c)预制轻薄供暖板石材或瓷砖面层

2.2.6　外墙身保温及装饰构造设计

外墙保温指采用一定的固定方式(黏结、机械锚固、粘贴＋机械锚固、喷涂、浇筑等),把导热系数小,保温隔热效果较好的绝热材料与建筑物墙体连接起来,以此增加墙体的平均热阻值,从而达到保温或隔热效果的一种工程做法。建筑外墙保温既可降低室内能耗,提高能源利用率,又可防止墙体"冷桥"现象的出现。

《民用建筑热工设计规范》(GB 50176—1993)有如下规定。

① 提高围护结构热阻值可采取的措施：

a. 采用轻质高效保温材料与砖、混凝土或钢筋混凝土等材料组成的复合结构。

b. 采用密度为 $500\sim800kg/m^3$ 的轻混凝土和密度为 $800\sim1200kg/m^3$ 的轻骨料混凝土作为单一材料墙体。

c. 采用多孔黏土空心砖或多排孔轻骨料混凝土空心砌块墙体。

d. 采用封闭空气间层或带有铝箔的空气间层。

② 提高围护结构热稳定性可采取的措施：

a. 采用复合结构时，内外侧宜采用砖、混凝土或钢筋混凝土等重质材料，中间复合轻质保温材料。

b. 采用加气混凝土、泡沫混凝土等轻混凝土单一材料墙体时，内外侧宜作水泥砂浆抹面层或其他重质材料饰面层。

建筑物外墙身保温构造依据上述规范要求按其保温层所在的位置不同可以分为单一保温外墙、夹心保温外墙、内保温外墙和外保温外墙 4 种类型。

图 2-11 为围护结构保温隔热构造框图。

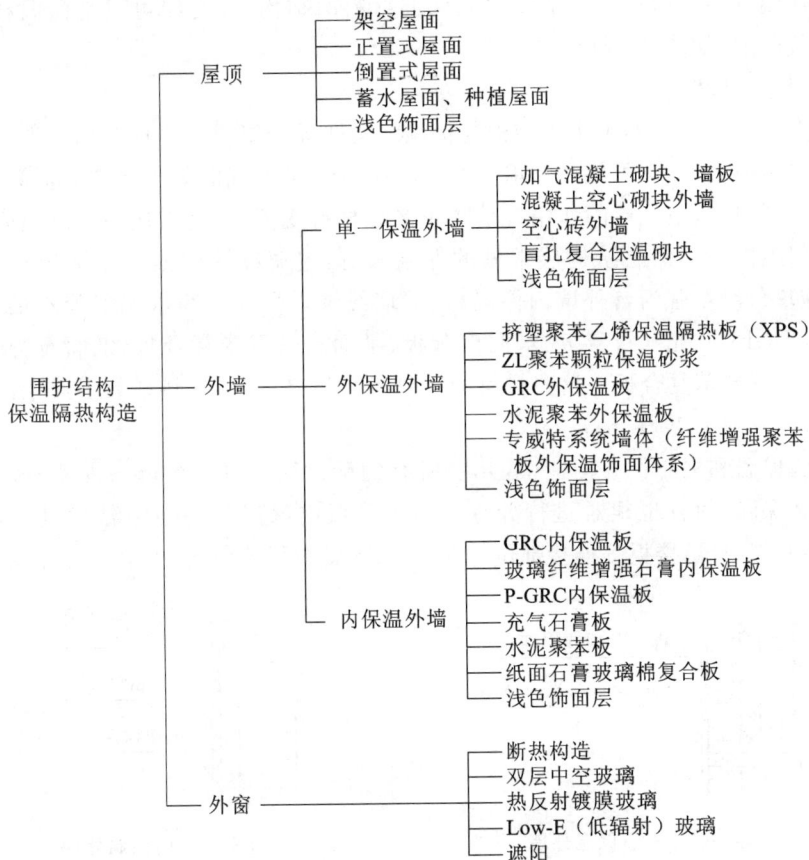

图 2-11 围护结构保温隔热构造框图

(1)单一保温外墙

单一保温外墙是由一种导热系数小、轻质高强的保温材料所构成的结构。其常用的材料有:加气混凝土、空心砖、混凝土空心砌块等。这些材料中,只有加气混凝土墙体能满足新节能标准为确保实现节能50%的目标,故其应用性最为广泛。加气混凝土外墙构造及热工指标见表2-6。

表2-6　　　　　　　　　　　　　加气混凝土外墙构造及热工指标

| 构造做法 | 外保温层厚度/mm | 加气混凝土 | | 内抹灰层厚/mm | 墙身总厚/mm | 热惰性指标 D | 平均热阻 R/(m² · K/W) | 平均传热系数/[W/(m² · K)] |
		厚度/mm	容积密度/(kg/m³)					
抹灰层	20	200	500	20	240	3.50	0.82	1.02
	20	240	500	20	280	4.10	0.98	0.88
加气混凝土	20	250	500	20	290	4.24	1.02	0.85
	20	300	500	20	340	4.97	1.22	0.73

(2)夹心保温外墙

夹心保温外墙是指在双层结构中夹保温材料的结构,夹心层可以是保温材料,也可以是夹空气间层,如图2-12所示。

(3)内保温外墙

内保温外墙(图2-13)由主体结构与保温结构两部分组成。主体结构一般为砖砌体、混凝土墙等承重墙体,也可能是非承重的空心砌块或是加气混凝土墙体。保温结构由保温板和空气层组成,空气层的作用一是防止保温材料变潮;二是增加一定的热阻值,以提高外墙的保温能力。保温结构层常见的保温板有:玻璃纤维增强水泥聚苯复合保温板(GRC)、玻璃纤维增强石膏外墙内保温板、玻璃纤维增强聚合物水泥聚苯乙烯复合外墙内保温板(P-GRC)、充气石膏板、水泥聚苯板、纸面石膏聚苯复合板、纸面石膏玻璃棉复合板、无纸石膏聚苯复合板。这些材料的主要特点是自重轻、导热系数小,具有良好的保温性能,密度一般为 $12\sim16kg/m^3$。

外墙内保温和夹心保温构造中,几乎所有的梁、板、柱以及外墙与内墙、楼板的连接部位都未做保温,而且也很难进行处理。为了降低内保温和夹心保温"热桥"现象的影响,可在外墙与内墙、楼板等连接部位抹胶粉EPS颗粒保温浆料。

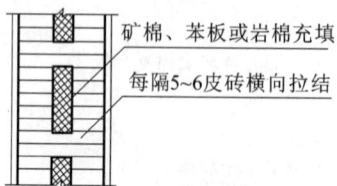

矿棉、苯板或岩棉充填
每隔5~6皮砖横向拉结

图 2-12　夹心保温外墙

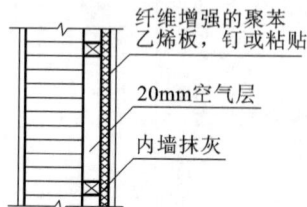

纤维增强的聚苯乙烯板,钉或粘贴
20mm空气层
内墙抹灰

图 2-13　内保温外墙

(4)外保温外墙

外保温外墙(图2-14)是指在建筑物外墙的外表面上建造保温层的结构。其优点在于:① 能明显提高外墙的保温效能;② 由于保温层在室外侧,其构造必须能满足水密性、抗风压以及温湿度变化的要求,不致产生裂缝。其保温层主要采用导热系数小的高效轻质保温材料,其导热系数一般小于 $0.05W/(m^2 \cdot K)$。此外,保温材料具有较低的吸湿率及较好的黏结性能。为此,可采用的保温材料有:膨胀型聚苯乙烯板(EPS)、挤塑型聚苯乙烯板(XPS)、岩面板、玻璃棉毡以及超轻保温浆料。其中,以阻燃级膨胀型聚苯乙烯板应用较为广泛。外保温适用于多层建筑和高层建筑中各种新建建筑的混凝土和砌体结构外墙,也适用于既有建筑节能改造。在外保温构造中,梁、板、柱及外墙与内墙、楼板、门窗的连接部位都应做保温材料,以减小"热桥"现象的影响。对于具有薄抹面层的外保温系统,保护层厚度设计值不应小于 3mm,并且不应大于 6mm。抹面层应具有很好的不透水性,同时还应具有良好的水蒸气透气性。

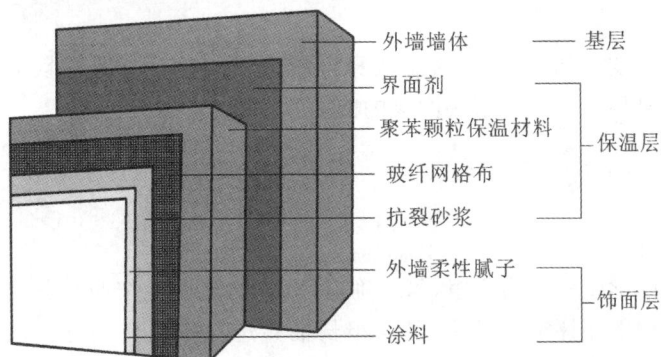

图 2-14　外保温外墙

外墙外保温可在门窗洞口四周、檐口装饰线脚、小型雕花造型、腰线、空调板和花台、装饰壁柱及柱头等部位采用 EPS 挑出线条做造型达到装饰构造的作用。窗洞口四周做法如图 2-15 所示。

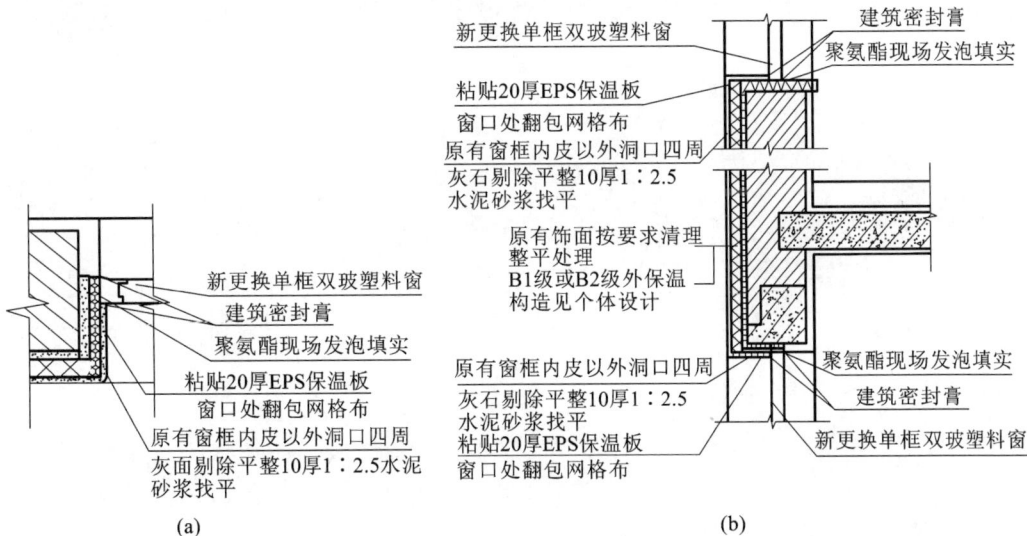

图 2-15　窗洞口四周做法

(a)窗膀节点图;(b)窗口节点图

2.3 墙体构造实训内容及方案

2.3.1 实训内容

（1）实训内容概述

① 实训指导老师带队，组织学生现场见习一次。

② 掌握实训要点知识，合理确定墙身各构造组成部分之间的连接。

③ 依据背景资料画出外墙身大样图，具体要求见实训步骤。

（2）能力目标

熟练掌握实训要点知识，具有绘制墙身详图、结合实际情况（背景资料）在资料的引导下灵活运用墙身构造知识和解决问题的能力。

2.3.2 实训方案

（1）实训方案内容

将参与实训的学生等分为5组，每组确定一名组长，各组按照任务要求完成实训，由实训老师发放实训作业评定标准后，各组组长抽签选择作业交换对象，学生在老师的讲评下完成对方实训作业的评定，之后上交给实训老师，由老师最后给予实训评定成绩。

（2）实训工具

① 工具书：《房屋建筑学》《建筑制图与识图》《建筑材料》及相关标准图集。

② 仪器用品：图板、图纸、丁字尺、三角板、铅笔等。

3 楼梯构造实训

【实训引言】
　　楼梯在建筑物中起承重作用,同时又是垂直交通连接工具。房屋建筑学课程中重点介绍钢筋混凝土楼梯的细部构造、钢筋混凝土楼梯的设计等。本实训以工程案例背景为依托,以书本知识要点为支撑,以工程绘图为载体,通过对钢筋混凝土楼梯的构造设计,使学生掌握各构造措施的原理,加深学生对课本知识的理解和应用。

【实训思路】

```
实训知识要点 ┐                 ┌─ 参观楼梯模型及实体
             ├───┤
案例背景资料 ┘   │   认识楼梯各组成构件,────── 能力评价(成绩评定)
                 │   清楚各构件间的连接
                 │
                 └─ 楼梯详图设计 ┬─ 绘制楼梯平面图
                                  ├─ 绘制楼梯立面图
                                  └─ 绘制构件节点详图
```

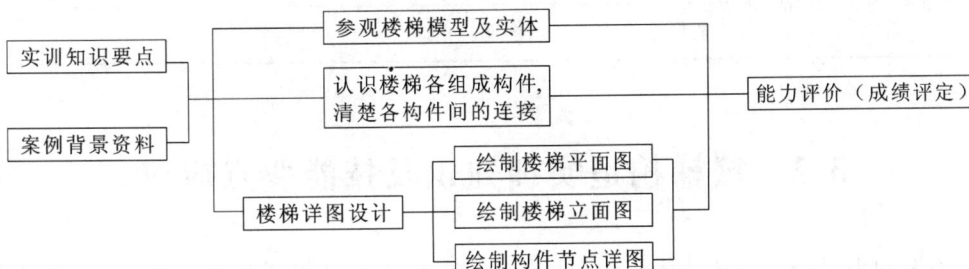

3.1 楼梯构造实训知识及技能领域

　　楼梯构造实训知识及技能领域如表 3-1、表 3-2 所示。

表 3-1　　　　　　　　　　　　　　楼梯构造实训知识领域

知识领域	知识单元		知识点
楼梯构造	核心知识单元	楼梯的尺度	① 梯段的尺度; ② 平台的尺度; ③ 楼梯的净高
		楼梯的构造形式	① 板式楼梯构造; ② 梁板式楼梯构造
		楼梯的细部构造	① 踏步防滑构造; ② 踏步和栏杆的连接构造; ③ 栏杆和扶手的连接构造
	拓展知识单元	楼梯间的形式及设置要求	
		防火门窗的特点及要求	
		楼梯间抗震构造要求	

表 3-2 楼梯构造实训技能领域

技能领域	技能单元		技能点
楼梯详图绘制及读图能力	核心技能单元	楼梯平面图的绘制及识读	① 楼梯首层平面图; ② 楼梯标准层平面图; ③ 楼梯顶层平面图
		楼梯剖面图的绘制及识读	① 梯段高度及踏步尺寸; ② 楼梯净高的处理; ③ 梯段与上、下平台间的构造连接
		楼梯构件节点详图的绘制及识读	① 栏杆与梯段、平台的连接; ② 栏杆与扶手的连接; ③ 踏步的尺寸及防滑
	拓展技能单元	楼梯梯段栏杆构造形式绘制图例	
		首层休息平台下部净高的处理	
		栏杆连接构造节点图例	

3.2 楼梯构造实训知识及技能要点应用

本节知识以现浇钢筋混凝土楼梯的构造设计为载体,主要讲述楼梯实训知识要点和技能要点的应用。楼梯的设计步骤如下:

① 根据房屋层数、耐火等级和使用人数计算楼梯的总宽度。

② 确定楼梯部数和每部楼梯的梯段宽度。

③ 根据房屋类别,确定踏步尺寸,即确定楼梯的坡度。

④ 根据房屋的层高,计算每层级数(踢面数)。

⑤ 根据房屋类别和楼梯在平面中的位置,确定楼梯和楼梯间形式。

⑥ 确定平台的宽度和标高。

⑦ 计算楼梯段的水平投影长和楼梯间的进深最小净尺寸。

⑧ 计算楼梯间的开间最小尺寸。

⑨ 按模数协调标准规定,确定楼梯间开间和进深的轴线尺寸。

⑩ 绘制楼梯平面图和剖面图。

⑪ 进行楼梯的细部构造节点设计。

3.2.1 确定楼梯部数和每部楼梯的梯段宽度

《民用建筑设计通则》(GB 50352—2005)规定:楼梯的数量、位置、宽度和楼梯间形式应结合建筑物的性质满足使用方便和安全疏散的要求。

墙面至扶手中心线或扶手中心线之间的水平距离即楼梯梯段宽度,除应符合防火规范的规定外,供日常主要交通用的楼梯的梯段宽度应根据建筑物使用特征,按每股人流为$[0.55+(0\sim0.15)]$m的人流股数确定,并不应少于两股人流(即大于或等于1.10m)。$0\sim0.15$m为人流在行进中人体的摆幅,公共建筑人流众多的场所应取上限值。

楼梯应至少于一侧设扶手,梯段净宽达三股人流时应两侧设扶手,达四股人流时宜加设中间扶手。

3.2.2　确定踏步尺寸

根据房屋类别,确定踏步尺寸,即确定楼梯的坡度。

《建筑模数协调标准》(GB/T 50002—2013)和《民用建筑设计通则》(GB 50352—2005)中对楼梯的踏步尺寸、坡度有如下规定。

楼梯踏步的高度不宜大于210mm,并不宜小于140mm;楼梯踏步的宽度,应采用220mm、240mm、260mm、280mm、300mm、320mm,必要时可采用250mm。楼梯梯段的最大坡度不宜超过38°。

楼梯踏步的最小宽度和最大高度应符合表3-3的规定。

表 3-3　　　　　　　　　　　**楼梯踏步的最小宽度和最大高度**　　　　　　　　　(单位:m)

楼梯类别	最小宽度	最大高度
住宅共用楼梯	0.26	0.175
幼儿园、小学校等的楼梯	0.26	0.15
电影院、剧场、体育馆、商场、医院、旅馆和大中学校等的楼梯	0.28	0.16
其他建筑楼梯	0.26	0.17
专用疏散楼梯	0.25	0.18
服务楼梯、住宅套内楼梯	0.22	0.20

注:无中柱螺旋楼梯和弧形楼梯离内侧扶手中心0.25m处的踏步宽度不应小于0.22m。

3.2.3　计算每层级数

根据房屋的层高,计算每层级数(踢面数)。

《建筑模数协调标准》(GB/T 50002—2013)中规定:基本模数的数值为100mm,即1M=100mm。建筑物的高度、楼层高度等宜采用竖向基本模数和竖向扩大模数数列,且竖向扩大模数数列宜采用nM。

每个梯段的踏步不应超过18级,亦不应少于3级。

3.2.4　确定楼梯和楼梯间形式

根据房屋类别和楼梯在平面中的位置,确定楼梯和楼梯间形式。

楼梯间的形式有封闭式、开敞式和防烟式三种,如图3-1所示。

(1)封闭式楼梯间

封闭式楼梯间是指用耐火建筑构件分隔,能防止烟和热气进入的楼梯间。

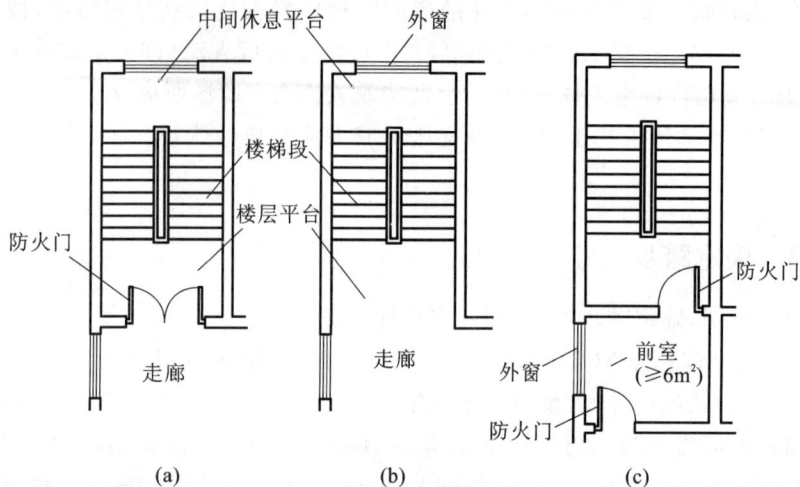

图 3-1 楼梯间的形式

(a)封闭式;(b)开敞式;(c)防烟式

① 封闭式楼梯间的设置条件。

裙房和除单元式和通廊式住宅外的建筑高度不超过 32m 的二类建筑,12~18 层的单元式住宅宜设置封闭式楼梯间。11 层及 11 层以下的单元式住宅可不设封闭式楼梯间,但开向楼梯间的防火门应为乙级防火门,且楼梯间应靠外墙,并应直接天然采光和自然通风。

② 封闭楼梯间的设置规定。

a.楼梯间应靠外墙,并应直接天然采光和自然通风,当不能直接天然采光和自然通风时,应按防烟式楼梯间的规定设置。

b.楼梯间应设乙级防火门,并应向疏散方向开启。

c.楼梯间的首层紧接主要出口时,可将走道和门厅等包括在楼梯间内,形成扩大的封闭式楼梯间,但应采用乙级防火门等防火措施与其他走道和房间隔开。

(2)防烟式楼梯间

防烟式楼梯间是指具有防烟前室和防排烟设施,并与建筑物内使用空间分隔的楼梯间。其形式一般有带前室和合用前室(用阳台做前室或用凹廊做前室)两种。

① 防烟式楼梯间的设置条件。

一类建筑和除单元式和通廊式住宅外的建筑高度超过 32m 的二类建筑,塔式住宅;19 层及 19 层以上的单元式住宅;超过 11 层的通廊式住宅宜设置防烟式楼梯间。

② 防烟式楼梯间的设置规定。

a.楼梯间入口处应设前室、阳台或凹廊。

b.公共建筑的前室面积不应小于 6.0m²,居住建筑的前室面积不应小于 4.5m²。公共建筑、高层厂房以及高层仓库、合用前室的使用面积不应小于 10.0m²,居住建筑的使用面积不应小于 6.0m²。

c.前室和楼梯间的门均应为乙级防火门,并应向疏散方向开启。

（3）防火门窗的分类及特点

防火门窗按材料分为木质防火门（MFM）、钢制防火门（GFM）、钢制防火窗；按耐火等级分为甲级（耐火极限不小于1.2h）、乙级（耐火极限不小于0.9h）、丙级（耐火极限不小于0.6h）三个等级。

甲级防火门用于防火墙的开口部位和消防规定场所；乙级防火门用于高层建筑的防烟式楼梯间、封闭式楼梯间、与中庭相通房间的门和过厅、通道门等；丙级防火门用于电缆井、排烟道、排气道、垃圾道等竖向管道井的开口部位。当防火墙或防火隔墙上开设有洞口、窗时，应安装相应耐火极限的防火窗。

3.2.5　确定平台的宽度和标高

梯段改变方向时，扶手转向端处平台的最小宽度不应小于梯段宽度，并不得小于1.20m，当有搬运大型物件需要时应适量加宽。楼梯平台上部及下部过道处的净高不应小于2m，梯段净高不宜小于2.20m。梯段净高为踏步前缘（包括最低和最高一级踏步前缘线以外0.30m范围内）至上方突出物下缘间的垂直高度。

当首层平台下部净高不能满足要求时，常采用的措施（图3-2）有：

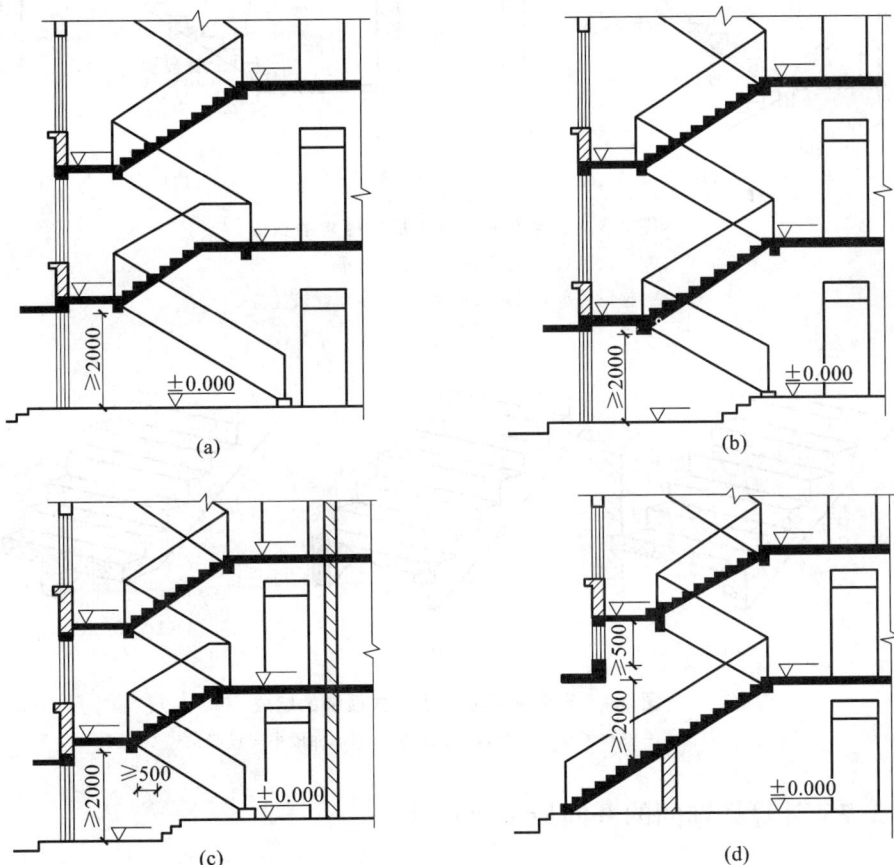

图3-2　首层平台下部净高不能满足要求时的处理措施

① 增加底层第一跑梯段的踏步数量,设置长短跑楼梯。

② 降低底层中间平台下地坪的标高。

③ 将①、②两种方法进行综合。

④ 建筑物的底层楼梯采用直跑楼梯。

3.2.6 计算楼梯段的水平投影长和楼梯间的进深最小净尺寸

当踏步宽面和踏步高面垂直设置时,梯段水平投影长按下式计算:

$$L = (踏步数 - 1) \times 踏面宽 \tag{3-1}$$

$$楼梯进深最小净尺寸 = 梯段的水平投影长度 L + 休息平台宽度 +$$
$$楼层平台宽度 + 墙体厚度 \tag{3-2}$$

依据梯段水平投影长 L 和荷载大小,判断选取现浇钢筋混凝土楼梯的构造形式。现浇钢筋混凝土楼梯的构造形式有板式和梁式两种。图 3-3、图 3-4 所示分别为现浇钢筋混凝土板式楼梯和梁式楼梯的组成。

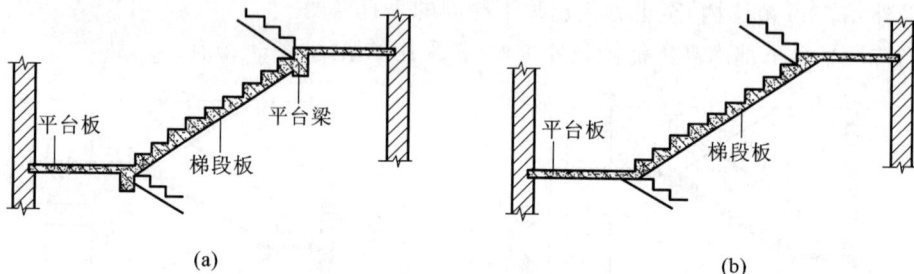

图 3-3 现浇钢筋混凝土板式楼梯的组成

(a)有平台梁;(b)无平台梁

注:梯段的水平投影长不大于 3.0m 时比较经济。

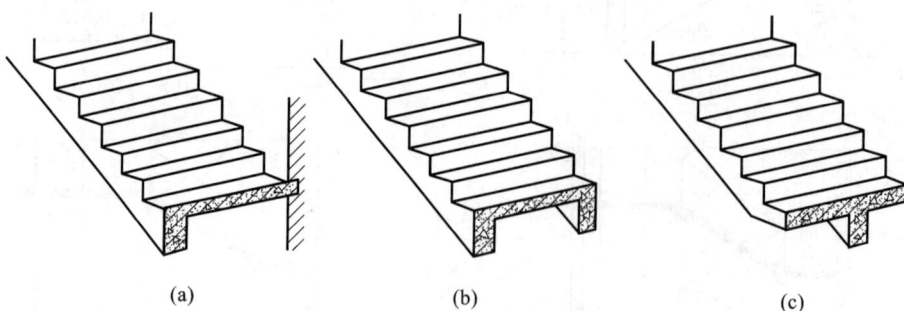

图 3-4 现浇钢筋混凝土梁式楼梯的组成

(a)梯段一侧设斜梁;(b)梯段两侧设斜梁;(c)梯段中间设斜梁

3.2.7 计算楼梯间的开间最小净尺寸

楼梯间开间最小净尺寸按下式计算:

$$楼梯间开间最小净尺寸 = 梯段净宽 \times 2 + 楼梯井净宽 + 墙体厚度 \tag{3-3}$$

托儿所、幼儿园、中小学及少年儿童专用活动场所的楼梯,楼梯井净宽大于 0.20m 时,必须采取防止少年儿童攀滑的措施,楼梯栏杆应采取不易攀爬的构造,当采用垂直杆件做栏杆时,其杆件净距不应大于 0.11m。

3.2.8　确定楼梯间开间和进深的轴线尺寸

按模数协调标准规定确定楼梯间开间和进深的轴线尺寸。楼梯间开间及进深的尺寸应符合为水平扩大模数 3M 的整数倍数的要求,必要时可采用基本模数的整数倍数。

3.2.9　绘制楼梯平面图和剖面图

楼梯构造设计指楼梯详图设计,一般由楼梯平面图、剖面图、节点详图组成。楼梯平面图与楼梯剖面图比例要一致,以便对照阅读。节点详图比例要大一点,以便能清楚地表达该部分的构造情况。

楼梯详图一般分为建筑楼梯详图和结构楼梯详图,并应分别绘制。但对比较简单的楼梯,可将建筑楼梯详图和结构楼梯详图合二为一,此时楼梯平面图的剖切位置应在各层休息平台之上,以利于反映休息平台板的配筋。

3.2.9.1　楼梯平面图

(1)楼梯平面图的绘制要点

楼梯平面图实际是建筑平面图中楼梯间部分的局部放大图。通常画出底层楼梯平面图、标准层楼梯平面图和顶层楼梯平面图。

楼梯平面图中,楼段的上行或下行方向是以各层楼地面为基准标注的,向上称为上行,向下称为下行,并用长线箭头和文字在楼段上注明上行、下行的方向及踏步总数。

设计中绘制楼梯平面图时要掌握各层平面图的特点。在底层楼梯平面图中,只有一个被剖到的梯段和栏杆,该楼段为上行梯段,故长箭头上注明"上"字,并标注出从底层到达二层的踏步总数。顶层楼梯平面图中,由于剖切平面在栏杆扶手之上,故剖切平面未剖到任何梯段,能看到两段完整的下行梯段和楼梯平台,在梯口处只有一个注有"下"字的长箭头,并标注出从顶层到达下一层的踏步总数。标准层楼梯平面图中,既画出被剖到往上走的梯段(画有"上"字的长箭头),又画出该层往下走的完整梯段(注有"下"字的长箭头)、楼梯平台及平台往下的部分梯段。这部分梯段与被剖到的梯段的投影重合,以 45°折断线为界。

楼梯平面图中,应标注出定位轴线和编号,以确定其在建筑平面图中的位置,还应标注出楼梯间的开间尺寸、进深尺寸、梯段的水平投影长度和宽度、踏步面的个数和宽度、平台宽度、楼梯井宽度等。此外,还应标注出各层楼面、休息平台面及底层地面的标高。如有详图说明的节点应画出详图索引符号。

(2)楼梯平面图的绘制步骤

现以底层楼梯平面图为例,讲述楼梯平面图的绘制步骤。

① 根据楼梯间的开间和进深尺寸画出定位轴线,然后画出墙厚及门洞。量出楼梯平台宽度 a、梯段长度 L、梯段宽度 b,如图 3-5(a)所示。

② 根据踏步级数 n，在楼梯上用等分两平行线间距离的方法画出踏步面数[等于 $(n-1)$]，如图 3-5(b)所示。

③ 画出其他细部，并根据图线层次依次加深图线，再标注出标高、尺寸数字、轴线编号、楼梯上下方向指示线和箭头，如图 3-5(c)所示。

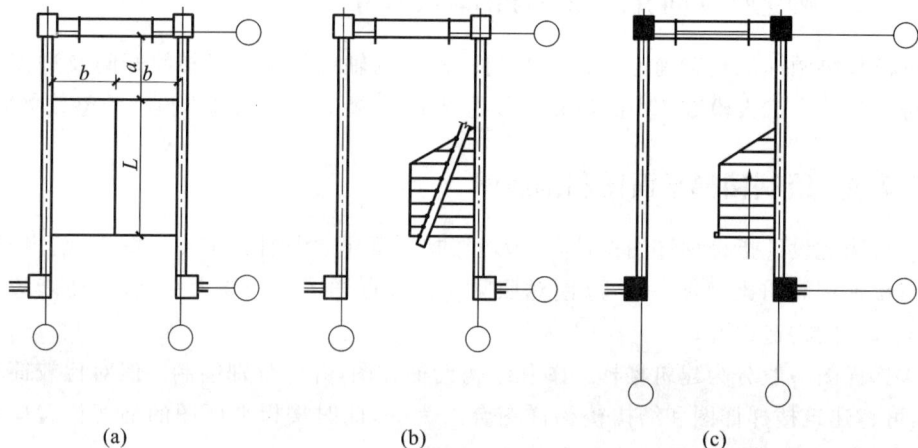

(a)　　　　　　　　(b)　　　　　　　　(c)

图 3-5　楼梯平面图的绘制步骤

（3）楼梯平面图绘制举例

现以某武装部办公楼为例，说明楼梯平面图的绘制要点和步骤。

如图 3-6 所示，该办公楼的楼梯详图绘制了底层、标准层和顶层的楼梯平面图，由标高可知，本工程为四层楼，层高 3.3m，采用双跑平行式等跑楼梯，开敞式楼梯间。楼梯间的开间尺寸，⑥～⑦定位轴线的间距为 3.3m；楼梯间的进深尺寸，Ⓐ～Ⓑ定位轴线的间距为6.0m。因是框架结构，所以在建筑物的四角设有截面尺寸为 450mm×450mm 的框架柱，两横墙厚 200mm，Ⓐ轴线外墙厚 300mm。梯段净宽为 1500mm，梯井宽 100mm。各层楼梯平面图上所画的每一分格表示梯段的一级。但因最高一级的踏面与平台面或楼面重合，所以平台图中的每一梯段画出的踏面数，总比级数少 1。所以，梯段水平投影长 L=（踏步数-1）×踏面宽=（11-1）×300=3000(mm)，休息平台宽 1800mm，各层楼面标高分别是 ±0.000m、3.300m、6.600m、9.900m。各层休息平台标高分别是 1.650m、4.950m、8.250m。底层标有"上"且有折断线，表示第一跑楼梯被剖切位置线打断，只能看到部分踏步。标准层楼梯平面图上有一梯段画有折断线，表示的是上、下两梯段投影的组合，另一梯段未被剖切平面剖到，所以是完整的。顶层楼梯平面图，因剖切平面在 9.9m 以上，所以看到的是四层两块完整的梯段板，因此不画折断线。

此外在底层楼梯平面图中还标有剖切符号，表示沿第二块梯段板及门窗洞口中间剖切，向未剖切到的梯段作的投影。

3.2.9.2　楼梯剖面图

（1）楼梯剖面图的绘制要点

假想用一个竖直剖切平面沿梯段的长度方向将楼梯间从上至下剖开，然后往另一梯段方向投影所得的剖面图称为楼梯剖面图。

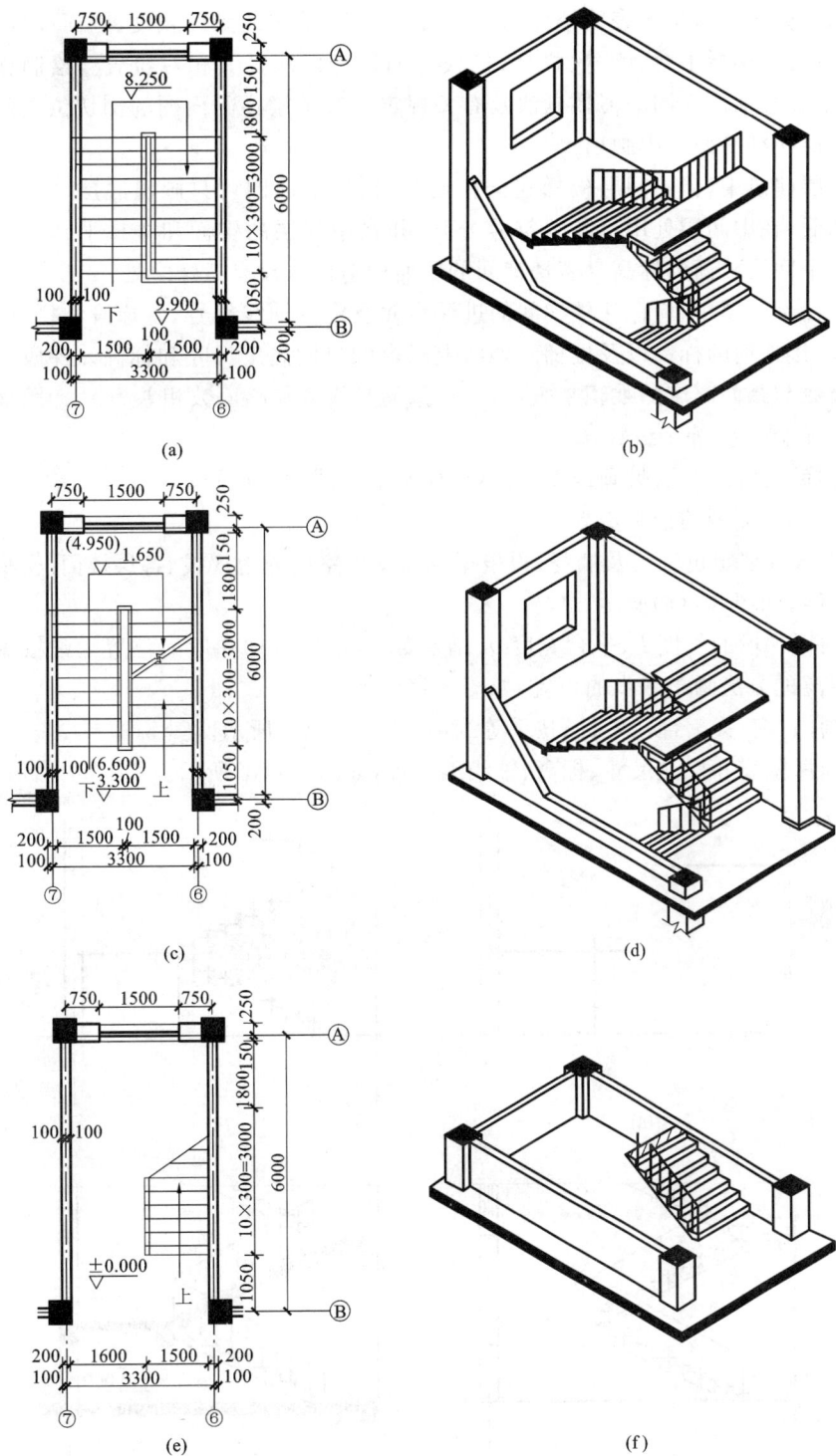

图 3-6 楼梯平面图

(a)顶层平面图(1:50);(b)顶层轴测剖面图;(c)标准层平面图(1:50);

(d)标准层轴测剖面图;(e)底层平面图(1:50);(f)底层轴测剖面图

楼梯剖面图能清楚地表明楼梯梯段的结构形式、踏步的踏面宽度、踢面高度、踏步级数以及楼地面、楼梯平台、墙身、栏杆、栏板等的构造做法及其相对位置。绘制楼梯剖面图时,应了解楼梯剖面图的习惯画法及有关规定。表示楼梯剖面图的剖切位置的剖切符号应在底层楼梯平面图中画出。

在多层建筑中,当中间层楼梯完全相同时,楼梯剖面图可只画出底层、中间层、顶层的楼梯剖面,在中间层处用折断线符号分开,并在中间层的楼面和楼梯平台面上注写适用于其他中间层楼面的标高。若楼梯间的屋面构造做法没有特殊之处,一般不再画出。

在楼梯剖面图中,应标注楼梯间的进深尺寸及定位轴线编号,各梯段和栏杆、栏板的高度尺寸,楼地面的标高以及楼梯间外墙上门窗洞口的高度尺寸和标高。梯段的高度尺寸可用级数与踢面高度的乘积来表示,应注意的是级数与踏面数相差为 1,即踏面数等于级数减 1,而踢面数等于级数。

在楼梯剖面图中,需另画详图的部位,应画上详图索引符号。

(2)楼梯剖面图的绘制步骤

① 先画外墙定位轴线及墙身,再根据标高画出室内外地坪线、各层楼面、楼梯休息平台的位置线,如图 3-7(a)所示。

② 根据梯段的长度 L、平台宽度 a、踏步数 n,定出楼梯梯段的位置。常根据等分两平行线距离的方法画出踏步的位置,如图 3-7(b)所示。

③ 画门、窗、梁、台阶、栏杆、扶手等细部,如图 3-7(c)所示。

④ 加深图线并标注尺寸、标高、轴线编号等,如图 3-7(d)所示。

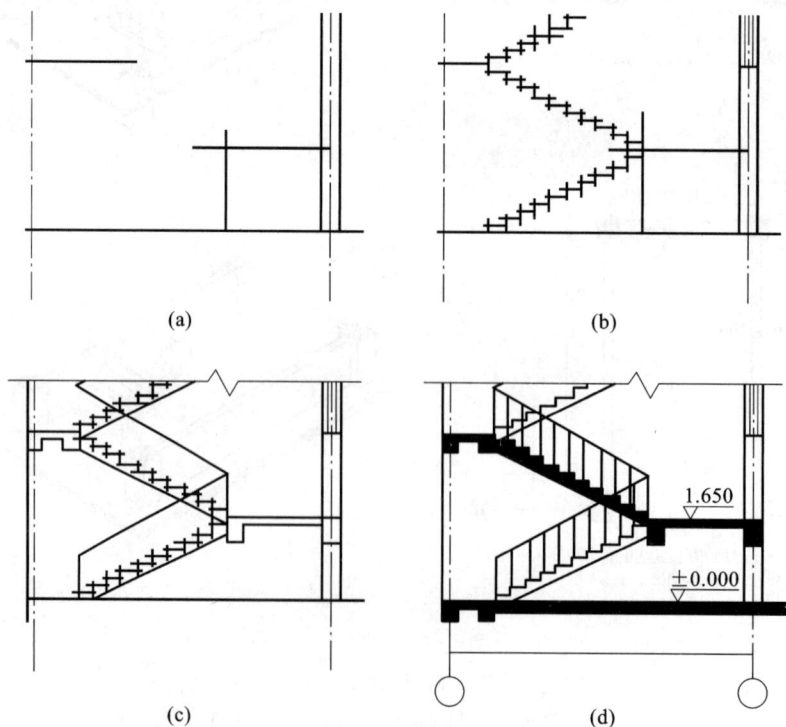

(a)　　　　　　　　　　　　(b)

(c)　　　　　　　　　　　　(d)

图 3-7　楼梯剖面图的绘制步骤

（3）楼梯剖面图的绘制举例

同楼梯平面图的案例内容，如图 3-8 所示，根据楼梯平面图中剖切符号表示的含义来读楼梯 A—A 剖面图。该办公楼楼梯为双跑楼梯，两个梯段之间设有楼梯休息平台。该剖面图中共有 6 个楼梯段，涂黑的表示剖到的梯段，未涂黑的表示看到的梯段。通过标注尺寸可以看出细部尺寸，层高均为 3.3m，各梯段高度＝150×11＝1650(mm)。在楼梯剖面图中还标注了各层楼地面、平台的标高。

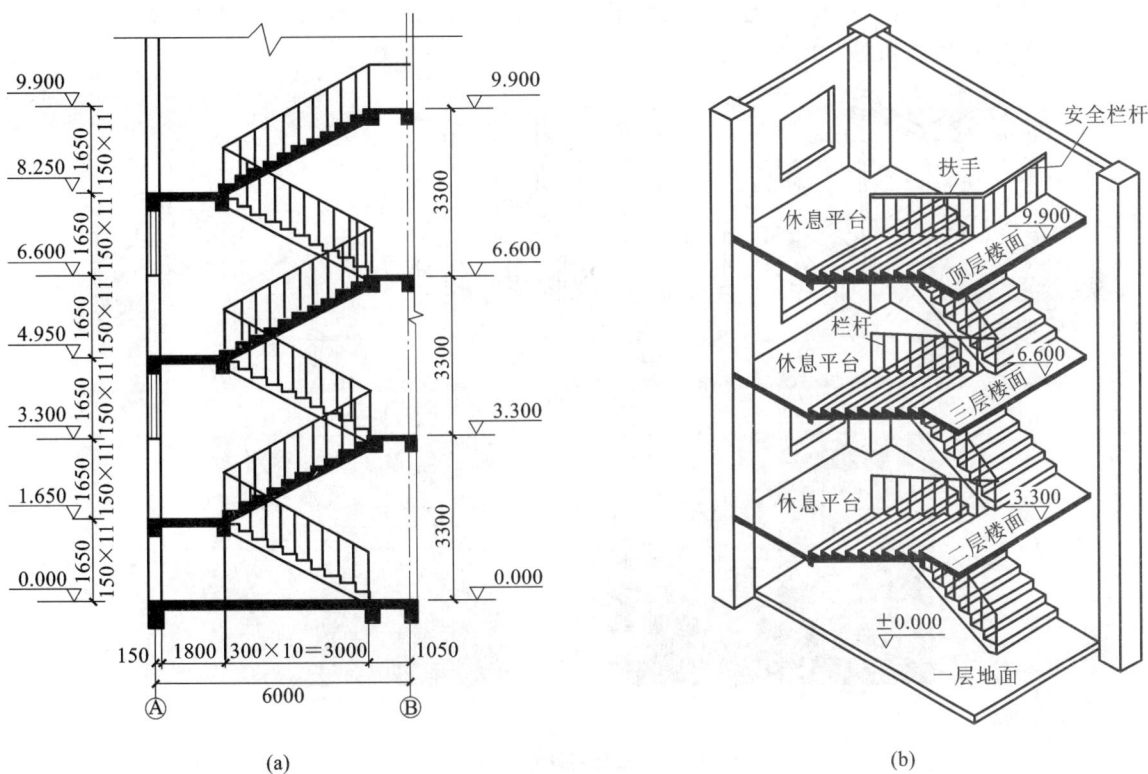

图 3-8　楼梯剖面图

(a)A—A 剖面图；(b)轴测剖面图

3.2.10　楼梯的细部构造节点设计

（1）楼梯间抗震构造要求

抗震设防烈度为 8 度和 9 度的抗震区，多层砖砌体房屋，其顶层楼梯间横墙和外墙应沿墙高每隔 500mm 设 2φ6 通长钢筋和φ4 分布短钢筋平面内点焊组成的拉结网片或φ4 点焊网片；抗震设防烈度为 7～9 度时，其他各层楼梯间墙体应在休息平台或楼层半高处设置 60mm 厚、纵向钢筋不应少于 2φ10 的钢筋混凝土带或配筋砖带，配筋砖带不少于 3 皮，每皮的配筋不少于 2φ6，砂浆强度等级不应低于 M7.5 且不低于同层墙体的砂浆强度等级。

同时，楼梯间及门厅内墙阳角处的大梁支承长度不应小于 500mm，并应与圈梁连接。突出屋顶的楼梯间、电梯间，构造柱应伸到顶部，并与顶部圈梁连接，内外墙交接处应沿墙高每隔500mm设2φ6拉结钢筋和φ4分布短钢筋平面内点焊组成的拉结网片或φ4点焊网片。若采用装配式楼梯段,则应与平台板的梁可靠连接;抗震设防烈度为8、9度时不应采用装配式楼梯段;不应采用墙中悬挑式踏步或踏步竖肋插入墙体的楼梯,不应采用无筋砖砌栏板。

（2）栏杆的高度和连接方式

室内栏杆高度不应低于900mm,室外栏杆高度不应低于1.05m,高层栏杆高度不应低于1.10m。栏杆与踏步的连接方式有锚接、焊接、螺栓连接三种,如图3-9所示。靠墙扶手的连接做法如图3-10所示。

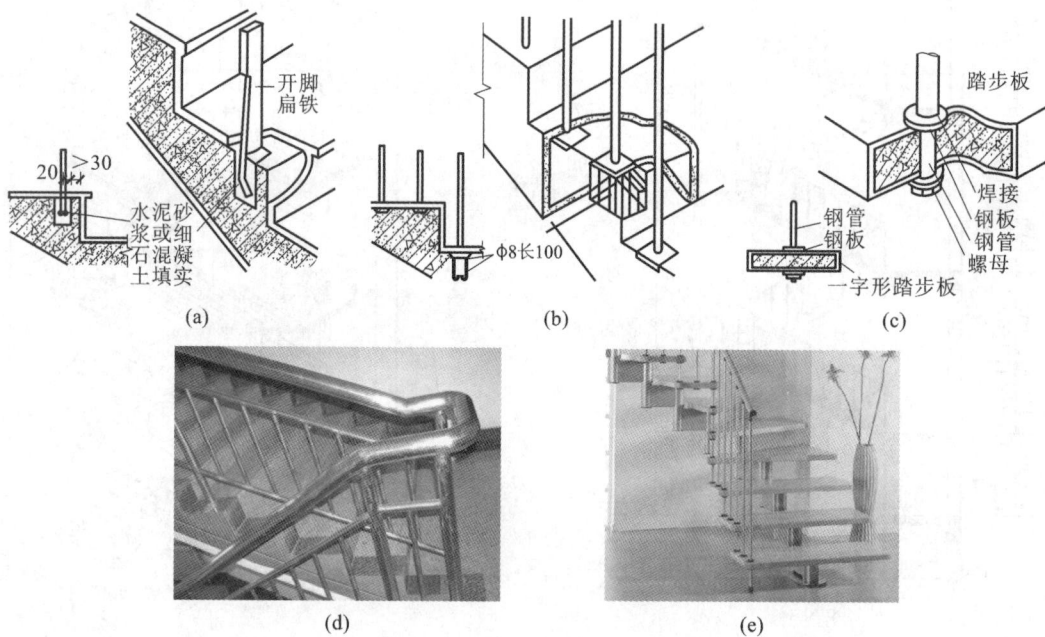

图3-9　栏杆与踏步的连接

（a）预留孔洞法；（b）预埋铁件焊接法；（c）法兰连接；（d）预留孔洞法实例；（e）法兰连接实例

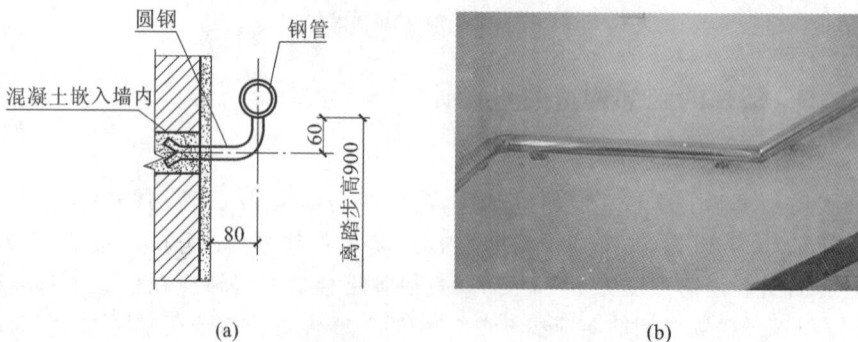

图3-10　靠墙扶手的连接做法

（a）构造连接图；（b）实例图

（3）楼梯栏杆的构造形式

实际工程中常使用的楼梯栏杆的构造形式如图3-11～图3-16所示。

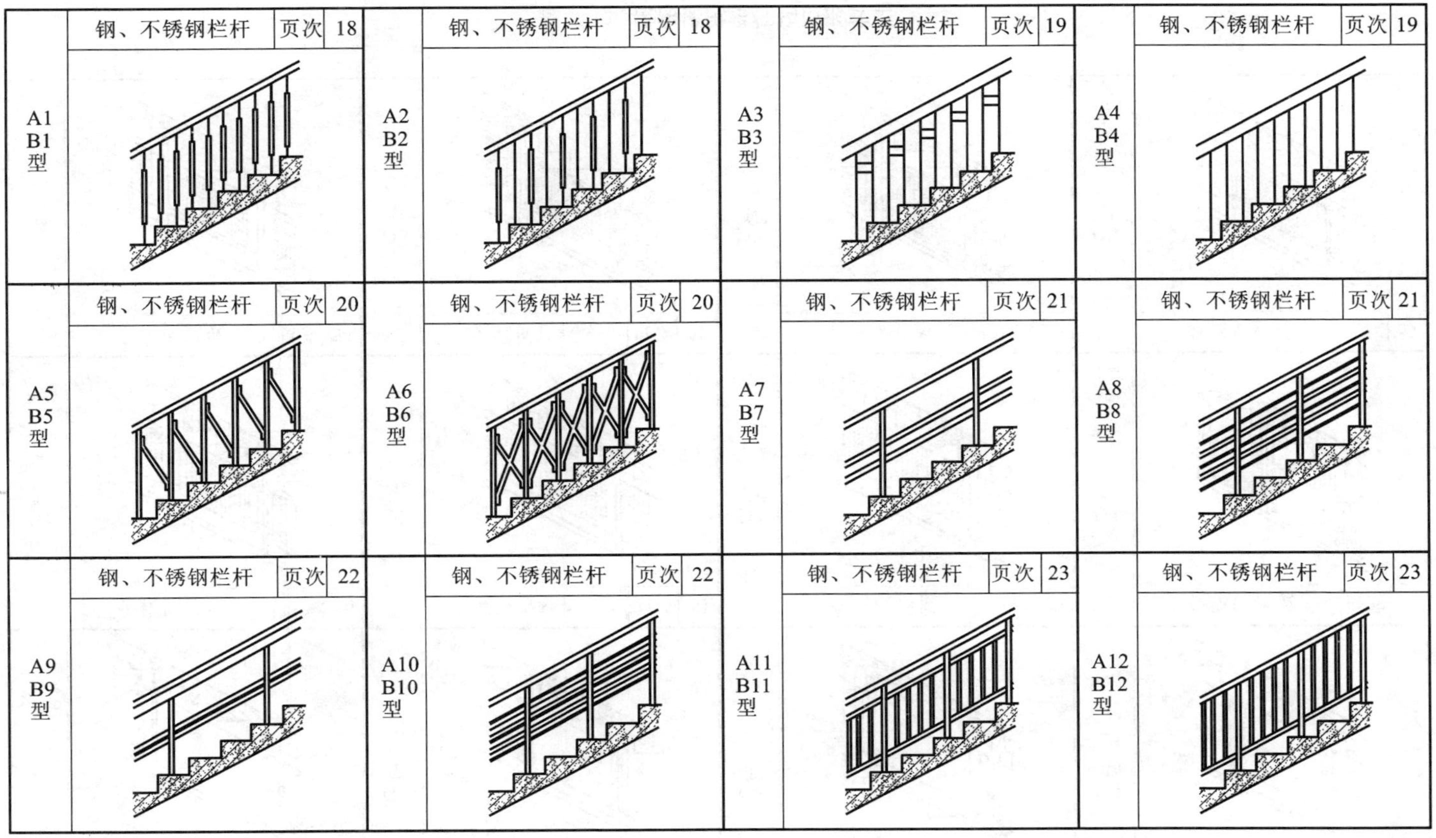
A1
B1
型
钢、不锈钢栏杆
页次
18
A2
B2
型
钢、不锈钢栏杆
页次
18
A3
B3
型
钢、不锈钢栏杆
页次
19
A4
B4
型
钢、不锈钢栏杆
页次
19
A5
B5
型
钢、不锈钢栏杆
页次
20
A6
B6
型
钢、不锈钢栏杆
页次
20
A7
B7
型
钢、不锈钢栏杆
页次
21
A8
B8
型
钢、不锈钢栏杆
页次
21
A9
B9
型
钢、不锈钢栏杆
页次
22
A10
B10
型
钢、不锈钢栏杆
页次
22
A11
B11
型
钢、不锈钢栏杆
页次
23
A12
B12
型
钢、不锈钢栏杆
页次
23

图 3-11 楼梯梯段栏杆构造形式一

C8型	玻璃栏板 页次 49	D4型	金属板栏板 页次 53	D8型	金属栏板 页次 57
C7型	玻璃栏板 页次 48	D3型	金属板栏板 页次 52	D7型	金属板栏板 页次 56
C6型	玻璃栏板 页次 47	D2型	金属板栏板 页次 51	D6型	金属板栏板 页次 55
C5型	玻璃栏板 页次 46	D1型	金属板栏板 页次 50	D5型	金属板栏板 页次 54

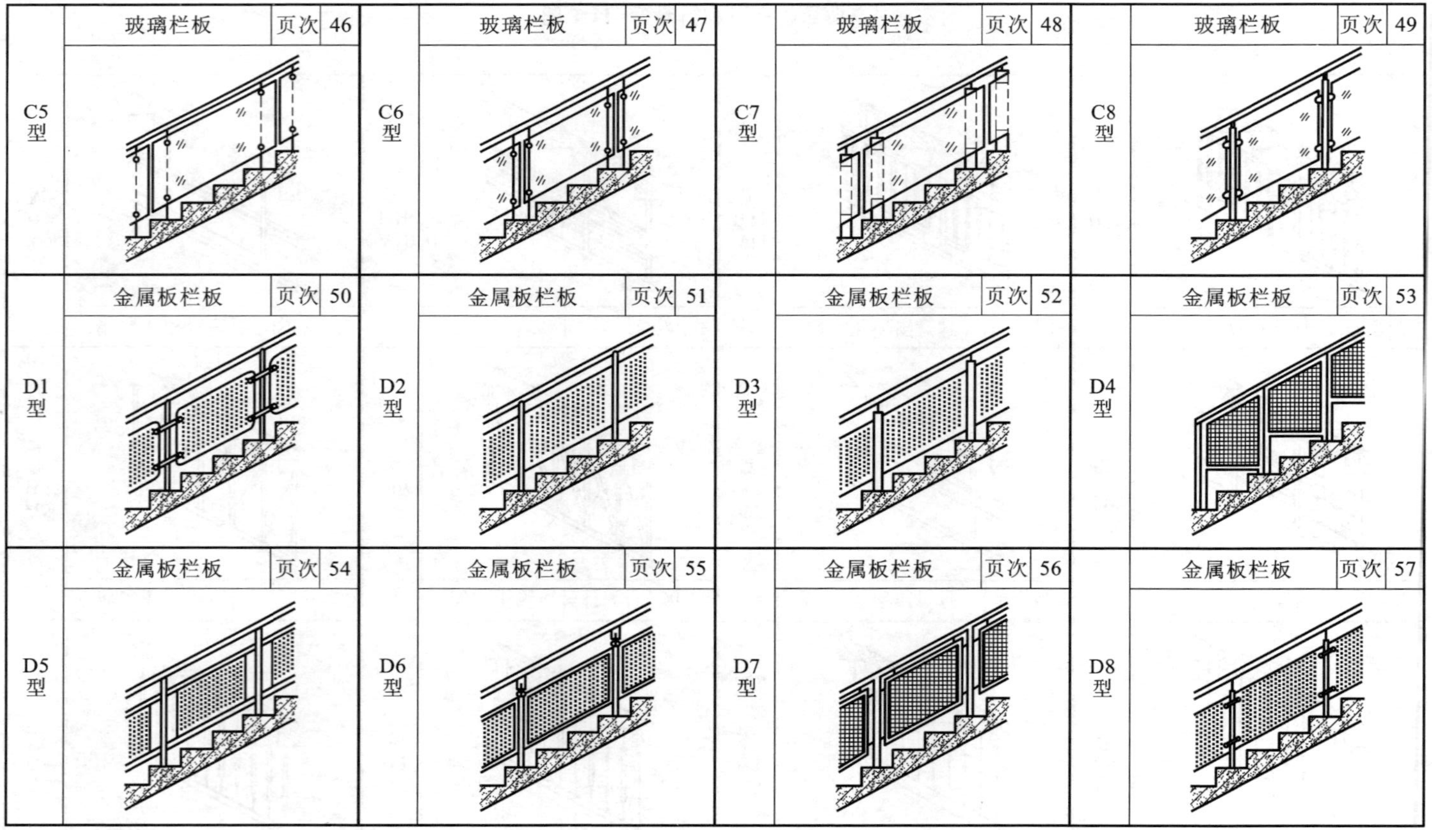

图3-12 楼梯梯段栏杆构造形式二

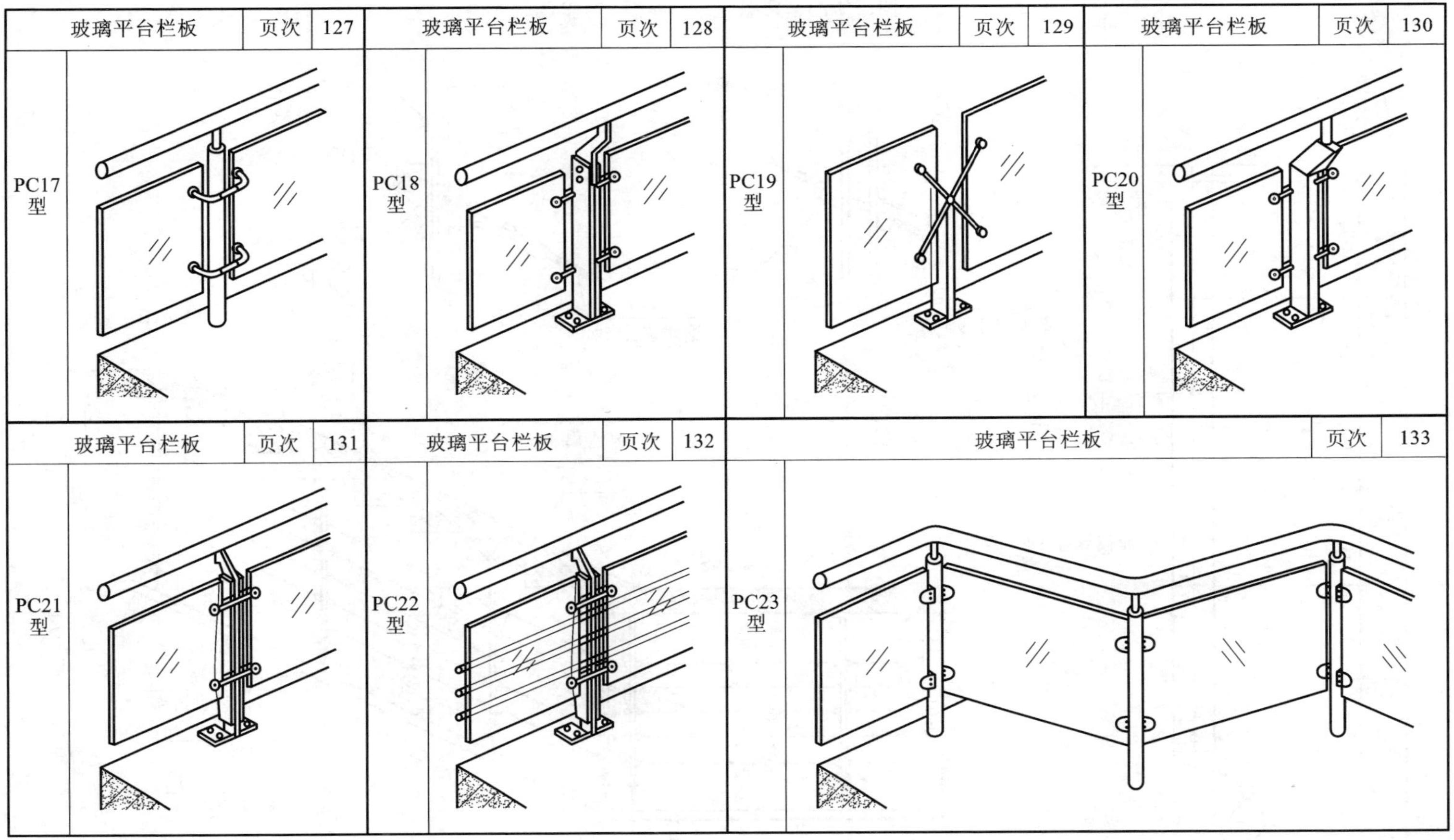

玻璃平台栏板	页次	127	玻璃平台栏板	页次	128	玻璃平台栏板	页次	129	玻璃平台栏板	页次	130

PC17型

PC18型

PC19型

PC20型

玻璃平台栏板	页次	131	玻璃平台栏板	页次	132	玻璃平台栏板	页次	133

PC21型

PC22型

PC23型

图 3-13　楼梯平台栏杆构造形式

45

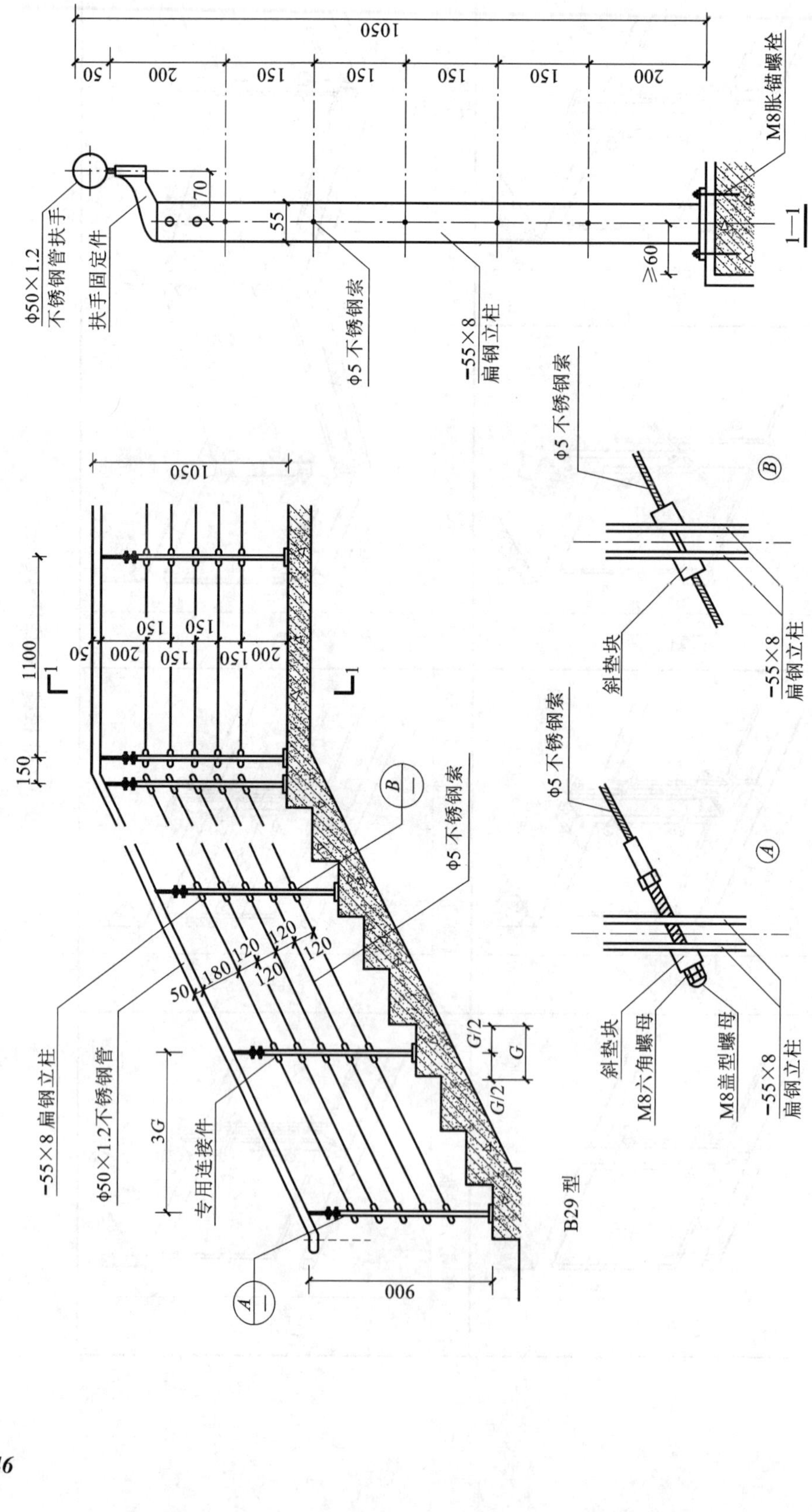

图 3-14 楼梯栏杆构造形式图集实例一

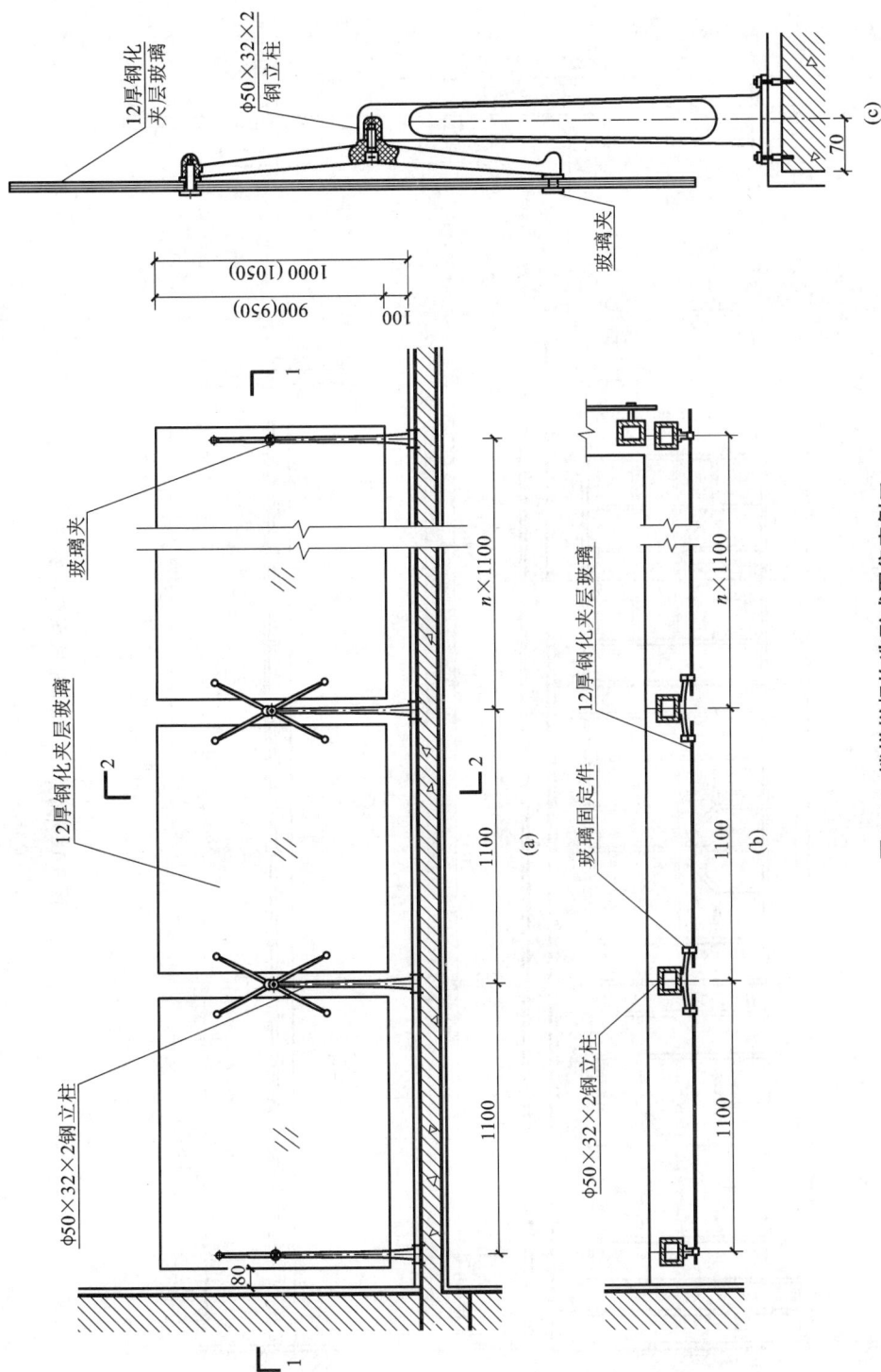

图 3-15　楼梯栏杆构造形式图集实例二

(a)PC19型立面图; (b)1—1剖面图; (c)2—2剖面图

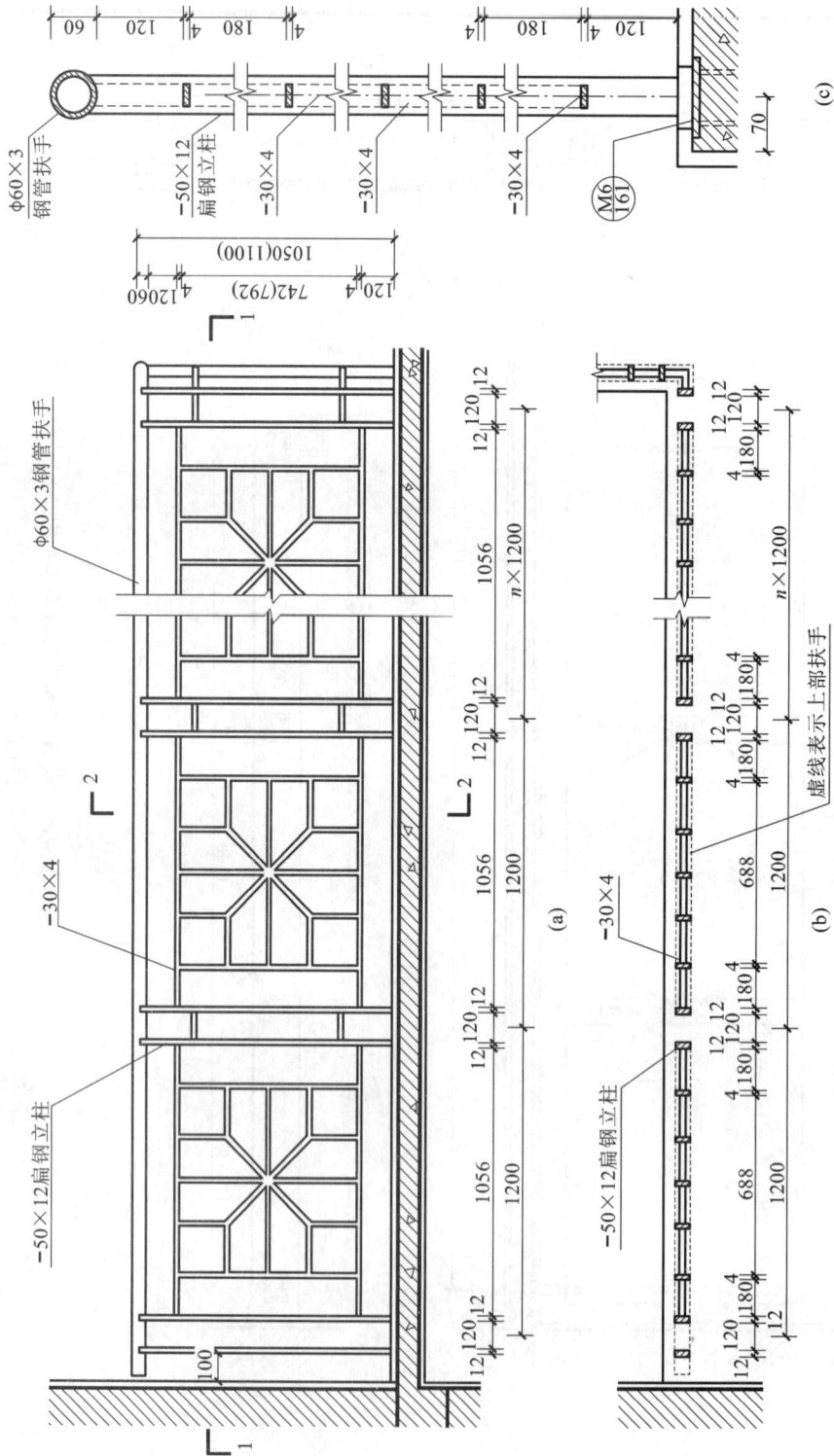

图 3-16 楼梯栏杆构造形式图集实例三

(a)PA22、PB22型立面图；(b)1—1剖面图；(c)2—2剖面图

（4）踏步防滑

踏步防滑例图如图 3-17 所示。

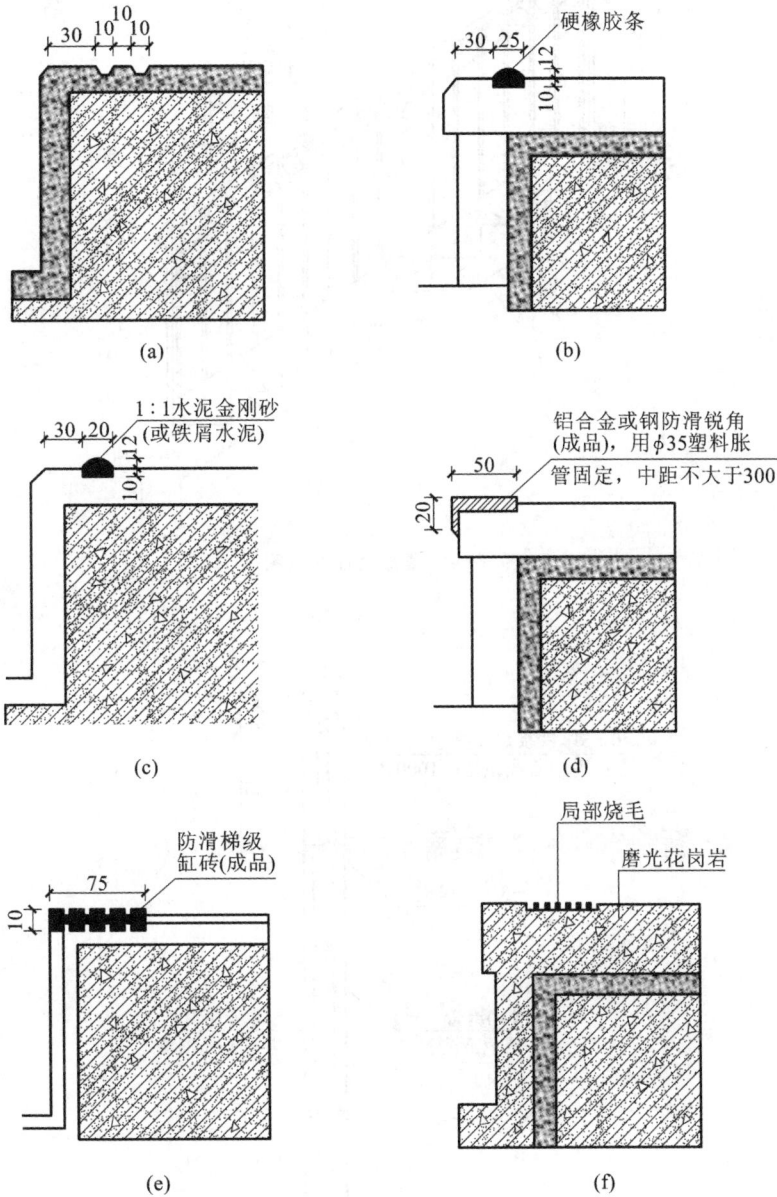

图 3-17 踏步防滑例图

(a)水泥砂浆踏步面防滑墙;(b)橡胶防滑条;(c)水泥金刚砂防滑条;
(d)铝合金或钢筋滑包角;(e)缸砖面踏步防滑砖;(f)花岗岩踏步烧毛贴面条

（5）楼梯栏杆构造节点实例

楼梯栏杆构造节点实例图如图 3-18～图 3-29 所示。

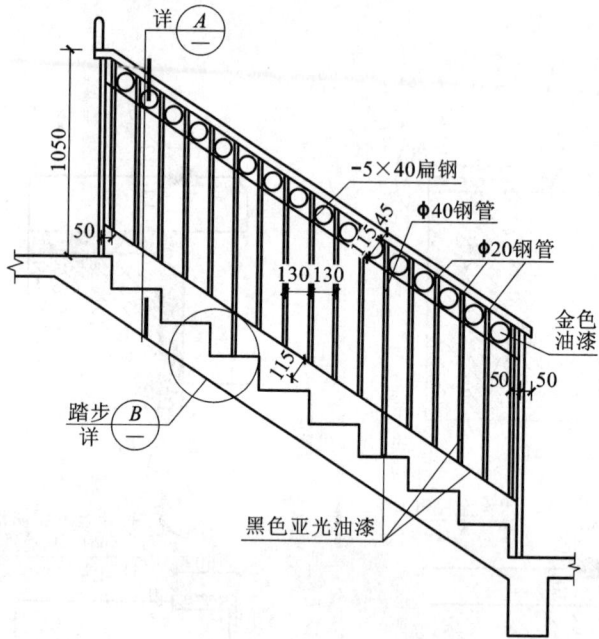

图 3-18　楼梯栏杆立面图

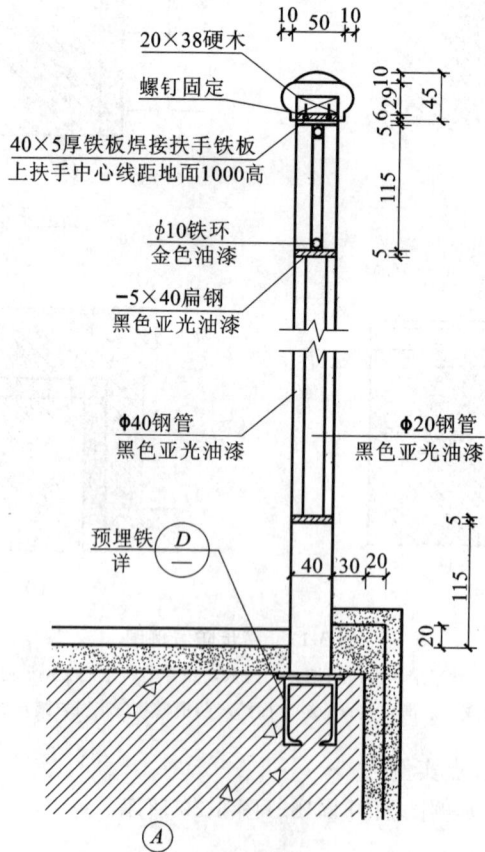

图 3-19　A 节点剖面图

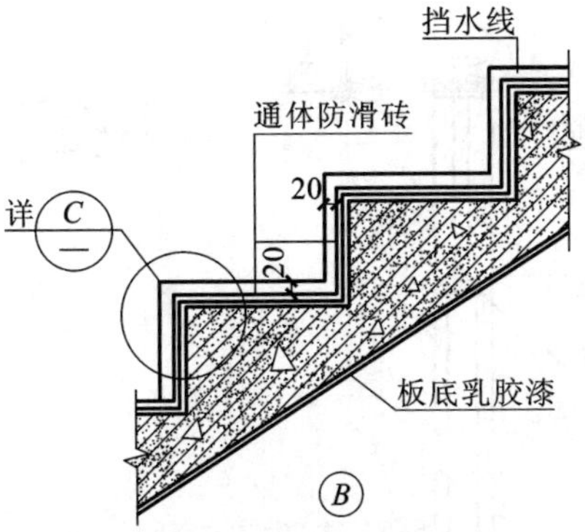

图 3-20 *B* 踏步详图

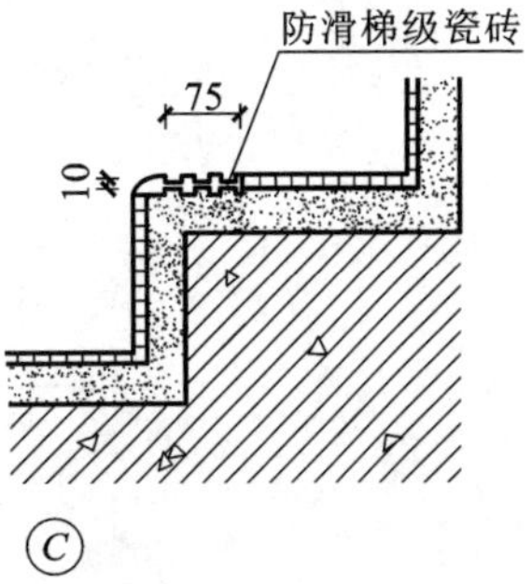

图 3-21 *C* 防滑梯级瓷砖大样图

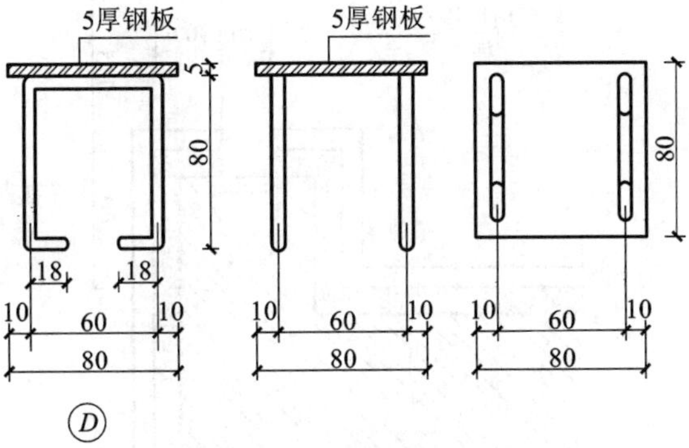

图 3-22 *D* 预埋铁件详图

注:栏杆铁件均刷防锈底漆一道,面漆两道。

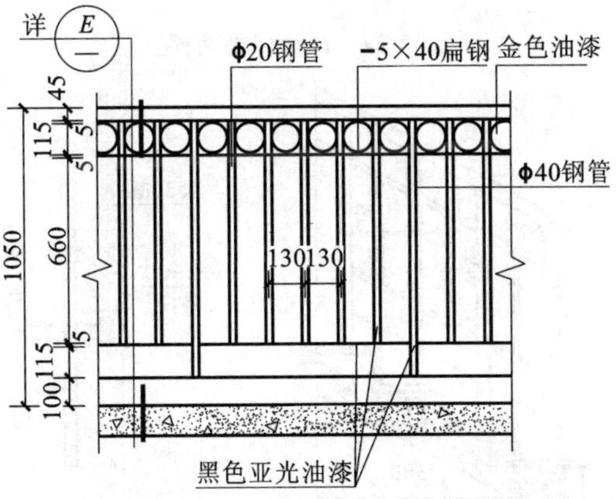

图 3-23 楼梯栏杆展开立面图

20×38硬木
螺钉固定

10 50 10

5 6 29 10
45

40×5厚铁板焊接扶手铁板
上扶手中心线距地面1000高

115

Φ10铁环
金色油漆

5

−5×40扁钢
黑色亚光油漆

Φ40钢管
黑色亚光油漆

Φ20钢管
黑色亚光油漆

预埋铁
详 $\frac{D}{-}$

40 30 20

5

115

100

E

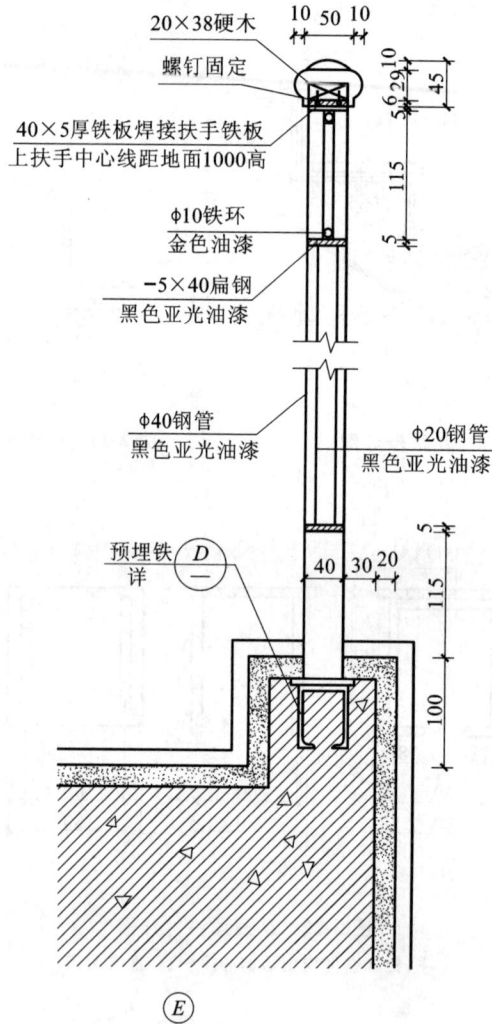

图 3-24　E 栏杆剖面图

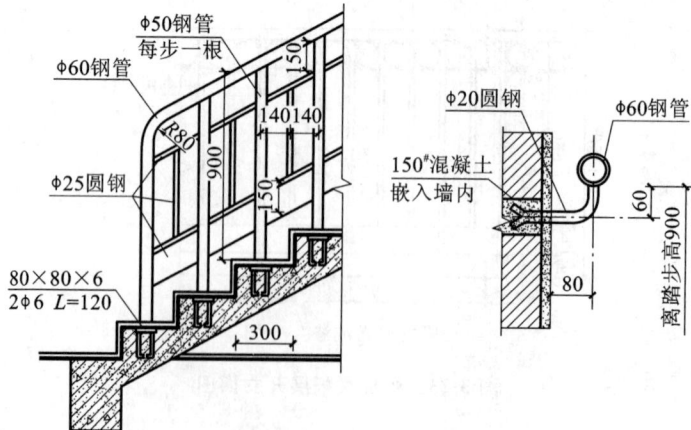

Φ50钢管
每步一根

Φ60钢管

150

140 140

R80

900

150

Φ25圆钢

80×80×6
2Φ6 L=120

300

Φ20圆钢

Φ60钢管

150#混凝土
嵌入墙内

60

80

离踏步高900

图 3-25　扶手栏杆详图

52

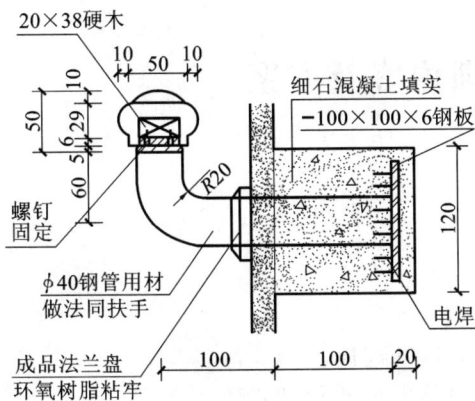

图 3-26 扶手大样图

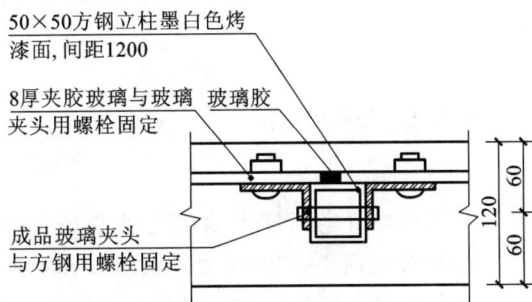

图 3-27 玻璃固定大样图

图 3-28 靠墙扶手预
埋件大样图

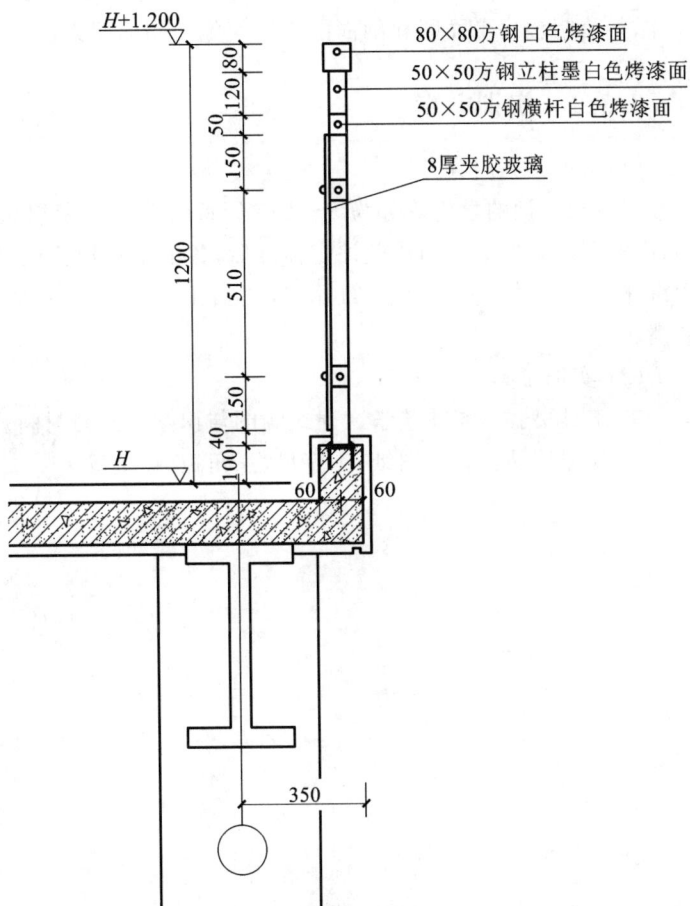

图 3-29 玻璃栏杆剖面图

3.3　楼梯构造实训内容及方案

3.3.1　实训内容

(1)实训内容概述

① 实训指导老师带队,组织学生现场见习一次。

② 掌握实训要点知识,合理确定楼梯各构件之间的连接。

③ 依据背景资料完成某双跑楼梯设计任务(具体要求见实训步骤)。

(2)能力目标

熟练掌握实训要点知识,具备在背景资料的引导下能灵活、合理地选择楼梯的构造尺寸,并绘制楼梯平面图和剖面图等建筑施工图的能力。

3.3.2　实训方案

(1)实训方案内容

将参与实训的学生等分为5～10组,每组确定一名组长,各组按照任务要求完成实训,由实训老师发放实训作业评定标准后,各组组长抽签选择作业交换对象,学生在老师的讲评下完成对方实训作业的评定,之后上交给实训老师,由老师最后给予实训评定成绩。

(2)实训工具

① 工具书:《房屋建筑学》《建筑制图与识图》《建筑材料》及相关标准图集。

② 仪器用品:图板、图纸、丁字尺、三角板、铅笔等。

4 屋面构造实训

【实训引言】

　　屋面是建筑物的重要组成部分,起承重和围护(防水、保温、隔热等)作用。房屋建筑学课程中重点介绍屋面排水方案选择和排水组织设计、刚性和柔性屋面的构造层次及细部构造、屋面的保温和隔热及节能构造等。本实训以工程案例背景为依托,以书本知识要点为支撑,以工程绘图为载体,通过对挑檐沟和女儿墙排水屋面的构造设计,旨在使学生掌握各构造措施的原理,加深学生对课本知识的理解和应用。

【实训思路】

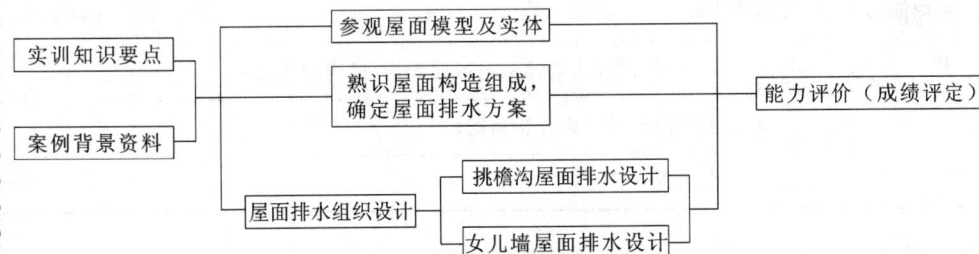

4.1 屋面构造实训知识及技能领域

　　屋面构造实训知识及技能领域如表 4-1、表 4-2 所示。

表 4-1　　　　　　　　　　　　　　屋面构造实训知识领域

知识领域	知识单元		知识点
屋面构造	核心知识单元	屋面的排水	① 排水坡度的确定; ② 屋面排水方式的选择; ③ 屋面排水组织的设计; ④ 雨水管和雨水口的设置
		屋面的防水	① 屋面防水材料、防水等级和设防的要求; ② 柔性防水屋面的构造组成及其细部构造; ③ 刚性防水屋面的构造组成及其细部构造
		屋面的保温和隔热	① 平屋面常用构造形式及设计要点; ② 保温屋面、正置式和倒置式屋面构造

续表

知识领域	知识单元		知识点
屋面构造	拓展知识单元	屋面的排水坡度取值要求	
		屋面防水材料的厚度及选用要求	
		保温屋面的设置要点	
		倒置式屋面的构造要点	

表 4-2 　　　　　　　　　　　　　　**屋面构造实训技能领域**

技能领域	技能单元		技能点
屋面排水图绘制及读图能力	核心技能单元	屋面排水图的绘制及识读	① 屋面排水方式; ② 排水路线、排水坡度; ③ 雨水管、雨水口的数量及布置位置
		屋面节点详图的绘制及识读	① 屋面檐沟构造做法; ② 女儿墙泛水构造做法; ③ 变形缝
	拓展技能单元	正置式、倒置式柔性保温屋面天沟、檐沟构造图例	
		柔性保温屋面风井构造图例	
		涂膜屋面	

4.2　屋面构造实训知识及技能要点应用

屋顶是房屋的重要组成部分。屋顶有三个作用:① 防御自然界的风、雨、雪、太阳辐射热和冬季低温等的影响,起保温节能的围护作用;② 承受作用于屋顶上的风、雪荷载和屋顶的自重等;③ 美观。屋面构造设计分为排水设计和防水设计。

屋面排水设计包括排水方式的选择、排水组织、排水坡度的确定、雨水管和雨水口的设置。屋面防水设计包括屋面防水等级和设防要求、屋面防水材料的厚度要求、平屋面的组成和技术要求、平屋面常用构造形式举例、卷材防水屋面的构造要求、刚性防水屋面的构造要求。

4.2.1　屋面排水设计

4.2.1.1　排水方式的选择

建筑物排水方式分为无组织排水和有组织排水。排水方式的选择应综合考虑结构形式、气候条件、使用特点等因素,并优先考虑外排水,一般按下列原则进行选择。

① 等级较低的建筑,宜优先采用无组织排水。

② 积灰多的屋面应采用无组织排水。

③ 有腐蚀性介质的工业建筑宜采用无组织排水。

④ 在降雨量大的地区或房屋较高的情况下,宜采用有组织排水。符合表 4-3 的情况应选择有组织排水。

⑤ 临街建筑雨水排向人行道时宜采用有组织排水。

表 4-3   有组织排水的适宜范围

地区年降水量/mm	檐口离地高度/m	天窗跨度/m	相邻屋面高差/m
≤900	8～10	9～12	≥4 的高出檐口
>900	5～8	6～9	≥3 的高出檐口

在工程实践中,由于具体条件的不同,可能出现多种有组织排水方案。多跨厂房尽可能采用天沟外排水,天沟较长时采用两端外排水、中间内排水;严寒地区为防止雨水管冰冻堵塞,宜采用内排水;湿陷性黄土地区应尽量采用外排水。

4.2.1.2 排水组织

屋面适当划分排水坡,排水沟组织排水区,以力求排水通畅简捷,雨水口负荷均匀。排水区一般按每个雨水口排除 $150～200m^2$ 屋面(水平投影)划分。进深超过 12m 的平屋面不宜采用单坡排水。高低跨屋面的高处屋面雨水口积水面积小于 $100m^2$ 时,可直接排在低处屋面上,出水口设防护板(平屋面用细石混凝土,瓦屋面用镀锌铁皮泛水);当积水面积大于 $100m^2$ 时,高处屋面雨水管应直接与低处屋面雨水管或排水系统连接。

一般情况下,临街建筑平屋顶屋面宽度小于 12m 时,可采用单坡排水;其宽度大于 12m 时,宜采用双坡排水。坡屋顶应结合建筑造型要求选择单坡、双坡或四坡排水。

4.2.1.3 排水坡度的确定

排水坡度常用的表示方法有角度法、斜率法、百分比法,如表 4-4 所示。

表 4-4   常用的坡度表示方法

屋顶类型	平屋顶	坡屋顶	
常用排水坡度	<5%(2%～3%)	一般大于 10%	
屋面坡度表示方法	百分比法:$H/L×100\%$	斜率法:H/L	角度法:α
应用情况	普遍	普遍	较少采用

屋面排水坡度应根据屋顶结构形式、屋面基层类别、防水构造形式、材料性能及当地气候等条件确定,并应符合表 4-5 的规定。

表 4-5   **屋面排水最小坡度**

屋面类别	屋面排水坡度/%
卷材防水、刚性防水的平屋面	2～5
平瓦	20～50
波形瓦	10～50
油毡瓦	≥20
网架、悬索结构金属板	≥4
压型钢板	5～35
种植土屋面	1～3

注：1.平屋面采用的结构找坡不应小于 3%，采用的材料找坡宜为 2%。

    2.卷材屋面的坡度不宜大于 25%，当坡度大于 25%时应采取固定和防止滑落的措施。

    3.卷材防水屋面天沟、檐沟的纵向坡度不应小于 1%，沟底水落差不得超过 200mm。天沟、檐沟排水不得流经变形缝和防火墙。

    4.平瓦必须铺置牢固，地震设防地区或坡度大于 50%的屋面，应采取固定加强措施。

    5.架空隔热屋面坡度不宜大于 5%，种植土屋面坡度不宜大于 3%。

4.2.1.4 雨水管和雨水口的设置

划分排水区的目的在于合理地布置雨水管。排水区的面积是指屋面水平投影的面积，一般按每一根雨水管的屋面最大汇水面积不宜大于 200m² 划分。雨水管的间距、数量与降雨量和雨水管的直径等有关，雨水管间距取值分为理论间距和适用间距。

(1)理论间距

理论间距依据如下经验公式取值：

$$F = \frac{438D^2}{H} \tag{4-1}$$

$$N \geqslant \frac{S}{F} \tag{4-2}$$

式中 F——容许集水面积，m²；

      D——雨水管直径(工业建筑为 100～200mm，民用建筑为 75～100mm，面积小于 25m² 的阳台为 50mm，常用直径为 100mm)，cm；

      H——每小时降雨量，mm/h；

      S——屋面总面积，m²；

      N——屋面雨水管数量的最小值。

例如，某地屋面的水平投影面积为 1000m²，$H = 110$mm/h，选用雨水管直径 $D = 10$cm，则每个雨水管的容许集水面积为 $F = 438 \times \dfrac{10^2}{110} = 398.18(\text{m}^2)$，$N = \dfrac{1000}{398.18} = 2.51$，取整数 3，所以，屋面至少应设三个雨水管。

(2)适用间距

在工程实践中，雨水管最大间距：单层厂房为 30m，挑檐平屋面为 24m，女儿墙平屋面及内排水暗管排水平屋面为 18m,瓦屋面为 15m。雨水管的位置应在实墙面处,其适用间距一般在 18m 以内,最大间距不宜超过 24m。因为雨水管间距过大,则沟底纵坡面越长,会使沟内的垫坡材料增厚,减少了天沟的容水量,造成雨水溢向屋面引起渗漏或从檐沟外侧涌出。

当理论间距大于适用间距时,雨水管的间距按适用间距设置;如果理论间距小于适用间距,则应按理论间距设置。

屋面雨水口的设置形式分为直管式和弯管式两种。其构造做法如图 4-1 所示。

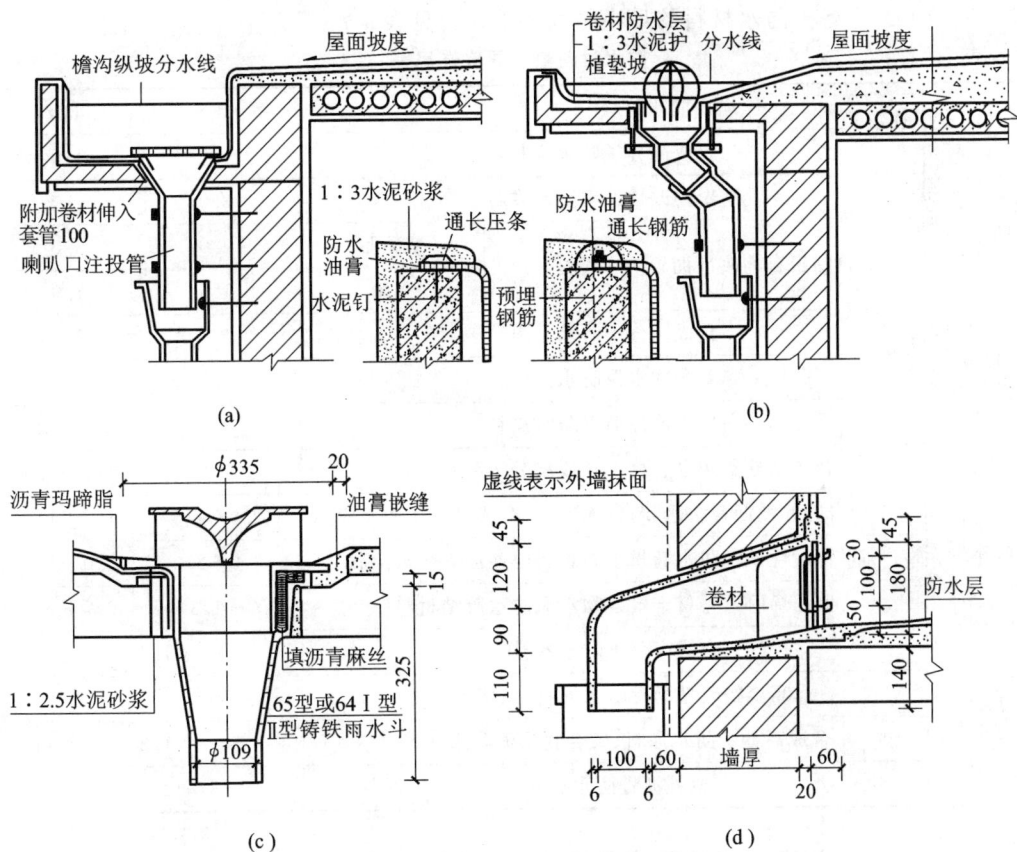

图 4-1 屋面雨水口构造

(a),(b),(c)直管式雨水口;(d)弯管式雨水口

4.2.2 屋面防水设计

4.2.2.1 屋面防水等级和设防要求

《屋面工程技术规范》(GB 50345—2012)将平屋面防水划分为两个等级,详见表 4-6。

表 4-6 平屋面防水等级和设防要求

防水等级	建筑类别	设防要求	防水做法
Ⅰ级	重要建筑和高层建筑	两道防水设防	卷材防水层和卷材防水层、卷材防水层和涂膜防水层、复合防水层
Ⅱ级	一般建筑	一道防水设防	卷材防水层、涂膜防水层、复合防水层

4.2.2.2 屋面防水材料厚度要求

屋面防水材料厚度依据其材料性能的不同有所区别,依据《屋面工程技术规范》(GB 50345—2012)中各类防水材料的最小厚度要求综合见表 4-7。

表 4-7 防水材料最小厚度选用表

	屋面防水等级		Ⅰ级	Ⅱ级
卷材防水层	合成高分子防水卷材		1.2	1.5
	高聚物改性沥青防水卷材		3.0	4.0
	自粘聚合物改性沥青防水卷材	聚酯胎	3.0	3.0
		无胎	1.5	2.0
涂膜防水层	合成高分子防水涂料		1.5	2.0
	聚合物水泥防水涂料		1.5	2.0
	高聚物改性沥青防水涂料		2.0	3.0
复合防水层	合成高分子防水卷材+合成高分子防水涂料		1.2+1.5	1.0+1.0
	自粘聚合物改性沥青防水卷材(无胎)+合成高分子防水涂料		2.0+1.5	1.2+1.0
	高聚物改性沥青防水卷材+高聚物改性沥青防水涂料		3.0+2.0	3.0+1.2
	聚乙烯丙纶卷材+聚合物水泥防水胶结材料		(0.7+1.3)×2	0.7+1.3
附加防水层	合成高分子防水卷材		1.2	
	高聚物改性沥青防水卷材(聚酯胎)		3.0	
	合成高分子防水涂料、聚合物水泥防水涂料		1.2	
	改性沥青防水涂料		2.0	

4.2.2.3 平屋面的组成和技术要求

(1)保护层

为延长防水层的使用寿命,应在其上部设置保护层,常用材料为浅色涂料、反射膜、砂石、蛭石粉、水泥砂浆、块材等。涂膜防水层采用刚性保护层时,应在涂膜防水层和保护层之间设置隔离层。

(2)隔离层

在刚性防水层、刚性保护层下面或两道防水层之间,需设置隔离层,以减小它们与结构层或防水层之间相互变形的影响,防止渗漏。材料一般用低等级砂浆、纸筋灰、塑料薄膜、无纺布、粉砂、石灰浆等。

（3）防水层

防水层为防水屋面的基本构造层，应根据表 4-6 选取建筑物的防水设防要求，依据表 4-7 选择防水层材料和厚度。

（4）找平层

找平层是防水层的基层或保温层覆盖层，保温层上的找平层应预留分格缝，缝宽 5～20mm，纵横缝的间距不大于 6m。《屋面工程技术规范》（GB 50345—2012）中找平层的厚度和技术要求应符合表 4-8 的规定。

表 4-8　　　　　　　　　　　　找平层厚度和技术要求

找平层分类	适用的基层	厚度/mm	技术要求
水泥砂浆	整体现浇混凝土板	15～20	1:3的水泥砂浆
	整体现喷保温层	20～25	
细石混凝土	装配式混凝土板	40	C20 混凝土
	板状材料保温板		
混凝土随浇随抹	整体现浇混凝土板	—	原浆表面抹平、压光

（5）保温层

保温层应选择具有憎水性能、导热系数小和质轻的保温材料，保温层的厚度通过计算确定。

（6）隔汽层

当纬度 40°以北地区且室内空气湿度大于 75％，或其他地区室内空气湿度常年大于 80％时，若采用吸湿性保温材料做保温层，应在结构层与保温层之间选用气密性、水密性好的防水卷材或防水涂料做隔汽层。隔汽层应沿墙面向上铺设，连续高出保温层 150mm 以上并与屋面的防水层相连接，形成全封闭的整体。

4.2.2.4　平屋面常用构造形式举例及设计要点

平屋面常用构造做法见表 4-9，板状保温材料的质量要求见表 4-10。

（1）保温屋面的设置要点

保温隔热屋面适用于具有保温隔热要求的屋面工程。当屋面防水等级为Ⅰ级、Ⅱ级时，不宜采用蓄水屋面。屋面保温可采用板状材料或整体现喷保温层，屋面隔热可采用架空、蓄水、种植等隔热层。

干铺的保温层可在 0℃ 以下的温度条件下施工；用有机胶黏剂粘贴的板状材料保温层，在气温低于 −10℃ 时不宜施工；用水泥砂浆粘贴的板状材料保温层，在气温低于 5℃ 时不宜施工。保温层设置在防水层上部时，保温层的上面应做保护层；保温层设置在防水层下部时，保温层的上面应做找平层；屋面坡度较大时，保温层应采取防滑措施；吸湿性保温材料不宜用于封闭式保温层，当需要采用时宜在结构层和保温层之间设置隔汽层，采用排汽屋面。

平屋面常用做法表

表4-9

类别	编号	简图	构造做法	说明
普通平屋面（上人）	屋1 屋2	保温隔热屋面 倒置式保温隔热屋面	①混凝土整体保护层（40厚C20细石混凝土，配φ6或冷拔φ4的一级钢筋，双向中距为150，钢筋网片绑扎或点焊）；②2厚纸胎沥青油毡；③防水层；④20厚1:3水泥砂浆找平层；⑤保温或隔热层；⑥最薄30厚LC5.0轻集料混凝土隔汽层；⑦1.2厚RG防水涂料隔汽层；⑧20厚1:3水泥砂浆找平层；⑨钢筋混凝土屋面板	仅用于屋2
	屋3 屋4	保温隔热屋面 倒置式保温隔热屋面	①铺块材（防滑地砖、仿石砖、水泥砖等），干水泥擦缝；②2厚纸胎沥青油毡；③防水层；④20厚1:3水泥砂浆找平层；⑤最薄30厚LC5.0轻集料混凝土2%找坡层；⑥1.2厚RG防水涂料隔汽层；⑦20厚1:3水泥砂浆找平层；⑧钢筋混凝土屋面板	仅用于屋4
	屋5		①铺块材（防滑地砖、仿石砖、水泥砖等），干水泥擦缝；②25厚1:2.5水泥砂浆内配1.2厚钢板网保温，细砂填缝；③挤塑聚苯乙烯泡沫塑料板保温层；④20厚1:3水泥砂浆找平层；⑤最薄30厚LC5.0轻集料混凝土2%找坡层；⑥20厚1:3水泥砂浆找平层；⑦钢筋混凝土屋面板	
普通平屋面（不上人）	屋6 屋7	保温隔热屋面 保温隔热屋面倒置式	①防水层；②20厚1:3水泥砂浆找平层；③最薄30厚LC5.0轻集料混凝土2%找坡层；④保温或隔热层；⑤1.2厚RG防水涂料隔汽层；⑥20厚1:3水泥砂浆找平层；⑦钢筋混凝土屋面板	仅用于屋7
	屋8		①60粒径15~20卵石保护层；②干铺无纺涤纶聚酯纤维布一层；③挤塑聚苯乙烯泡沫塑料板保温层；④防水层；⑤20厚1:3水泥砂浆找平层；⑥最薄30厚LC5.0轻集料混凝土2%找坡层；⑦钢筋混凝土屋面板	卵石保护层
蓄水屋面	屋9		①钢筋混凝土水池底板，原浆抹光，上抹6厚聚合物水泥砂浆保护层；②2厚纸胎沥青油毡；③防水层；④20厚1:3水泥砂浆找平层；⑤最薄30厚LC5.0轻集料混凝土2%找坡层；⑥保温或隔热层（宜采用挤塑聚苯板）；⑦钢筋混凝土屋面板	①蓄水层最浅处150；②钢筋混凝土蓄水池应先采用防渗透结晶型混凝土
停车屋面	屋10	消防车道屋面倒置式	①120厚C25混凝土随打随抹，内配φ10@200双向（钢筋置于混凝土板下部）；②20高塑料板排水保护板，凸点向下；③挤塑聚苯乙烯泡沫塑料板保温隔热层；④防水层；⑤20厚1:3水泥砂浆找平层；⑥最薄30厚LC5.0轻集料混凝土2%找坡层；⑦钢筋混凝土屋面板	配筋混凝土

表 4-10   **板状保温材料质量要求**

项目	质量要求					
	聚苯乙烯泡沫塑料		硬质聚氨酯泡沫塑料	泡沫玻璃	加气混凝土类	膨胀珍珠岩类
	挤压	模压				
表现密度/(kg/m³)	—	15~30	≥30	≥150	400~600	200~350
压缩强度/kPa	≥250	60~150	≥150	—	—	—
抗压强度/MPa	—	—	—	≥0.4	≥2.0	≥0.3
导热系数/[W/(m·K)]	≤0.030	≤0.041	≤0.027	≤0.062	≤0.220	≤0.087
70℃,48h 后尺寸变化率/%	≤2.0	≤4.0	≤5.0	—	—	—
吸水率/(V/V,%)	≤1.5	≤6.0	≤3.0	≤0.5		
外观	板材表面基本平整,无严重凹凸不平					

(2)倒置屋面的构造要点

倒置式屋面的特点是将保温层设置在防水层之上。倒置式屋面的设计应符合下列规定:倒置式屋面的坡度不宜大于 3%;倒置式屋面的保温层,应采用吸水率低且长期浸水不腐烂的保温材料;保温层可采用干铺或粘贴板状保温材料,也可采用现喷硬质聚氨酯泡沫塑料;保温层的上面采用卵石保护层时,保护层与保温层之间应铺设隔离层;现喷硬质聚氨酯泡沫塑料与涂料保护层间应具相容性;倒置式屋面的檐沟、水落口等部位,应采用现浇混凝土或砖砌堵头,并做好排水处理。

(3)正置式屋面与倒置式屋面的优缺点

正置式屋面的构造为屋面结构层→保温层→混凝土找平层→防水层,即防水层在最上层,隔热保温层在其下面。因为传统屋面隔热保温层的选材一般为珍珠岩、水泥聚苯板、加气混凝土、陶粒混凝土、聚苯乙烯板(EPS)等材料。这些材料普遍存在吸水率大的通病,如果吸水,保温隔热性能会大大降低,无法满足隔热的要求,所以一定要靠防水层做在其上面,防止水分的渗入,保证隔热层的干燥,方能隔热保温。所以,正置式屋面对防水层的耐老化性和抗裂性要求就更高。

倒置式屋面的构造为屋面结构层→防水层→保温层→混凝土找平层,即防水层隐蔽在保温层的下面与空气隔离了。与传统的正置式屋面施工方法相比,其优点是:① 能使防水层无热胀冷缩现象,延长了防水层的使用寿命;② 保温层对防水层提供了一层物理性保护,防止其受到外力破坏。但是,随着实际应用,倒置式屋面的缺点也越来越明显:① 屋面的保温性不佳,保温板之间存在一定缝隙,雨水从找平层的裂缝中渗入,保温板间倒置式屋面的缝隙就成了流水的通道,雨水在保温层和防水层之间积聚,大大影响了屋面的保温效果;② 防水层极易损坏而出现渗漏;③ 倒置式屋面渗漏治理极其困难,因为防水层处于隐蔽状态,渗漏点难找,且修葺重整工程量大、耗资高。

倒置式屋面理论上讲是可行的,但实际应用中情况复杂,很难达到预期效果;正置式屋面仍旧是混凝土屋面的最佳选择。

4.2.2.5 柔性卷材防水屋面的构造要求

柔性卷材防水屋面适用于防水等级为Ⅰ、Ⅱ级的各类屋面防水。其主要优点是对房屋地基沉降、房屋受振动或温度影响的适应性较好,防止渗漏水的质量比较稳定。其缺点是施工繁杂、层次多,出现渗漏水后维修比较麻烦。屋面防水卷材应根据当地最高气温、屋面坡度和使用条件,选择耐热度和柔性相适应的卷材,根据地基变形程度,结构形式,当地年、日温差和震动等因素,选择拉伸性能相适应的卷材;根据材料暴露情况,选择耐紫外线、耐老化保持率相适应的卷材。柔性屋面常用防水材料有 SBS 改性油毡三元乙丙橡胶、沥青玻璃纤维油毡、氯化聚乙烯铝箔塑胶、橡塑共混等高分子防水卷材。

SBS 改性沥青防水卷材是指以 SBS(苯乙烯-丁二烯-苯乙烯嵌段共聚物)改性沥青为涂盖层,长纤维聚酯毡或无碱玻纤毡为胎基,细砂、矿物粒(片)料、塑料膜或金属箔为覆面材料,制成的防水卷材。SBS 防水卷材幅宽为 1000mm,长度为 15m、10m、7.5m,宽度为 2mm、3mm、4mm。按物理力学性能分为Ⅰ型和Ⅱ型。Ⅰ型的 SBS 改性沥青防水卷材适用于一般和较寒冷地区的一般建筑物做屋面防水层;Ⅱ型的 SBS 改性沥青防水卷材适用于一般及寒冷地区且防水等级为Ⅰ、Ⅱ级的屋面和地下工程做防水层。

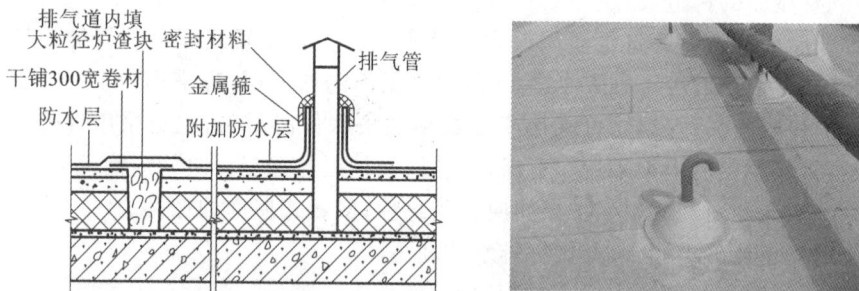

图 4-2 伸出屋面排气管防水构造

(1)柔性防水屋面的构造要求

① 找平层宜设分隔缝,缝宽宜为 20mm,并填嵌缝材料。分隔缝兼作排气屋面的排气道时,可适当加宽,并与保温层相连通,排气屋面的排气道应纵横相贯,每 36m² 设一个排气孔与大气相通,如图 4-2 所示。

② 高低跨屋面的高跨屋面为无组织排水时,低跨屋面受雨水冲刷部位应加铺一层整幅卷材,再铺设 300～500mm 宽的板材加强保护。当有组织排水时,水落管下应加设钢筋混凝土水簸箕。

③ 跨度大于 18m 的屋面应采用结构找坡,找坡层应做分格缝。无保温层的屋面、板端缝应采用空铺附加层或卷材直接空铺处理,空铺宽度宜为 200～300mm。

④ 上人屋面采用块体或细石混凝土面层时,应在面层与防水层之间设隔离层。

⑤ 屋面防水层上设置设施时,设施下部防水层应做附加增强层。需经常维护的设施周围和屋面出入口至设施之间的人行道部位应设刚性保护层。

⑥ 卷材防水层上应选择与卷材材性相容、黏结力强和耐风化的浅色涂料、铝箔等做保护层,也可采用水泥砂浆、细石混凝土或块材做保护层。铺贴卷材时应先处理附加卷材,再完成大面的铺贴。

卷材的铺贴方向应符合下列规定：

a.屋面坡度小于3％时,卷材宜平行于屋脊铺贴。

b.屋面坡度为3％～15％时,卷材可平行或垂直于屋脊铺贴。

c.屋面坡度大于15％或屋面受振动时,沥青防水卷材应垂直于屋脊铺贴,高聚物改性沥青防水卷材和合成高分子防水卷材可平行或垂直于屋脊铺贴。

d.上下层卷材不得相互垂直铺贴。

不论是热熔法还是热焊法,铺贴卷材应采用搭接法。平行于屋脊的搭接缝,应顺流水方向搭接;垂直于屋脊的搭接缝,应顺年最大频率风向搭接。叠层铺贴的各层卷材,在天沟与屋面的交接处,应采用叉接法搭接,搭接缝应错开;搭接缝宜留在屋面或天沟侧面,不宜留在沟底。柔性防水屋面防水卷材的搭接宽度要求如表4-11所示。卷材接缝处理如图4-3所示。

表 4-11　　　　　　　　柔性防水屋面防水卷材的搭接宽度要求　　　　　　（单位:mm）

搭接方向		短边搭接宽度		长边搭接宽度	
卷材种类	铺贴方法	满贴法	空铺法点贴法条贴法	满贴法	空铺法点贴法条贴法
沥青防水卷材		100	150	70	100
高聚物改性沥青防水卷材		80	100	80	100
合成高分子防水卷材	黏结法	80	100	80	100
	焊接法	50			

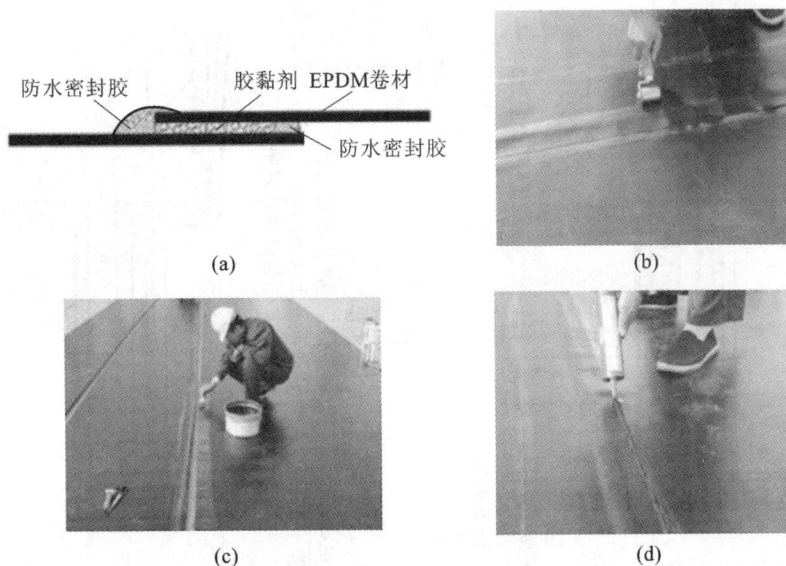

(a)　　　　　　　　　　(b)

(c)　　　　　　　　　　(d)

图 4-3　防水卷材接缝处理

（2）柔性防水屋面的细部节点构造

柔性防水屋面檐沟、女儿墙泛水、变形缝等细部构造详图如图4-4～图4-8所示。

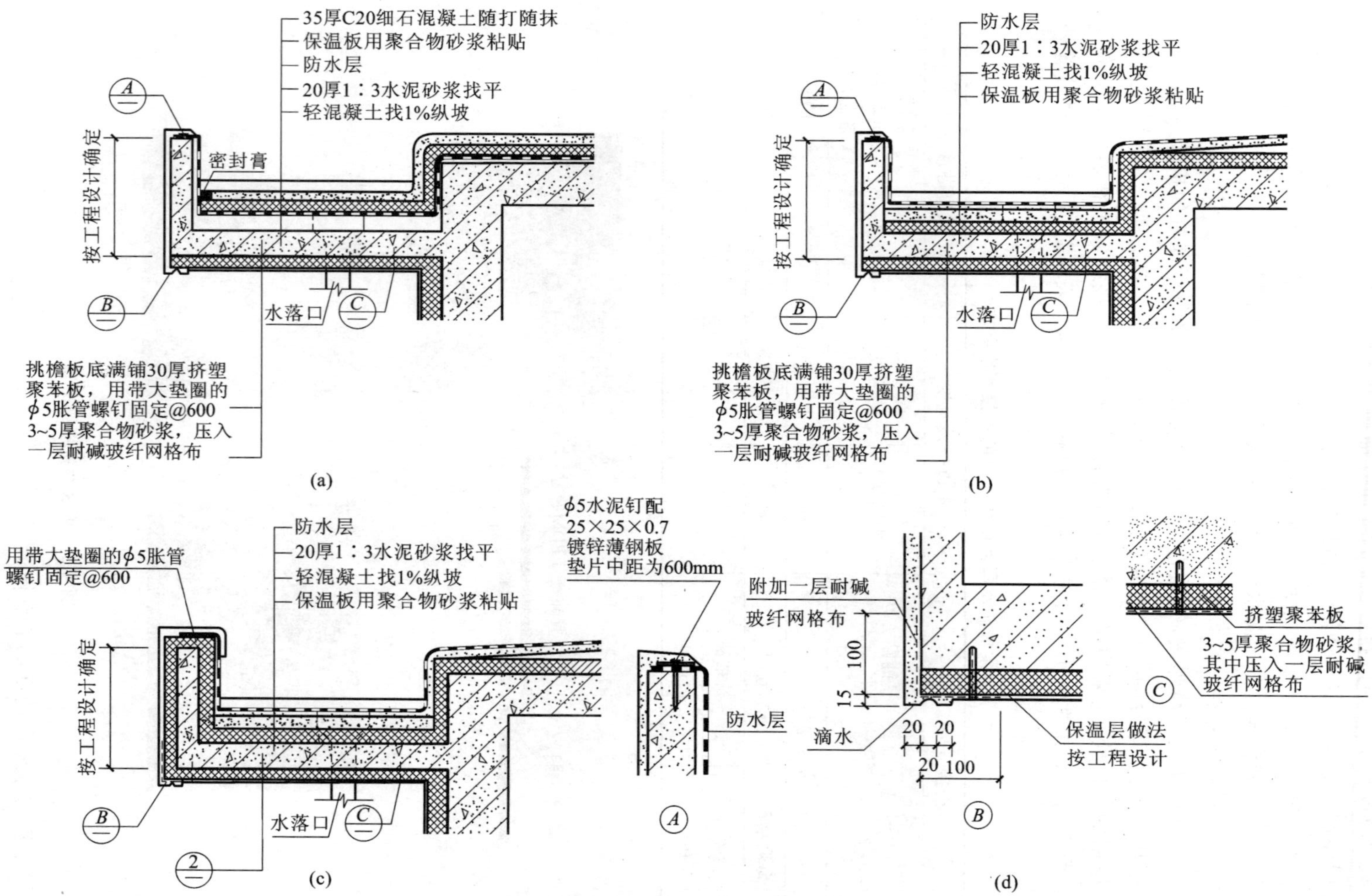
35厚C20细石混凝土随打随抹
保温板用聚合物砂浆粘贴
防水层
20厚1∶3水泥砂浆找平
轻混凝土找1%纵坡
密封膏
按工程设计确定
水落口
挑檐板底满铺30厚挤塑聚苯板，用带大垫圈的ϕ5胀管螺钉固定@600
3~5厚聚合物砂浆，压入一层耐碱玻纤网格布
(a)
防水层
20厚1∶3水泥砂浆找平
轻混凝土找1%纵坡
保温板用聚合物砂浆粘贴
按工程设计确定
水落口
挑檐板底满铺30厚挤塑聚苯板，用带大垫圈的ϕ5胀管螺钉固定@600
3~5厚聚合物砂浆，压入一层耐碱玻纤网格布
(b)
用带大垫圈的ϕ5胀管螺钉固定@600
防水层
20厚1∶3水泥砂浆找平
轻混凝土找1%纵坡
保温板用聚合物砂浆粘贴
按工程设计确定
水落口
(c)
ϕ5水泥钉配25×25×0.7镀锌薄钢板垫片中距为600mm
防水层
附加一层耐碱玻纤网格布
100
15
滴水
20 20
20 100
保温层做法按工程设计
挤塑聚苯板
3~5厚聚合物砂浆，其中压入一层耐碱玻纤网格布
(d)

图 4-4　天沟、檐沟构造详图

(a)挑檐保温倒置式屋面；(b), (c)挑檐保温；(d)保温层做法

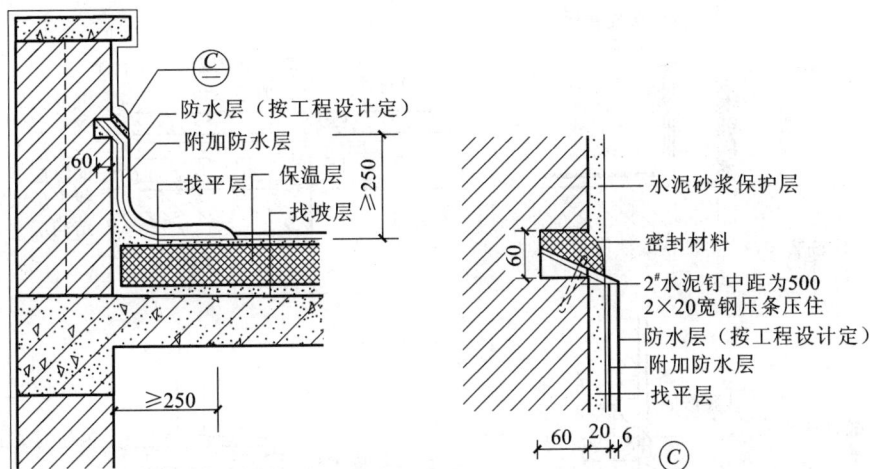

图 4-5　柔性防水屋面女儿墙泛水构造详图

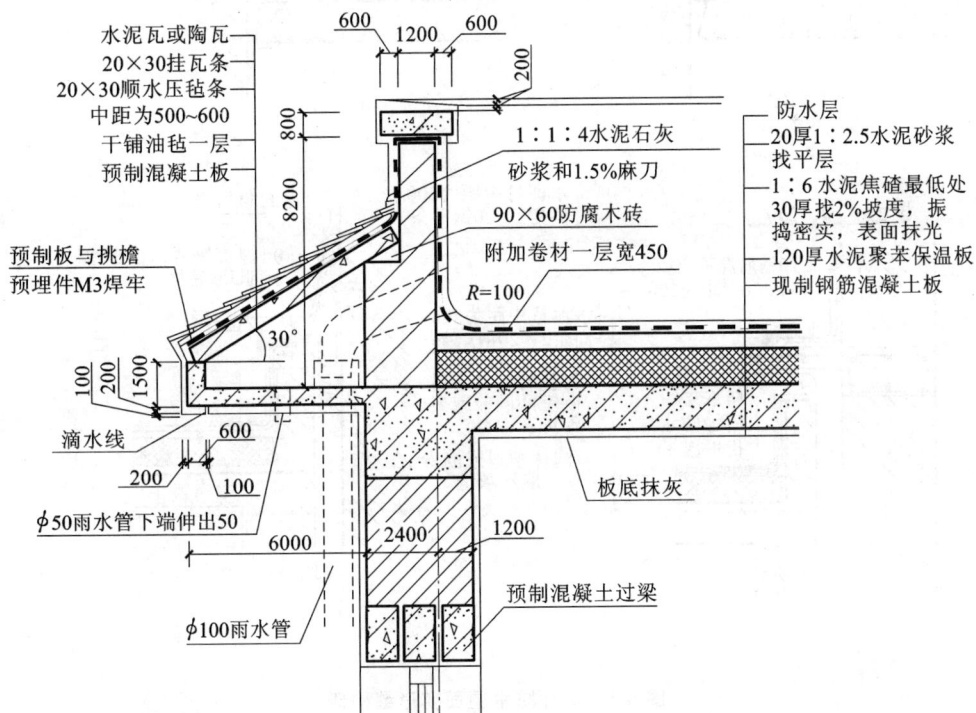

图 4-6　平屋面女儿墙构造详图

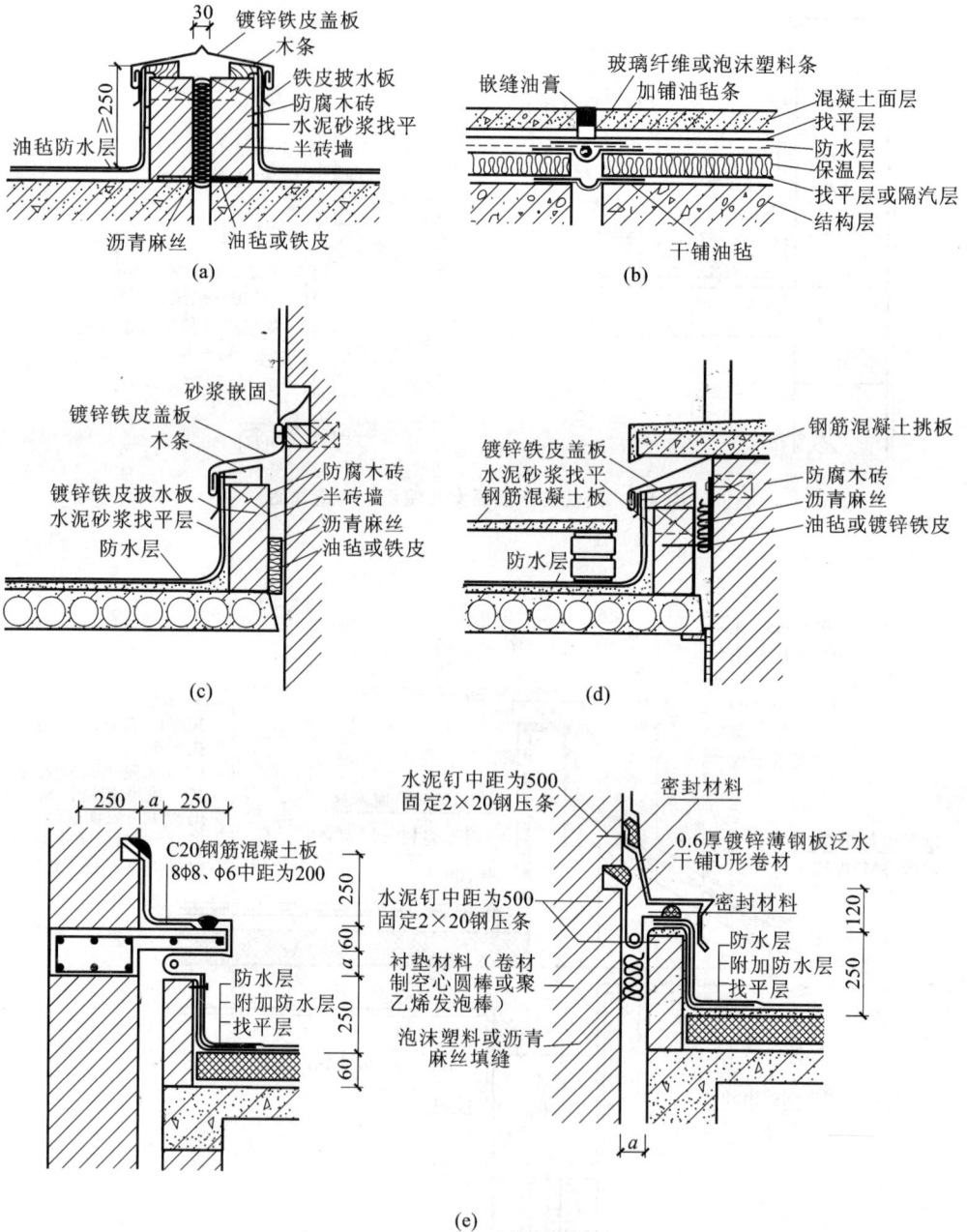

图 4-7　柔性防水屋面变形缝构造

（a）一般平接屋面变形缝；（b）上人屋面变形缝；（c）高低缝处变形缝；

（d）进出口处变形缝；（e）高低屋面变形缝

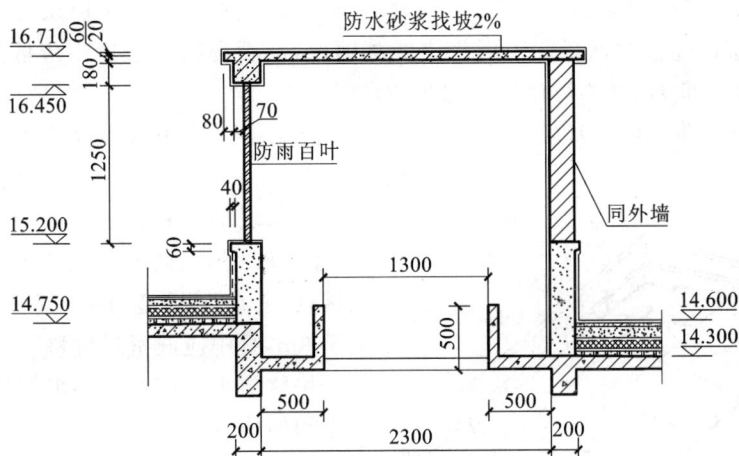

(a)

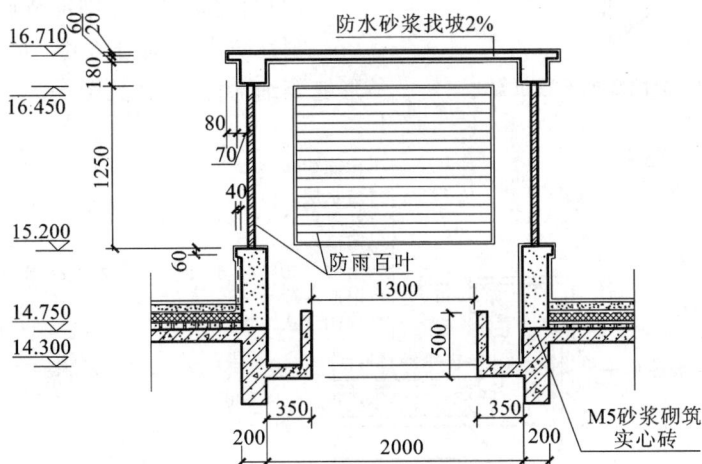

(b)

图 4-8　风井屋面详图

4.2.2.6　刚性防水屋面的构造要求

刚性防水屋面同时兼有防水和承重双重功能,所用材料方便易得、价格便宜、耐久性好、维修方便,但刚性防水层材料的表观密度大、抗拉强度低、极限拉应变小、易受混凝土或砂浆的干湿变形、温度变形和结构变形的影响而产生裂缝。因此刚性防水屋面主要适用于Ⅰ、Ⅱ级屋面多道防水设防中的一道防水层;不适用于设有松散保温层的屋面、大跨度和轻型屋盖的屋面,以及受振动或冲击的建筑屋面。而且刚性防水层的节点部位应与柔性材料复合使用,才能保证防水的可靠性。刚性防水屋面应采用结构找坡,坡度宜为2%～3%。刚性防水层内应严禁埋设管线。刚性防水层施工环境的气温宜为5～35℃,并应避免在0℃以下或烈日暴晒下施工。

(1)刚性防水屋面的构造要求

细石混凝土防水层的厚度不应小于40mm,并应配置直径为4～6mm、间距为

100～200mm的双向钢筋网片。钢筋网片在分格处应断开,其保护层厚度不应小于10mm,防水层内配置的钢筋宜采用冷拔低碳钢丝,细石混凝土强度不应低于C20,水泥标号不宜低于425号,并不得使用火山灰质水泥。

细石混凝土防水层与基层间宜设置隔离层,隔离层可采用低强度等级砂浆、干铺卷材等。

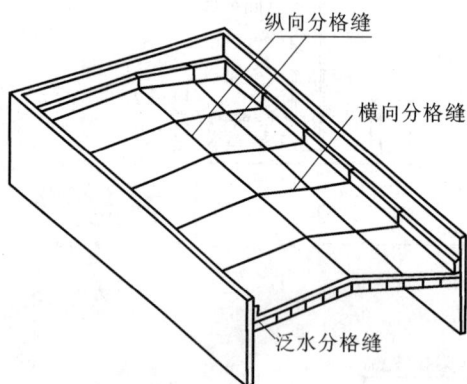

图 4-9 分隔缝的设置位置

防水层的分格缝应设在屋面板的支承端、屋面转折处、防水层与凸出屋面结构的交接处,并应与板缝对齐,其纵横间距不宜大于 6m,缝中应嵌密封材料。

块体防水层应用 1:3 水泥砂浆砌铺,块体之间的缝宽应为 12～15mm,坐浆厚度不应小于 25mm,面层应用 1:2 水泥砂浆并掺入防水剂,其厚度不应小于 12mm。

(2)刚性防水屋面细部节点构造

刚性防水屋面分仓缝、女儿墙泛水、变形缝等细部构造,详见图 4-9～图 4-12。

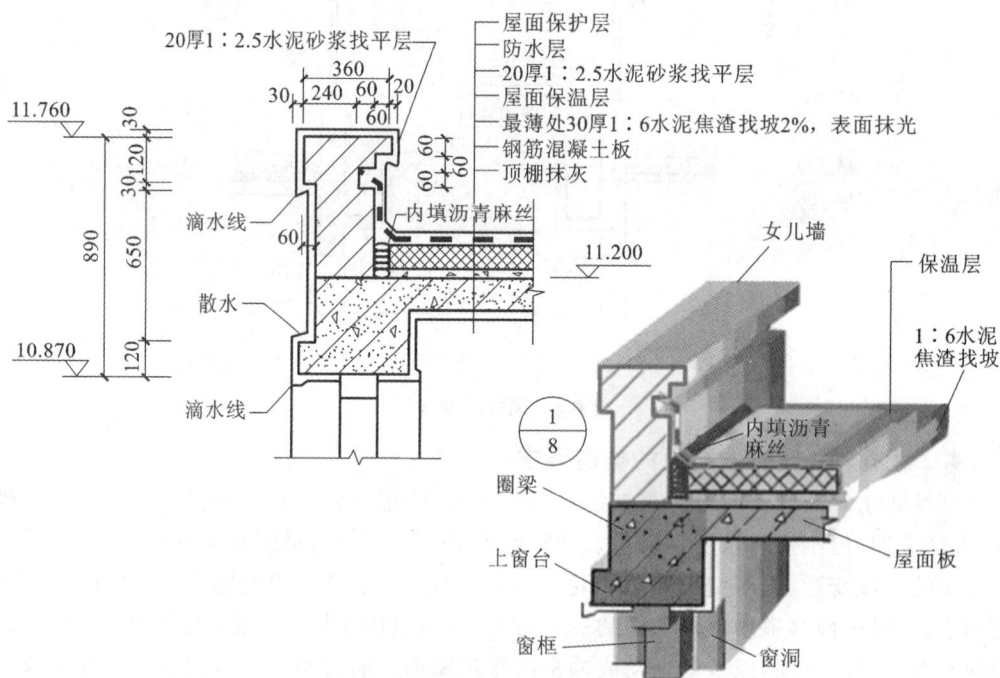

图 4-10 女儿墙及泛水构造详图

70

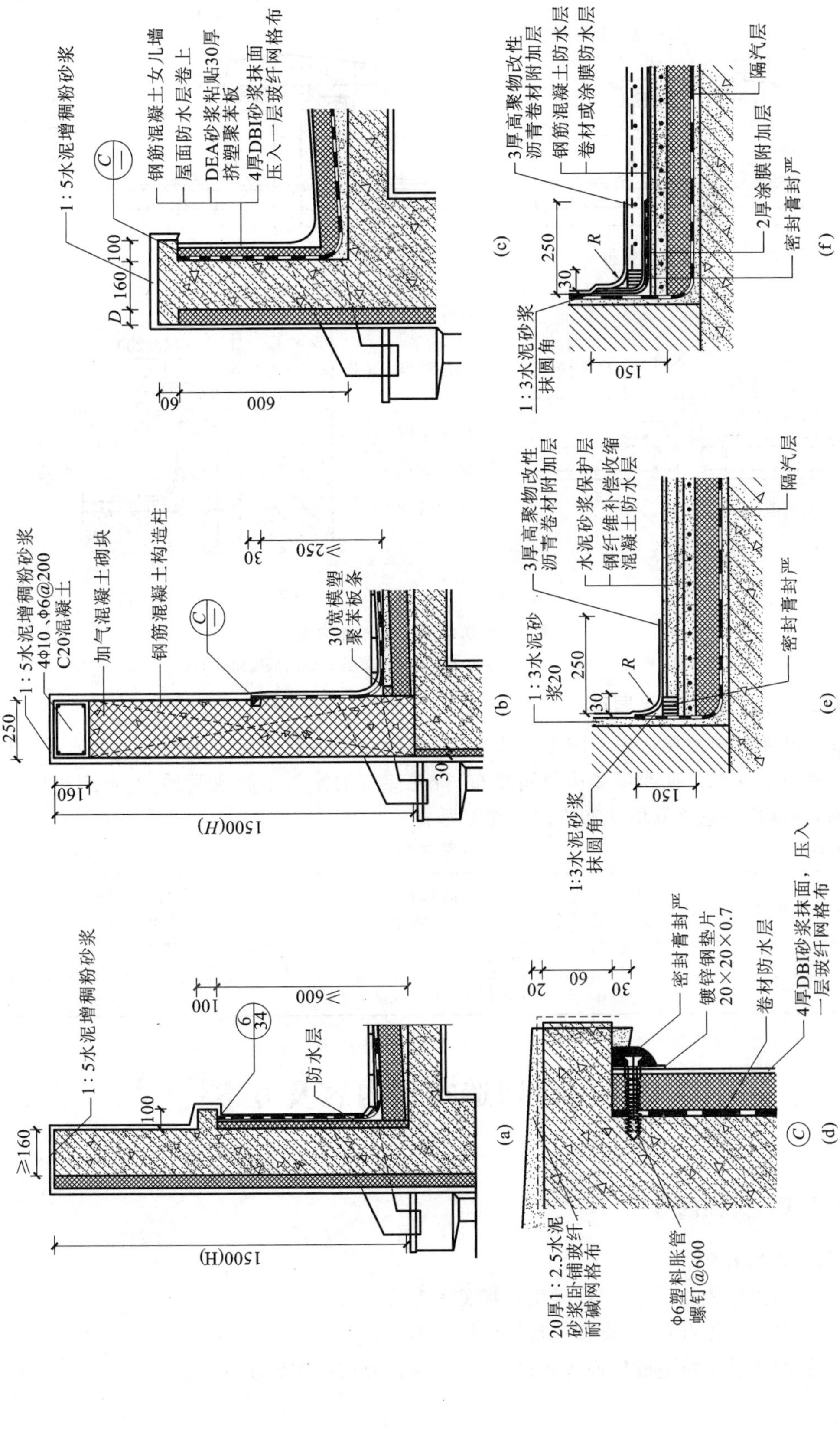

图 4-11　刚性防水屋面女儿墙构造详图

(a)现浇混凝土女儿墙上人屋面;(b)加气混凝土女儿墙上人屋面;(c)钢筋混凝土女儿墙不上人屋面;(d)防水层收水处理;(e)Ⅱ级刚性防水屋面泛水;(f)Ⅰ级刚性防水屋面泛水

(a)图标注:
- 1:5水泥增稠粉砂浆
- 防水层
- 20厚1:2.5水泥砂浆卧铺玻纤耐碱网格布
- Φ6塑料胀管螺钉@600
- ≥160
- 1500(H)
- 100
- 600

(b)图标注:
- 1:5水泥增稠粉砂浆
- 4Φ10、Φ6@200 C20混凝土
- 加气混凝土砌块
- 钢筋混凝土构造柱
- 30宽模塑聚苯板条
- 250
- 160
- 1500(H)
- 30

(c)图标注:
- 1:5水泥增稠粉砂浆
- 钢筋混凝土女儿墙
- 屋面防水层卷上
- DEA砂浆粘贴30厚挤塑聚苯板
- 4厚DBI砂浆抹面压入一层玻纤网格布
- D 160/100
- 60
- 600

(d)图标注:
- 密封膏封严
- 镀锌钢垫片 20×20×0.7
- 卷材防水层
- 4厚DBI砂浆抹面,压入一层玻纤网格布
- 30 60 30

(e)图标注:
- 3厚高聚物改性沥青卷材附加层
- 水泥砂浆保护层
- 钢纤维补偿收缩混凝土防水层
- 隔汽层
- 密封膏封严
- 1:3水泥砂抹圆角
- 1:3水泥砂浆
- R
- 250
- 30
- 150

(f)图标注:
- 3厚高聚物改性沥青卷材附加层
- 钢筋混凝土防水附加层
- 卷材或涂膜防水层
- 隔汽层
- 2厚涂膜附加层
- 密封膏封严
- 1:3水泥砂浆抹圆角
- R
- 250
- 30
- 150

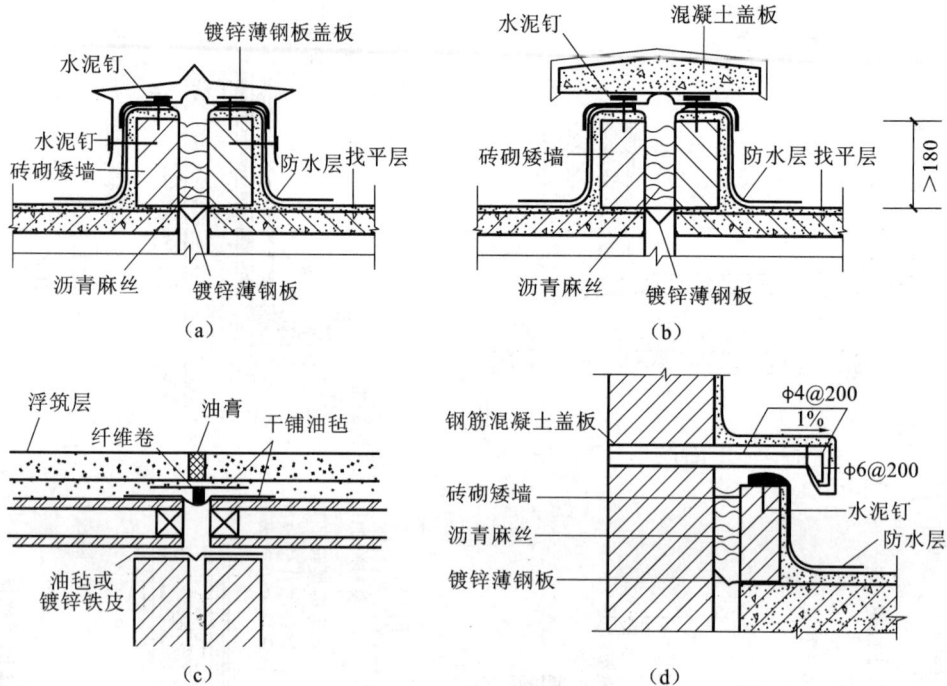

图 4-12　刚性防水屋面变形缝构造

(a),(b)等高屋面变形缝;(c)等高上人屋面变形缝;(d)高低屋面变形缝

4.2.2.7　涂膜防水屋面

涂膜防水屋面主要适用于防水等级Ⅰ、Ⅱ级屋面多道防水设防中的一道防水层,其涂膜厚度见表4-12。防水涂膜应分遍涂布,待先涂布的涂料干燥成膜后,方可涂布后一遍涂料,且前后两遍涂料的涂布方向应相互垂直。

表 4-12　　　　　　　　　　涂膜最小厚度选用表　　　　　　　　　　(单位:mm)

屋面防水等级	合成高分子 防水涂料	高聚物改性沥青 防水涂料	聚合物水泥 防水涂料
Ⅰ级	1.5	2.0	1.5
Ⅱ级	2.0	3.0	2.0

4.3　屋面构造实训内容及方案

4.3.1　实训内容

(1)实训内容概述

① 实训指导老师带队,组织学生现场见习参观一次。

② 掌握实训要点知识,合理选择屋面围护形式。

③ 依据背景资料完成屋面排水设计任务(具体要求见实训步骤)。

（2）能力目标

熟练掌握实训要点知识，在背景资料的引导下能合理选择屋面排水方式，设计排水路线，确定雨水管数量、位置，并具有绘制屋顶平面排水施工图及节点详图的能力。

4.3.2　实训方案

（1）实训方案内容

将参与实训的学生等分为三组，每组确定一名组长，由各组组长抽签选择任务，按照任务要求完成实训，由实训老师发放实训作业评定标准后，各组组长抽签选择作业交换对象，学生在老师的讲评下完成对方实训作业的评定，之后上交给实训老师，由老师最后给予实训评定成绩。实训方案流程如图 4-13 所示。

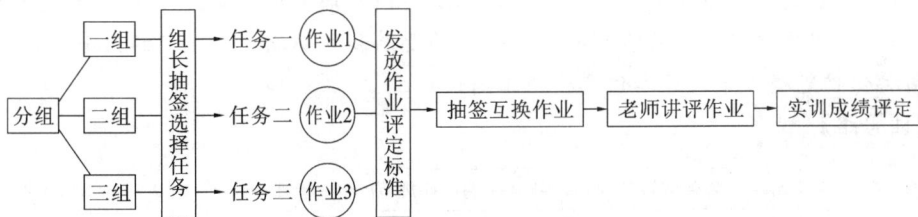

图 4-13　实训方案流程图

（2）实训工具

① 工具书：《房屋建筑学》《建筑制图与识图》《建筑材料》及相关标准图集。

② 仪器用品：图板、图纸、丁字尺、三角板、铅笔等。

5 住宅楼单体设计实训

【实训引言】

　　建筑构造与设计基础中住宅建筑设计主要讲述现代住宅的概念、类型、设计要点,各种住宅类型及住宅群体的组合设计。本实训要求运用住宅设计要点,结合住宅设计规范,明确住宅楼各功能房间之间的规范要求和各功能房间之间的组合设计,完成某单体住宅楼方案设计和住宅楼施工图设计。

【实训思路】

```
                     ┌─ 了解住宅设计原理,结合住宅设计规范 ─┐
                     │                                    │
                     │              ┌─ 绘制单元底层平面图 ─┐
                     │              ├─ 绘制标准层平面图 ──┤
                     ├─ 住宅楼方案设计 ─┤                   ├─ 能力评价(成绩评定)
住宅设计要点 ─┐        │              ├─ 绘制主、侧立面图 ──┤
             ├───────┤              └─ 绘制剖面图 ──────┘
案例背景资料 ─┘        │
                     │              ┌─ 绘制平面图(底层、标准层)
                     │              ├─ 绘制屋顶平面图
                     │              ├─ 绘制立面图
                     └─ 住宅楼施工图设计 ─┤─ 绘制剖面图
                                    ├─ 绘制外墙身详图
                                    ├─ 绘制楼梯详图
                                    └─ 绘制施工图首页、总平面图
```

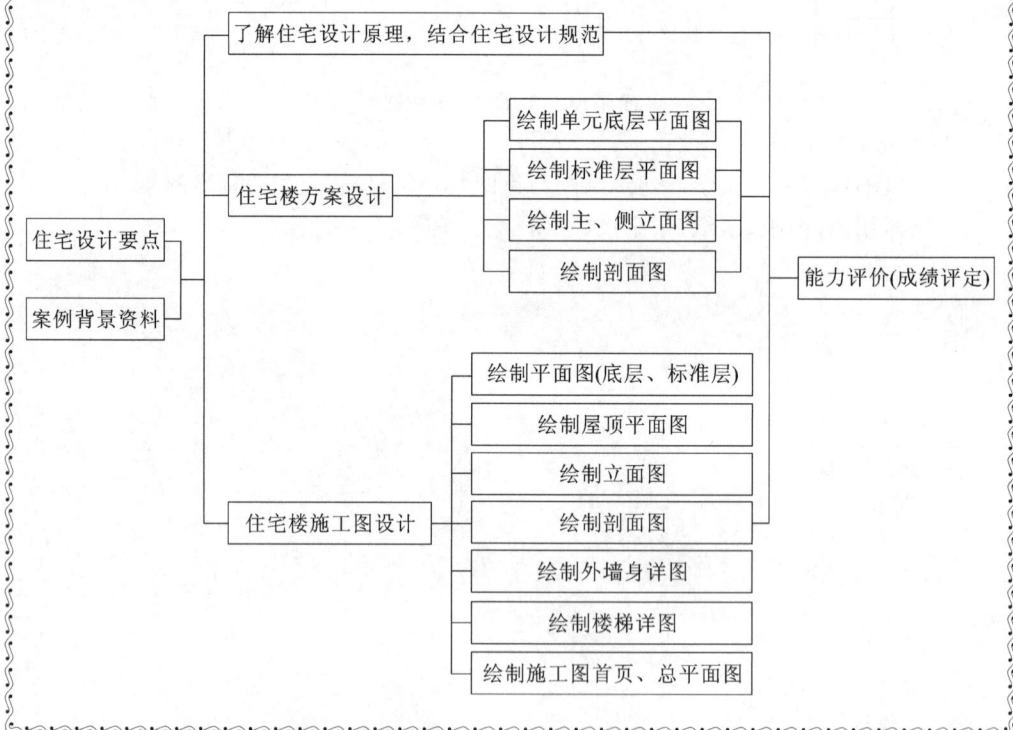

5.1 住宅楼单体设计实训知识及技能领域

住宅楼单体设计实训知识及技能领域如表5-1、表5-2所示。

表 5-1   **住宅楼单体设计实训知识领域**

知识领域	知识单元		知识点
住宅楼单体设计	核心知识单元	住宅的功能空间组成	① 住宅的功能空间组成; ② 住宅的功能空间联系
		住宅的单一空间设计	①平面尺寸、平面形状及平面布置; ② 门窗位置及数量
		住宅的空间组合设计(平面设计)	① 套型设计; ② 日照、天然采光、自然通风设计; ③ 住宅的保温、隔热和隔声及防水; ④ 功能房间的组合设计
		住宅立面设计	① 住宅的体型设计; ② 住宅的外形尺度及立面构图; ③ 住宅的细部处理及色彩处理
		住宅防火与疏散设计	① 住宅防火与疏散要求; ② 住宅的耐火等级划分; ③ 住宅的防火间距、防火构造; ④ 住宅的防火疏散
		住宅构造设计	阳台、门窗、楼梯、电梯、地下室、出入口等构造要求
	拓展知识单元	《住宅设计规范》(GB 50096—2011)、《住宅建筑规范》(GB 50368—2005)的相关设计规定	
		常见平面类型及特点	
		住宅楼中无障碍设计,给排水、采暖、燃气、通风及电气等构造设计要求	
		住宅楼设计技术经济指标	

表 5-2   **住宅楼单体设计实训技能领域**

技能领域	技能单元		技能点
住宅楼单体设计、绘制及识图能力	核心技能单元	平面设计	① 单个房间平面设计; ② 平面组合设计; ③ 屋面排水图设计
		立面、剖面设计	① 立面体型、线条、色彩、细部处理; ② 剖面的高度、空间组合、构件连接的设计处理
		建筑详图设计	细部构造节点处理
	拓展技能单元	住宅楼方案设计的思路、步骤和绘图内容	
		住宅楼施工图设计的要求、步骤和图纸内容	

5.2 住宅楼单体设计实训知识及技能要点应用

住宅是人们为了满足家庭生活需要而构筑的物质空间。为保障城市居民基本的住房条件,提高城市住宅功能质量,住宅建设应因地制宜、节约资源、保护环境,做到适用、经济、美观,符合节能、节地、节水、节材的要求。为此,住宅设计应满足下列基本要求:

① 住宅设计必须执行国家的方针、政策和法规,遵守安全卫生、环境保护、节约用地、节约能源、节约用材、节约用水等有关规定。

② 住宅设计应符合城市规划及居住区规划的要求,使建筑与周围环境相协调,经济、合理、有效地使用土地,创造方便、舒适、优美的生活空间。

③ 住宅选址时应考虑噪声、有害物质、电磁辐射和工程地质灾害、水文地质灾害等的不利影响。

④ 住宅应具有与其居住人口规模相适应的公共服务设施、道路和公共绿地。

⑤ 住宅应按套型设计,套内空间和设施应能满足安全、舒适、卫生等生活起居的基本要求。

⑥ 住宅结构在规定的设计使用年限内必须具有足够的可靠性。

⑦ 住宅应具有防火安全性能。住宅应具备在发生紧急事态时人员从建筑中安全撤出的功能。

⑧ 住宅设计应在满足近期使用要求的同时,兼顾远期改造的可能。

⑨ 住宅应满足人体健康所需的通风、日照、自然采光和隔声要求。

⑩ 住宅设计应推行标准化、多样化,积极采用新技术、新材料、新产品,促进住宅产业现代化。同时,选材应避免造成环境污染。

⑪ 住宅必须进行节能设计,且住宅及其室内设备应能有效利用能源和水资源。

⑫ 住宅设计应以人为核心,除满足一般居住使用要求外,根据需要还应满足老年人、残疾人的特殊使用要求,并应符合无障碍设计原则。

⑬ 住宅应采取防止外窗玻璃、外墙装饰及其他附属设施等坠落或坠落伤人的措施。

5.2.1 住宅的功能空间分析

5.2.1.1 住宅的功能空间组成

随着社会的发展和时代的进步,住宅的内容在由单一化向多样化发展。住宅的空间通常由三大部分组成,即使用空间、辅助空间、交通联系空间。使用空间包括卧室、起居室、书房等,辅助空间包括餐厅、厨房、卫生间、阳台、阴台及储藏室等,交通联系空间包括楼梯、走道、过厅等。

5.2.1.2 住宅的功能空间联系

住宅的功能空间联系如图 5-1 所示。

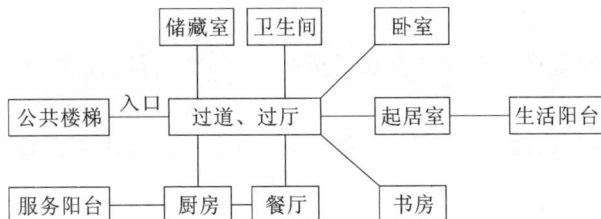

图 5-1 住宅的功能空间联系

5.2.2 住宅的单一空间设计

5.2.2.1 卧室、起居室(厅)的设计

(1)《住宅设计规范》(GB 50096—2011)规定

① 卧室之间不应穿越,卧室应有直接采光、自然通风,其使用面积有下列规定:

a.双人卧室不宜小于 9m²。

b.单人卧室不宜小于 5m²。

c.兼起居的卧室不宜小于 12m²。

② 起居室(厅)应有直接采光、自然通风,其使用面积不应小于 10m²。

③ 起居室(厅)内的门洞布置应综合考虑使用功能的要求,减少直接开向起居室(厅)的门的数量。起居室(厅)内布置家具的墙面直线长度应大于 3m。

④ 无直接采光的餐厅、过厅等,其使用面积不宜大于 10m²。

⑤ 卧室、起居室(厅)的室内净高不应低于 2.40m,局部净高不应低于 2.10m,局部净高的面积不应大于室内使用面积的 1/3。

⑥ 利用坡屋顶内空间作卧室、起居室(厅)时,其 1/2 使用面积的室内净高不应低于 2.10m。

(2)卧室、起居室(厅)的平面尺寸及平面布置

① 卧室的平面布置特点。

a.卧室布置应综合考虑卧室面积、形状、门窗位置、床位布置以及活动面积等因素。

b.为了充分发挥卧室面积的使用效能,设计时应尽量考虑床位沿内墙布置的可能性。

c.双人小卧室宜在 8m² 以上,小卧室不宜设置阳台,朝向好的大、中卧室可设阳台。

卧室典型平面布置示例如图 5-2 所示。

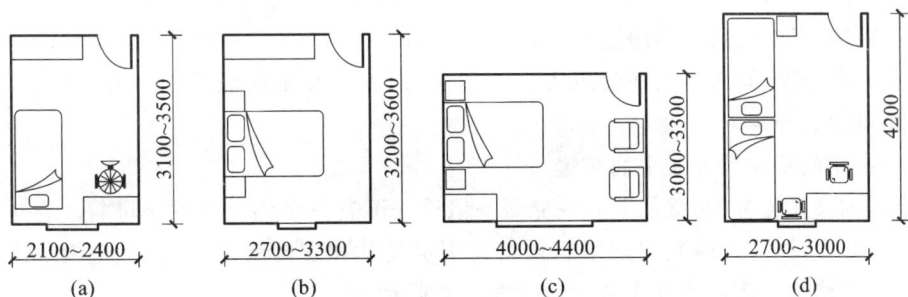

图 5-2 卧室典型平面布置示例

(a)单人卧室;(b)、(c)、(d)双人卧室

② 起居室的平面布置特点。

a.起居室的室内布置应综合考虑起居室面积、形状、门窗位置、家具尺寸以及使用特点等因素。

b.起居室兼具用餐、睡眠、学习等功能时,平面布置应考虑不同使用活动的室内功能分区。

c.起居室可以与户内的进厅及交通面积相结合,允许穿套布置。

起居室典型平面布置示例如图 5-3 所示。

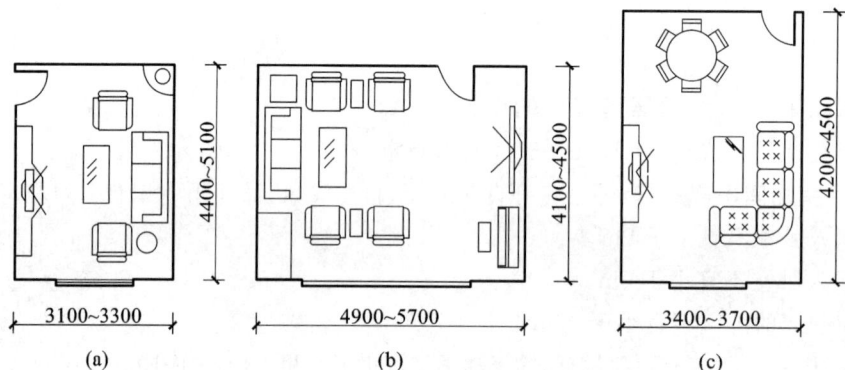

图 5-3 起居室典型平面布置示例
(a)中型起居室;(b)大型起居室;(c)起居室兼餐厅

5.2.2.2 厨房、餐厅的设计

(1)《住宅设计规范》(GB 50096—2011)的规定

① 厨房的使用面积有下列规定:

a.由卧室、起居室、厨房和卫生间等组成的住宅套型的厨房,使用面积不应小于 4.0m²。

b.由兼起居的卧室、厨房和卫生间等组成的住宅最小套型的厨房使用面积,不应小于 3.5m²。

② 厨房应有直接采光、自然通风,并宜布置在套内近入口处。

③ 厨房应设置洗涤池、案台、炉灶及排油烟机等设施或预留位置,按炊事操作流程排列,操作面净长不应小于 2.10m。

④ 单排布置设备的厨房净宽不应小于 1.50m,双排布置设备的厨房其两排设配的净距不应小于 0.90m。

⑤ 厨房、卫生间的室内净高不应低于 2.20m。

⑥ 厨房、卫生间内排水横管下表面与楼面、地面净距不应低于 1.90m,且不得影响门、窗扇开启。

(2)厨房的平面尺寸及平面布置

厨房的操作流程为:食品购入→储藏→清洗→配餐→烹调→备餐→进餐。在进行厨房的平面布置时,应按照此规则序列化布置厨房设备和安排活动空间,尽量缩短人在操作时的行走路线。厨房平面布置示例如图 5-4 所示。

(3)餐厅的平面尺寸及平面布置

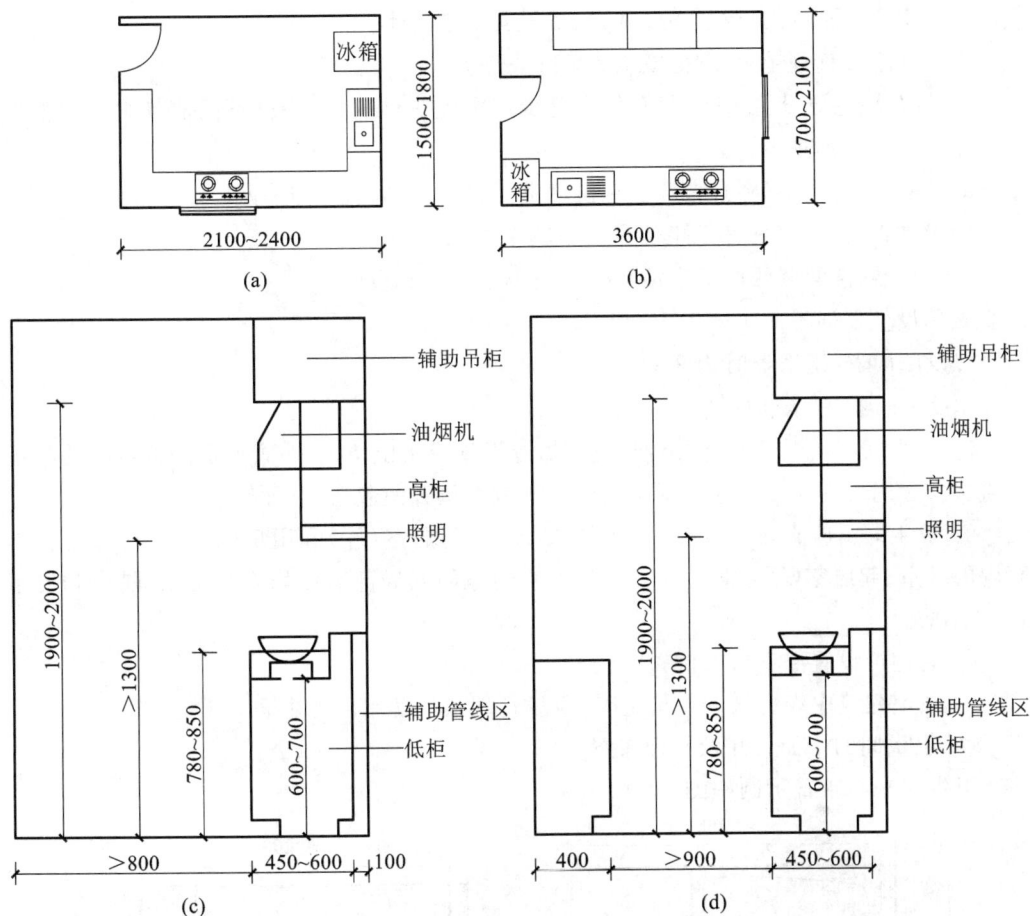

图 5-4 厨房平面布置示例

(a)L形布置;(b)、(d)双面布置;(c)单面布置

厨房中要纳入餐厅,其面积需扩大至 6～8m²,当面积为 12m²/人左右时,就有条件产生带餐厅的厨房。这种方式对节约空间并保持起居空间的整洁有利,但文明就餐程度较差。餐厅平面布置示例如图 5-5 所示。

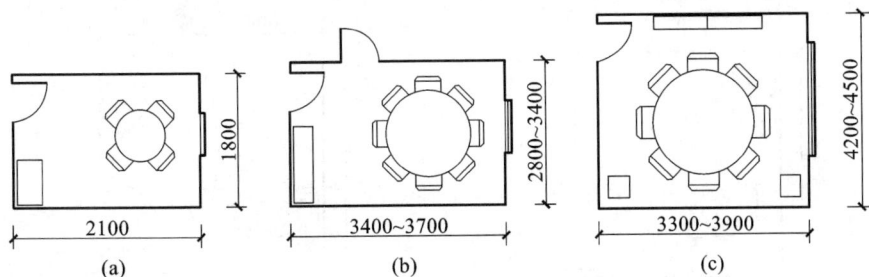

图 5-5 餐厅平面布置示例

(a)小型餐厅;(b)中型餐厅;(c)大型餐厅

5.2.2.3 卫生间(含厕所、浴室、盥洗室)的设计

(1)《住宅设计规范》(GB 50096—2011)规定

① 每套住宅应设卫生间,每套住宅至少应配置三件卫生洁具,不同洁具组合的卫生间使用面积有下列规定:

a.设便器、洗浴器(浴缸或喷淋)、洗面器三件卫生洁具的不应小于2.50m²。

b.设便器、洗浴器两件卫生洁具的不应小于2.00m²。

c.设便器、洗面器两件卫生洁具的不应小于1.80m²。

d.单设便器的不应小于1.10m²。

e.设洗面器、洗浴器时为2.00m²。

f.设洗面器、洗衣机时为1.80m²。

② 卫生间应设置便器、洗浴器、洗面器等设施或预留位置;布置便器的卫生间的门不应直接开在厨房内。无前室的卫生间的门不应直接开向起居室(厅)或厨房。

③ 卫生间不应直接布置在下层住户的卧室、起居室(厅)和厨房的上层,可布置在本套内的卧室、起居室(厅)和厨房的上层;卫生间地面和局部墙面均应有防水、隔声和便于检修的措施。

④ 套内应设置洗衣机的位置。

⑤ 住宅建筑中设有管理人员室时,应设管理人员使用的卫生间。

(2)卫生间的平面尺寸及平面布置

卫生间平面布置示例如图5-6所示。

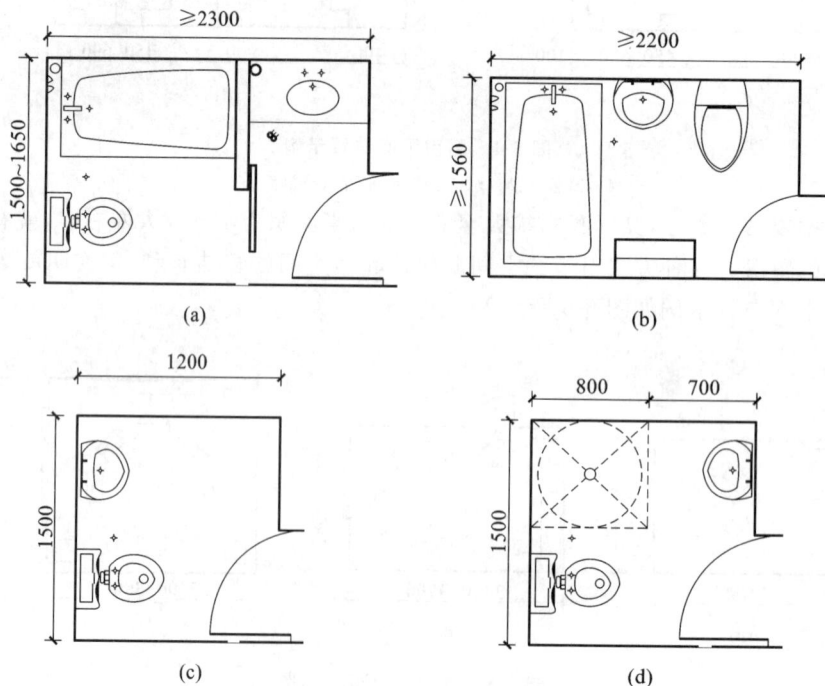

图5-6 卫生间平面布置示例

(a),(b)三件合设布置;(c)两件合设布置;(d)两件合设布置(带淋浴)

5.2.2.4 过厅、过道、套内楼梯

① 套内入口走廊和公共部位通道的净宽不应小于 1.20m,局部净高不应低于 2.00m。

② 通往卧室、起居室(厅)的过道净宽不应小于 1m;通往厨房、卫生间、贮藏室的过道净宽不应小于 0.90m,过道在拐弯处的尺寸应便于搬运家具。

③ 套内楼梯的梯段净宽,当一边临空时,不应小于 0.75m;当两侧有墙时,不应小于 0.90m。

④ 套内楼梯的踏步宽度不应小于 0.22m,高度不应大于 0.20m,扇形踏步转角距扶手边 0.25m 处,宽度不应小于 0.22m。

⑤ 外廊、内天井及上人屋面等临空处栏杆净高,6 层及 6 层以下不应低于 1.05m;7 层及 7 层以上不应低于 1.10m。栏杆应防止攀登,垂直杆件间净距不应大于 0.11m。

⑥ 过厅和过道除有交通枢纽的作用外,还具有进餐和部分起居室的作用,如图 5-7 所示。

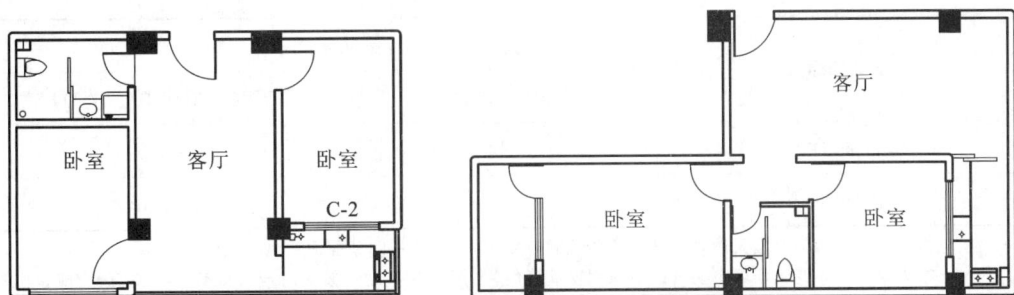

图 5-7 过道、过厅平面布置示例

5.2.2.5 贮藏空间

住宅贮藏空间包括储藏室、吊柜、搁板、壁柜、壁龛等。吊柜是指悬吊在空间上部空间的贮柜,其净高不应小于 0.40 m;壁柜是指与墙体结合而成的落地储柜,其进深不宜小于 0.50 m;壁龛是指利用墙体厚度的局部空间,存放日常用品的地方。在设计壁柜时,应注意壁柜的完整及门的开启方向及方式,尽量保证室内使用面积的完整;设于底层或靠外墙、靠卫生间的壁柜内部应采取防潮措施;壁柜内应平整、光洁。存放衣物的壁柜底面应高出室内地面 50mm 以上,靠外墙、卫生间、厕所的壁柜内部应采取防潮、防结露的构造措施。

5.2.3 住宅的空间组合设计(平面设计)

住宅的空间组合设计就是将户内不同功能的空间通过一定的方式有机地组合在一起。

5.2.3.1 套型设计

《住宅设计规范》(GB 50096—2011)中规定住宅应按套型设计,每套应设卧室、起居室(厅)、厨房和卫生间等基本空间。套型的使用面积应符合表 5-3 的规定。

表 5-3	套型的使用面积	（单位:m²）
套型		最小使用面积
由卧室、起居室、厨房和卫生间等组成的住宅套型		30
由兼起居的卧室、厨房和卫生间等组成的住宅最小套型		22

5.2.3.2 日照、天然采光、自然通风设计

住宅应充分利用外部环境提供的日照条件,每套住宅至少应有一个居住空间能获得冬季日照,当一套住宅中居住空间总数超过四个时,其中宜有两个获得日照。获得日照的居住空间,其日照标准应符合现行《城市居住区规划设计规范（2002 年版）》(GB 50180—1993)中关于住宅建筑日照标准的规定。

① 住宅采光标准应符合表 5-4 采光系数最低值的规定,其窗地面积比可按表 5-4 的规定取值。

表 5-4　　　　　　　　　　　住宅室内采光标准

房间名称	侧面采光	
	采用系数最低值/%	窗地面积比值(A_c/A_d)
卧室、起居室(厅)、厨房	1	≥1/7
楼梯间	0.5	≥1/12

注:1. 窗地面积比值为直接天然采光房间的侧窗洞口面积 A_c 与该房间地面面积 A_d 之比。
　　2. 本表是按Ⅲ类光气候区单层普通玻璃钢窗计算的,当用于其他光气候区时或采用其他类型窗时,应按《建筑采光设计标准》(GB 50033—2013)的有关规定进行调整。
　　3. 离地面高度低于 0.50m 的窗洞口面积不计入采光面积内,窗洞口上沿距地面高度不宜低于 2m。

② 卧室、起居室(厅)应有与室外空气直接流通的自然通风。单朝向住宅应采取通风措施。

③ 采用自然通风的房间,其通风开口面积应符合下列规定:

a. 住宅应能自然通风,每套住宅的通风开口面积不应小于地面面积的 5%。

b. 卧室、起居室(厅)、明卫生间的通风开口面积不应小于该房间地板面积的 1/20。

c. 厨房的通风开口面积不应小于该房间地板面积的 1/10,并不得小于 0.60m²。

④ 严寒地区住宅的卧室、起居室(厅)应设通风换气设施,厨房、卫生间应设自然通风道。

5.2.3.3 住宅的保温、隔热和隔声及防水

住宅应保证室内基本的热环境质量,采取冬季保温和夏季隔热、防热以及节约采暖和空调能耗的措施。严寒、寒冷地区住宅的起居室的节能设计应符合《严寒和寒冷地区居住建筑节能设计标准》(JGJ 26—2010)的有关规定,其中建筑体型系数宜控制在 0.30 及0.30 以下。采暖房间的楼地面,可不采取保温措施,但遇下列情况之一时应采取局部保温措施。

① 架空或悬挑部分楼层地面,直接对室外或临非采暖房间的。

②　严寒地区建筑物周边无采暖管沟时,底层地面在外墙内侧 0.50～1.00m 范围内宜采取保温措施,其传热阻不应小于外墙的传热阻。

寒冷、夏热冬冷和夏热冬暖地区,住宅建筑的西向居住空间朝西外窗均应采取遮阳措施;屋顶和西向外墙应采取隔热措施。设有空调的住宅,其围护结构应采取保温隔热措施。《民用建筑热工设计规范》(GB 50176—1993)规定,围护结构的隔热可采用下列措施。

①　外表面做浅色饰面,如浅色粉刷、涂层和面砖等。

②　设置通风间层,如通风屋顶、通风墙等。通风屋顶的风道长度不宜大于 10m。间层高度以 20cm 左右为宜。基层上面应有 6cm 左右的隔热层。夏季多风地区,檐口处宜采用兜风构造。

③　采用双排或三排孔混凝土或轻骨料混凝土空心砌块墙体。

④　复合墙体的内侧宜采用厚度为 10cm 左右的砖或混凝土等重质材料。

⑤　设置带铝箔的封闭空气间层。当为单面铝箔空气间层时,铝箔宜设在温度较高的一侧。

⑥　蓄水屋顶。水面宜有水浮莲等浮生植物或白色漂浮物。水深宜为 15～20cm。

⑦　采用有土和无土植被屋顶,以及墙面垂直绿化等。

住宅的卧室、起居室(厅)内的允许噪声级(A 声级)昼间应小于或等于 50dB,夜间应小于或等于 40dB,分户墙与楼板的空气声的计权隔声量应大于或等于 40dB,楼板的计权标准化撞击声压级宜小于或等于 75dB。水、暖、电、气管线穿过楼板和墙体时,孔洞周边应采取密封隔声措施。电梯不应与卧室、起居室紧邻布置。受条件限制需要紧邻布置时,必须采取有效的隔声和减振措施。管道井、水泵房、风机房应采取有效的隔声措施,水泵、风机应采取减振措施。

厕浴间、厨房等受水或非腐蚀性液体经常浸湿的楼地面应采用防水、防滑类面层,且应低于相邻楼地面,并设排水坡坡向地漏;厕浴间和有防水要求的建筑地面必须设置防水隔离层;楼层结构必须采用现浇混凝土或整块预制混凝土板,混凝土强度等级不应小于 C20;楼板四周除门洞外,应做混凝土翻边,其高度不应小于 120mm。经常有水流淌的楼地面应低于相邻楼地面或设门槛等挡水设施,且应有排水措施,其楼地面应采用不吸水、易冲洗、防滑的面层材料,并应设置防水隔离层。

5.2.3.4　功能房间的组合设计

功能房间的组合,就是将户内不同功能的空间,根据使用要求、功能分区、厨卫布置、朝向通风以及套型发展趋势等因素有机地组合在一起,从而满足不同住户使用的需要。

(1)户内功能分区

①　内外分区。

内外分区是按照空间使用功能私密程度的层次来划分的。卧室、书房、卫生间等为内区有适当私密性的场所,应安排在最后。厨房、餐厅有半私密性,应安排在中间过渡位置。起居室、娱乐室为半公共区,应和公共区的楼梯、平台入口相连。

②　动静分区。

动静分区是从时间上来划分的。起居室、餐厅、厨房是住宅中的动区,使用时间主要是白天和部分晚上。卧室、书房是静区,主要是晚上使用。

③ 洁污分区

洁污分区主要体现为有烟气、污水及垃圾污染的区域和清洁卫生区域,也可认为是干湿分区。厨房、卫生间要用水,有污染气体和垃圾产生,相对比较脏,且管网较多,因此可以集中布置。但由于它们功能上的差异,有时布置在不同的功能分区内。

(2)户内的流线组织

户内的交通流线应简捷、通畅、不迂回逆行,尽量避免相互交叉。

(3)套型的朝向

寒冷地区的住宅朝向应争取南向,尽可能避免北向。加大建筑进深,缩短外墙长度,尽量减少每户所占的外墙面则有利于保温和节能。炎热地区必须注意减少东西向阳光对建筑物的照射,并能有夏季主导风入室。故朝向的选择十分重要。炎热地区住宅建筑选择朝向应依次以南向、南偏东 30°或南偏西 15°以内为佳,其次为东向、北向;西向一般最差,应尽量避免。

(4)户内的采光与通风

户型有相对或相邻两个朝向时,有利于室内采光和组织通风,一般地,主要使用房间布置在光线好的一面,次要辅助房间布置在采光较差的一侧。户型只有一个朝向则通风较难组织,利用平面部长的变化或设天窗,可增加户内外临空面,有利于采光和通风。厨房、卫生间最好能直接采光和通风,可将其布置于朝向和采光较差的部位。套与套之间的厨房、卫生间应尽量相邻布置,有利于设备管线集中,管道公用比较经济,如图 5-8、图 5-9 所示。

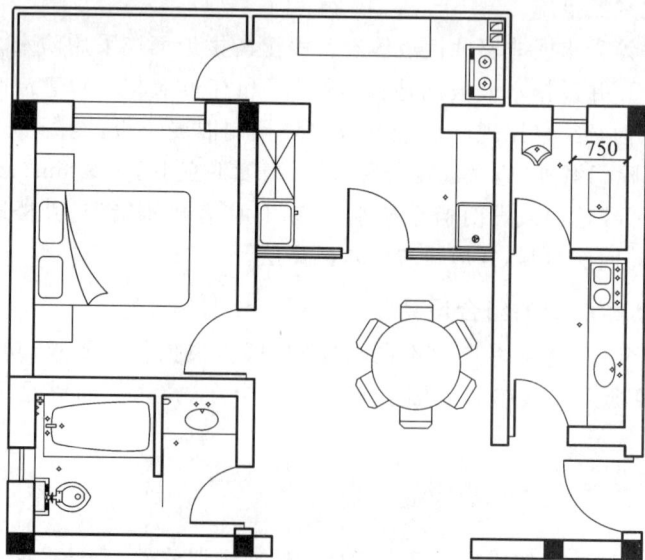

图 5-8　卫生间、卧室、厨房及餐厅组合示例

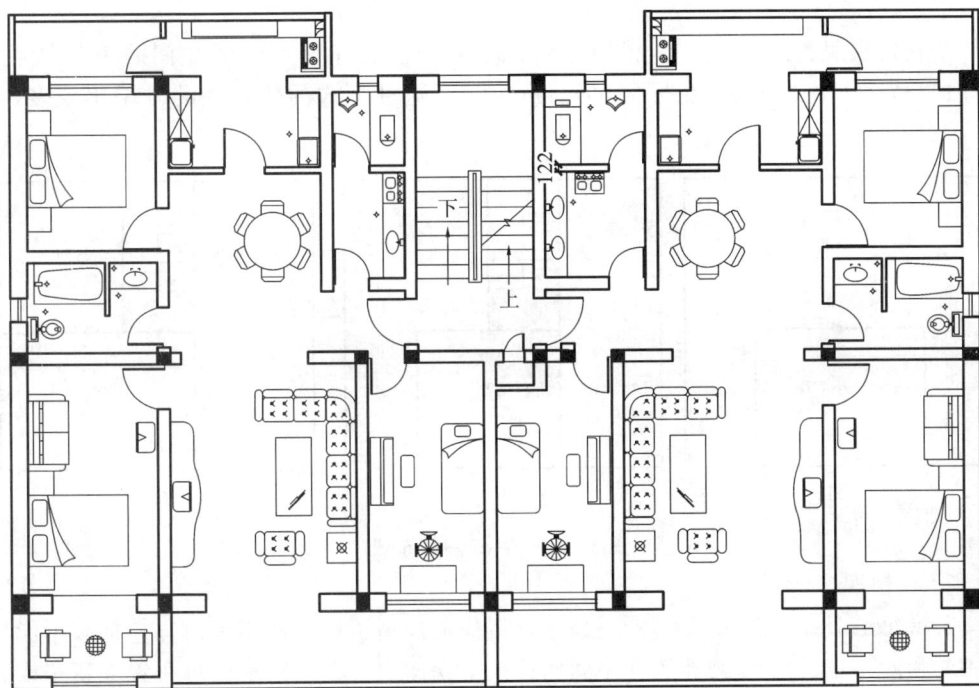

图 5-9　某标准单元空间组合图

5.2.3.5　常见的平面类型及特点

（1）梯间式住宅

每个单元以楼梯为中心布置住户，由楼梯平台直接进分户门。这类平面布置紧凑，公共交通面积少，户间干扰少，较安静，也能适应多种气候条件，因此它是一种采用比较普遍的户型。

① 一梯两户。

每户有两个朝向，便于组织通风，居住安静，较易组织户内交通，单元较短，拼凑灵活。楼梯间可以朝北，也可以朝南，由入口位置及住宅群体组合而定。户内的入口可以在房屋的中间，也可以在房屋边缘，当入口在房屋中间时，户内交通路线较短，采用较多，如图 5-10 所示。

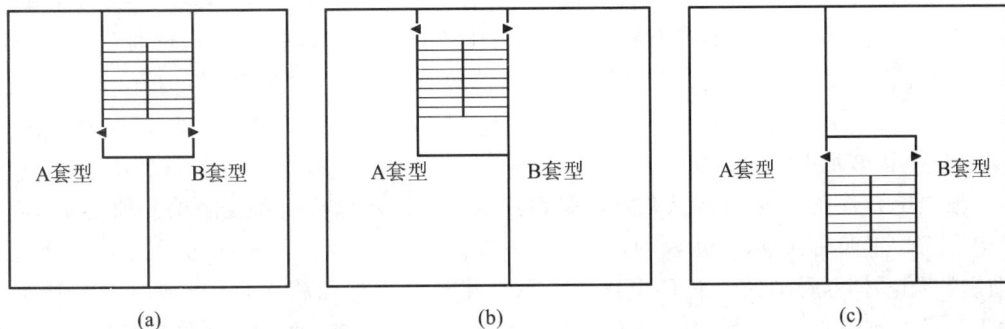

| (a) | (b) | (c) |

图 5-10　一梯两户型布置

② 一梯三户。

一梯每层服务三户的住宅,楼梯使用率高,每户能有好的朝向,但中间的一户常常是单朝向户,通风较难组织(在尽端单元可改善)。这种形式的住宅在北方采用较多,如图 5-11 所示。

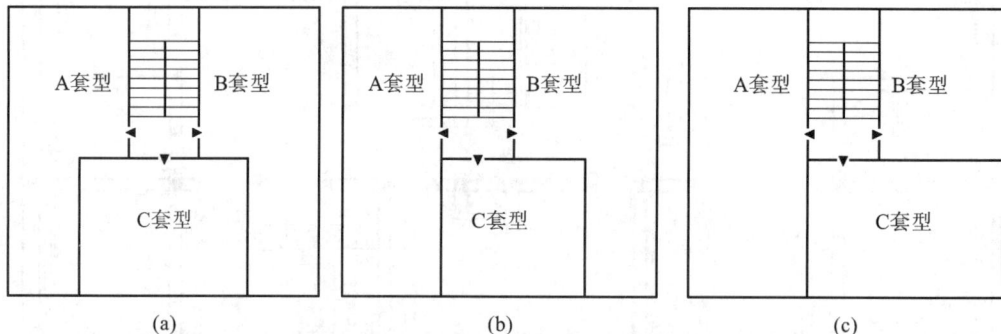

图 5-11　一梯三户型布置

③ 一梯四户。

一梯每层服务四户的住宅,较一梯三户型住宅提高了楼梯使用率。每户都有可能争取到好朝向,一般将少室户布置在中间而形成单朝向户。在某些地区可布置成朝东或朝西的四个单朝向户,如图 5-12 所示。

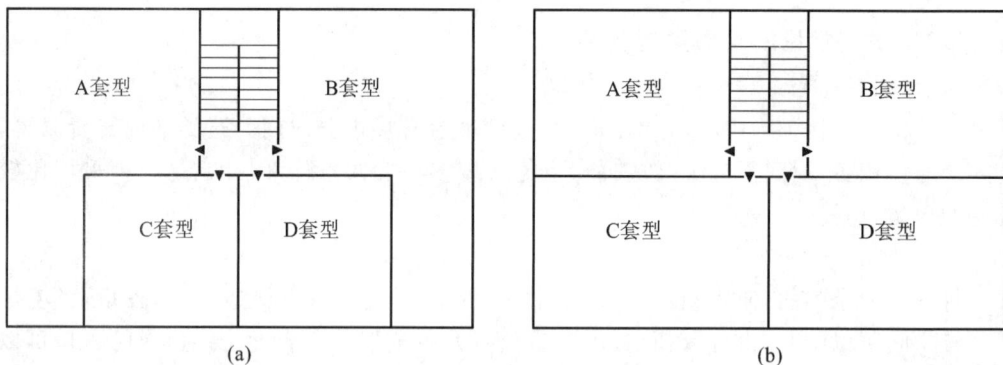

图 5-12　一梯四户型布置

(2)走廊式住宅

走廊式住宅沿着公共走廊布置住户,每层住户较多,楼梯利用率高,户间联系方便,但有干扰。这类住宅依其公共走廊的位置和长短有长外廊、短外廊、长内廊、短内廊之分,如图 5-13 所示。

(3)独立单元式住宅

独立单元式住宅(也称点式住宅),是数户围绕一个楼梯枢纽布置的单元独立建造的住宅形式。它四面临空,可开窗的墙面多,有利于采光、通风。其平面布置灵活,外形处理比较自由,易与周围的原有环境协调。每幢建筑的占地面积少,便于利用零星基地。常见的形式有一梯两户型住宅(图 5-14)、一梯三户型住宅(图 5-15)和一梯四户型住宅(图 5-16)。

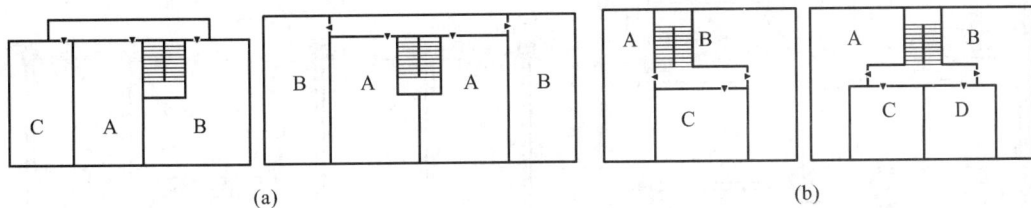

图 5-13 走廊式布置

(a)外走廊布置；(b)内走廊布置

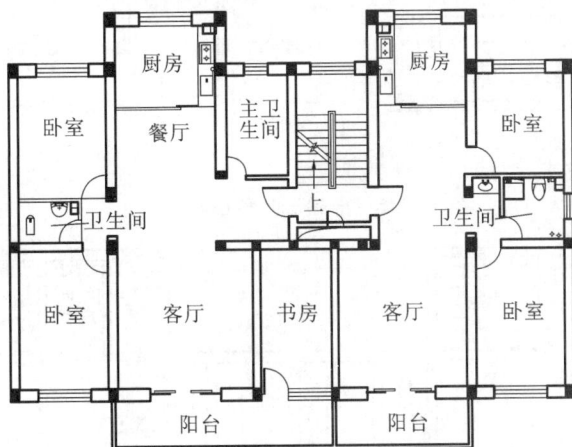

(a)

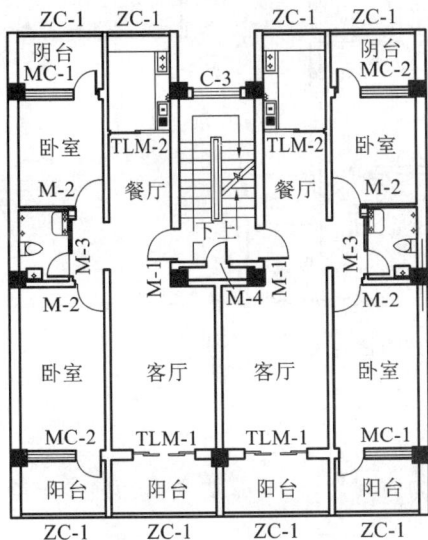

(b)

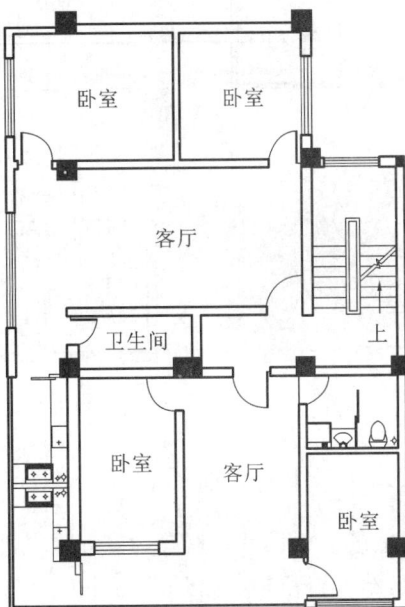

(c)

图 5-14 一梯两户型住宅

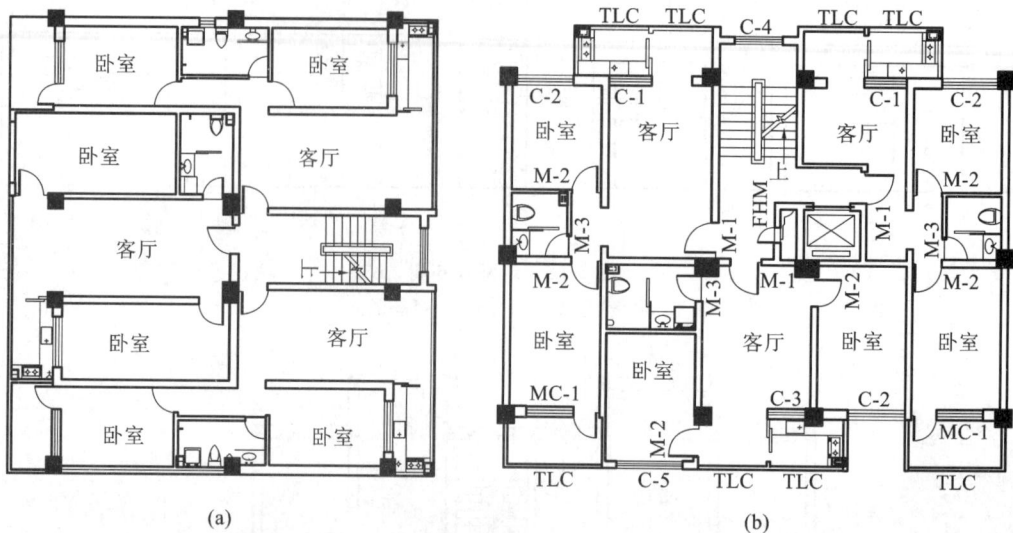

(a)

(b)

图 5-15　一梯三户型住宅

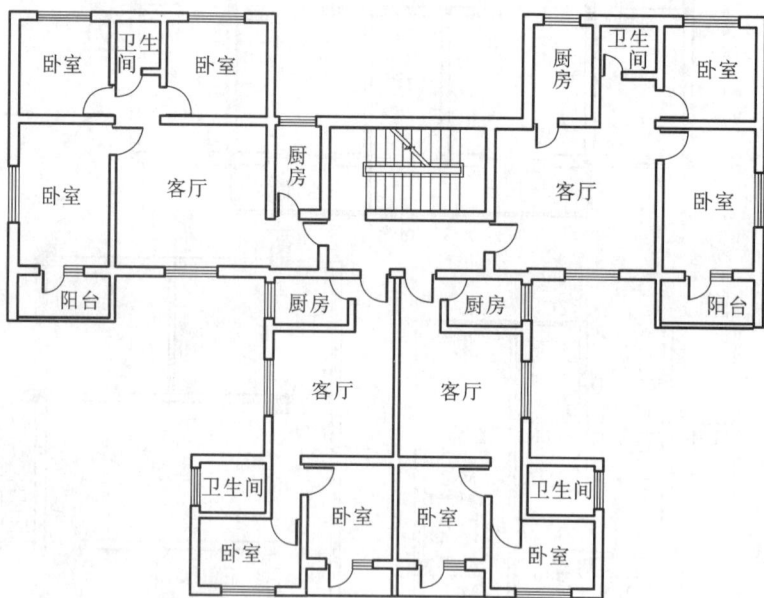

图 5-16　一梯四户型住宅

5.2.4　住宅立面设计

住宅的立面设计不仅要为家庭提供舒适的物质环境,还要营造亲切、温暖、宁静的家庭气氛,给人以精神、感官上的愉悦。

5.2.4.1　住宅的体型设计

城市住宅的体型大致可以分为横向的和垂直的两种。住宅体型的设计,在平面设计时应同时考虑。比如,塔式住宅,如把平面处理成矩形、方形、Y形、十字形、双十字形、井字形等其体型往往比较挺拔。由于结构、层数等多方面的原因,体型比例不好时,应尽可能加以处理。如墩式住宅体型往往使之笨重,可适当改变层数并且加以垂直处理,打破其笨重的方形比例;横向体型的住宅透视后,在水平方向往往感觉其缩短了;垂直体型的住宅透视后,在高度上往往感觉其降低了。考虑到这种视觉效果,一般需要在尺度和比例上加以修正。图 5-17 所示为欧式风格住宅立面设计。

图 5-17 欧式风格住宅立面设计

5.2.4.2 住宅的外形尺度把握

住宅的尺度就是建筑物与人体的比例关系。尺度较大的建筑给人以庄严、神圣、气派、难以接近的感觉;而尺度较小的建筑则使人觉得亲切,易于接近和具有人情味。住宅节能设计要求建筑物的体型系数(建筑物与室外大气接触的外表面积与其所包围的体积的比值。外表面积中,不包括地面和不采暖楼梯间隔墙和户门的面积)不大于 0.35,因此,住宅设计中应该选择适宜的尺度。

5.2.4.3 住宅的立面构图

(1)水平构图

水平线条划分立面容易给人舒展、宁静、安定的感觉。尤其是一些多层、高层住宅以及以垂直体型为主的住宅常常采用层层的水平线条来划分立面。水平线条一般是由阳台、凹廊、遮阳板以及横向布置的长窗和外伸窗台线等构件组织而形成的。

(2)垂直构图

有规律的垂直线条可增强建筑物的节奏和韵律,如高层住宅的建筑体量以及楼梯间、阳台和凹廊两侧的垂直线条等能组成垂直构图。

5.2.4.4 住宅的细部处理及色彩处理

住宅细部处理的重点是屋顶、外墙、门窗、入口和阳台。屋顶是住宅的第五立面,采用坡屋顶、弧形屋顶和造型独特的女儿墙都可增强建筑物的外形活跃感(图 5-18)。外墙材质的分层改变为建筑物的水平构图创造了条件。窗子是建筑物的眼睛,不仅起采光、通风的作用,而且对建筑物的细部处理来说可以增加建筑物的外观美。比如,增加窗套、采用带色玻璃。入口和阳台的凹凸变化可以形成光阴变化,阳台栏杆的形式变化可以创造建筑物的活泼个性。

住宅建筑的色彩和质感对建筑外形美观起到很重要的作用。住宅建筑外形一般都以较浅的、明快的调和色(如浅黄、浅灰、浅绿等)为主要基调,而不以对比色或对比强烈的色彩在大面积上使用。强烈的、鲜艳的对比色可以在大面积明快的浅色基调上重点使用。如阳台、入口门号、门灯或其他重点装饰等处，颜色可与墙面色彩取得对比。

(a)

(b)

图 5-18　住宅立面细部处理

(a)法国某住宅楼；(b)西安长乐府住宅园区

5.2.5　住宅防火与疏散设计

5.2.5.1　住宅防火与疏散要求

住宅建筑的周围环境应为灭火救援提供外部条件。住宅建筑中相邻套房之间应采取防火分隔措施。当住宅与其他功能空间处于同一建筑内时，住宅部分与非住宅部分之间应采取防火分隔措施，且住宅部分的安全出口和疏散楼梯应独立设置。

住宅建筑的防火与疏散要求应根据建筑层数、建筑面积等因素确定。

① 当住宅和其他功能空间处于同一建筑内时，应将住宅部分的层数与其他功能空间的层数叠加计算建筑层数。

② 当建筑中有一层或若干层的层高超过 3m 时，应对这些层按其高度总和除以 3m 进行层数折算，余数不足 1.5m 时，多出部分不计入建筑层数；余数大于或等于 1.5m 时，多出部分按 1 层计算。

5.2.5.2　住宅的耐火等级划分

住宅建筑的耐火等级应划分为一、二、三、四级，其构件的燃烧性能和耐火极限不应低于表 5-5 的规定。四级耐火等级的住宅建筑最多允许建造的层数为 3 层，三级耐火等级的住宅建筑最多允许建造的层数为 9 层，二级耐火等级的住宅建筑最多允许建造的层数为 18 层。

表 5-5 住宅建筑构件的燃烧性能和耐火极限

构件名称		耐火等级							
		一级		二级		三级		四级	
		燃烧性能	耐火极限/h	燃烧性能	耐火极限/h	燃烧性能	耐火极限/h	燃烧性能	耐火极限/h
墙	防火墙	不燃性	3.00	不燃性	3.00	不燃性	3.00	不燃性	3.00
	非承重外墙、疏散走道两侧的隔墙	不燃性	1.00	不燃性	1.00	不燃性	0.75	不燃性	0.75
	楼梯间的墙、电梯井的墙、住宅单元之间的墙、住宅分户墙、承重墙	不燃性	2.00	不燃性	2.00	不燃性	1.50	不燃性	1.00
	房间隔墙	不燃性	0.75	不燃性	0.50	难燃性	0.50	难燃性	0.25
柱		不燃性	3.00	不燃性	2.50	不燃性	2.00	难燃性	1.00
梁		不燃性	2.00	不燃性	1.50	不燃性	1.00	难燃性	1.00
楼板		不燃性	1.50	不燃性	1.00	不燃性	0.75	难燃性	0.50
屋顶承重构件		不燃性	1.50	不燃性	1.00	难燃性	0.50	难燃性	0.25
疏散楼梯		不燃性	1.50	不燃性	1.00	不燃性	0.75	难燃性	0.50

注:表中外墙指除保温层外的主体构件。

5.2.5.3 住宅的防火间距

住宅建筑与相邻建筑、设施之间的防火间距应根据建筑的耐火等级、外墙的防火构造、灭火救援条件及设施的性质等因素确定。住宅建筑与相邻民用建筑之间的防火间距应符合表 5-6 的要求。当建筑相邻外墙采取必要的防火措施后,其防火间距可适当减少或与相邻建筑贴邻。

表 5-6 住宅建筑与相邻民用建筑之间的防火间距 (单位:m)

建筑类别			10 层及 10 层以上住宅或其他高层民用建筑		10 层以下住宅或其他非高层民用建筑		
			高层建筑	裙房	耐水等级		
					一、二级	三级	四级
10 层以下住宅	耐火等级	一、二级	9	6	6	7	9
		三级	11	7	7	8	10
		四级	14	9	9	10	12
10 层及 10 层以上住宅			13	9	9	11	14

5.2.5.4 住宅的防火构造

① 住宅建筑上下相邻套房开口部位间应设置高度不低于 0.8m 的窗槛墙或设置耐

火极限不低于 1.00h 的不燃性实体挑檐,其出挑宽度不应小于 0.5m,长度不应小于开口宽度。

② 楼梯间窗口与套房窗口最近边缘之间的水平间距不应小于 1.0m。

③ 住宅建筑中竖井的设置应符合下列要求:

a. 电梯井应独立设置,井内严禁敷设燃气管道,并不应敷设与电梯无关的电缆、电线等。电梯井井壁上除开设电梯门洞和通气孔洞外,不应开设其他洞口。

b. 电缆井、管道井、排烟道、排气道等竖井应分别独立设置,其井壁应采用耐火极限不低于 1.00h 的不燃性构件。

c. 电缆井、管道井应在每层楼板处采用不低于楼板耐火极限的不燃性材料或防火封堵材料封堵;电缆井、管道井与房间、走道等相连通的孔洞,其空隙应采用防火封堵材料封堵。

d. 电缆井和管道井设置在防烟楼梯间前室、合用前室时,其井壁上的检查门应采用丙级防火门。

④ 当住宅建筑中的楼梯、电梯直通住宅楼层下部的汽车库时,在汽车库出入口部位的楼梯、电梯应采取防火分隔措施。

5.2.5.5 住宅的防火疏散

住宅建筑应根据建筑的耐火等级、建筑层数、建筑面积、疏散距离等因素设置安全出口,并应符合下列要求。

① 10 层以下的住宅建筑,当住宅单元任一层的建筑面积大于 650m²,或任一套房的户门至安全出口的距离大于 15m 时,该住宅单元每层的安全出口不应少于 2 个。

② 10 层及 10 层以上但不超过 18 层的住宅建筑,当住宅单元任一层的建筑面积大于 650m²,或任一套房的户门至安全出口的距离大于 10m 时,该住宅单元每层的安全出口不应少于 2 个。

③ 19 层及 19 层以上的住宅建筑,每个住宅单元每层的安全出口不应少于 2 个。

④ 安全出口应分散布置,两个安全出口之间的距离不应小于 5m。

⑤ 楼梯间及前室的门应向疏散方向开启;安装有门禁系统的住宅,应保证住宅直通室外的门在任何时候能从内部徒手开启。

⑥ 每层有 2 个及 2 个以上安全出口的住宅单元,套房户门至最近安全出口的距离应根据建筑的耐火等级、楼梯间的形式和疏散方式确定。

⑦ 在楼梯间的首层应设置直接对外的出口,或将对外出口设置在距离楼梯间不超过 15m 处。

⑧ 住宅建筑楼梯间的顶棚、墙面和地面均应采用不燃性材料。

⑨ 8 层及 8 层以上的住宅建筑应设置室内消防给水设施。10 层及 10 层以上住宅建筑的消防供电不应低于二级负荷要求;楼梯间、电梯间及其前室应设置应急照明;应设置环形消防车道,或至少沿建筑的一个长边设置消防车道。12 层及 12 层以上的住宅建筑应设置消防电梯。35 层及 35 层以上的住宅建筑应设置火灾自动报警系统,且应设置自动喷水灭火系统。

5.2.6　住宅构造设计要求

5.2.6.1　阳台

① 每套住宅应设阳台或平台。

② 阳台栏杆设计应防儿童攀登,栏杆的垂直杆件间净距不应大于 0.11m,放置花盆处必须采取防坠落措施。

③ 低层、多层(6 层及 6 层以下)住宅的阳台栏杆净高不应低于 1.05m;中高层、高层(7 层及 7 层以上)住宅的阳台栏杆净高不应低于 1.10m。封闭阳台栏杆也应满足阳台栏杆净高要求。中高层、高层及寒冷、严寒地区住宅的阳台宜采用实体栏板。

④ 外窗窗台距楼面、地面的净高低于 0.90m 时,应有防护设施。

⑤ 阳台应设置晾、晒衣物的设施,顶层阳台应设雨罩。各套住宅之间毗连的阳台应设分户隔板。

⑥ 阳台、雨罩均应作有组织排水处理;雨罩应作防水处理,阳台宜作防水处理。

5.2.6.2　门窗设计

① 外窗窗台距楼面、地面的高度低于 0.90m 时,应有防护设施,窗外有阳台或平台时可不受此限制。窗台的净高或防护栏杆的高度均应从可踏面起算,保证净高为0.90m。窗台低于 0.80m 时,应采取防护措施。

② 底层外窗和阳台门、下沿低于 2m 且紧邻走廊或公用上人屋面的窗和门,应采取防护措施。

③ 建筑外窗可开启部位必须设计配置纱窗,纱窗的安装方式及结构应易于拆装、清洗及更换。建筑外门、外窗(不包括封闭阳台的外窗)用玻璃必须采用中空玻璃,其空气层厚度(两层玻璃间距)应不小于9mm,并严禁使用单层玻璃及简易双层玻璃。建筑外窗宜为内平开下悬开启形式,中高层、高层及超过 100m 高度的住宅建筑严禁设计、采用外平开窗。采用推拉门窗时,窗扇必须有防脱落措施。

④ 面临走廊或凹口的窗,应避免视线干扰。向走廊开启的窗扇不应妨碍交通。

⑤ 住宅户门应采用安全防卫门。向外开启的户门不应妨碍交通。

⑥ 住宅与附建公共用房的出入口应分开布置。住宅的公共出入口位于阳台、外廊及开敞楼梯平台的下部时,应采取防止物体坠落伤人的安全措施。

⑦ 房间采光对侧窗的高度与房间的进深做了要求:单侧采光时,侧窗上沿距室内地面高度应大于房间进深的 1/2;双侧采光时,侧窗上沿距室内地面高度应大于房间进深的 1/4。如图 5-19 所示。

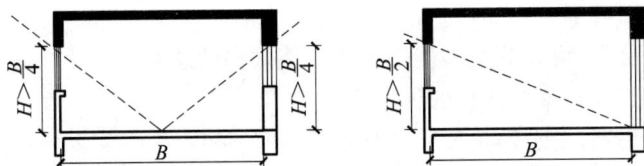

图 5-19　窗高与房间进深的关系

⑧ 各部位门洞的最小尺寸应符合表 5-7 的规定。

表 5-7   门洞最小尺寸

类别	洞口宽度/m	洞口高度/m
公用外门	1.20	2.00
户(套)门	0.90	2.00
起居室(厅)门	0.90	2.00
卧室门	0.90	2.00
厨房门	0.80	2.00
卫生间门	0.70	2.00
阳台门(单扇)	0.70	2.00

注:1. 表中门洞高度不包括门上亮子高度。
    2. 洞口两侧地面有高低差时,以高地面为起算高度。

5.2.6.3 楼梯设计

(1)楼梯的规范要求

楼梯间设计应符合《建筑设计防火规范》(GB 50016—2006)和《高层民用建筑设计防火规范(2005 年版)》(GB 50045—1995)的有关规定。

① 楼梯梯段净宽不应小于 1.10m。6 层及 6 层以下住宅,一边设有栏杆的梯段净宽不应小于 1m。供日常主要交通用的楼梯的梯段净宽应根据建筑物使用特征,一般按每股人流宽为 $[0.55+(0\sim0.15)]$m 的人流股数确定,并不应少于两股人流。楼梯梯段净宽是指墙面至扶手中心之间的水平距离。

② 楼梯踏步宽度不应小于 0.26m,踏步高度不应大于 0.175m。扶手高度不宜小于 0.90m。楼梯水平段栏杆长度大于 0.50m 时,其扶手高度不应小于 1.05m。楼梯栏杆垂直杆件间净空不应大于 0.11m。

③ 楼梯平台净宽不应小于楼梯梯段净宽,并不得小于 1.20m。楼梯平台的结构下缘至人行过道的垂直高度不应低于 2m。入口处地坪与室外地面应有高差,并不应小于 0.10m。

④ 楼梯井宽度大于 0.11m 时,必须采取防止儿童攀爬的措施。

⑤ 梯段改变方向时,平台扶手处的最小宽度不应小于梯段净宽。

⑥ 每个梯段的踏步一般不应超过 18 级,亦不应少于 3 级。

⑦ 楼梯平台上部及下部过道处的净高不应小于 2m。楼段净高不应小于 2.20m。

⑧ 有儿童经常使用的楼梯的梯井净宽大于 0.20m 时,必须采取安全措施。

(2)楼梯的设计步骤

① 根据房屋层数、耐火等级和使用人数计算楼梯的总宽度。

② 确定楼梯部数和每部楼梯的梯段宽度。

③ 根据房屋类别,确定踏步尺寸,即确定楼梯的坡度。

④ 根据房屋的层高,计算每层级数(踢面数)。

⑤ 根据房屋类别和楼梯在平面中的位置,确定楼梯形式。

⑥ 确定平台的宽度和标高。

⑦ 计算楼梯段的水平投影长和楼梯间的进深最小净尺寸。

⑧ 计算楼梯间的开间最小尺寸。

⑨ 按模数协调标准规定,确定楼梯间开间和进深的轴线尺寸。

⑩ 绘制楼梯平面图和剖面图。

(3)楼梯设计举例

已知:某住宅楼,层数为四层,设一部双跑平行式楼梯,该建筑耐火等级为二级,房屋层高 2.9m,室内外高差 750mm,楼梯间墙厚 250mm,外墙厚 300mm,内墙厚 200mm,一层平台下为住宅出入口,试设计该楼梯。

设计:

① 计算楼梯的总宽度。

住宅的梯段宽度一般按两股人流考虑,按每股人流宽为 $[0.55+(0\sim0.15)]$m 的人流股数确定,则楼梯总宽度为 $A\geqslant2.2\sim2.8$m。故取 $A=2.4$m。

② 确定每部楼梯段的宽度。

$$B=\frac{A}{2}=\frac{2.4}{2}=1.2(\text{m})$$

$B\geqslant1.1$m,满足最小疏散宽度要求。

③ 确定踏步尺寸和楼梯坡度。

住宅楼梯的踏面宽度 $g=260\sim300$mm,踢面高度 $r\leqslant175$mm,坡度 $\alpha=26°\sim38°$,设计中取 $g=280$mm,依据楼梯经验公式:$2r+g=600\sim620$mm,得出 $r=160\sim170$mm。

④ 计算每层踏步数及梯段形式。

$$\text{踏步数 }n=\frac{\text{层高}}{\text{踢面高}}=\frac{2.900}{r}=17\sim18.1(\text{步})$$

采用双跑平行式等跑楼梯,故 $n=18$。那么每个梯段的踏步数为:

$$n_1=\frac{n}{2}=\frac{18}{2}=9(\text{步})\quad(3\leqslant n_1\leqslant18)$$

⑤ 确定平台宽度和标高。

取平台宽度大于或等于梯段宽度,休息平台宽度大于或等于 1200mm,楼层平台宽度大于或等于门洞的宽度+300mm+门垛(200~300mm)=1500~1600mm。一层平台标高为1.450m,二层平台标高为 4.350m,室内外高差为 750m,则一层平台下部净高为:

$$0.750+1.450-0.100(\text{平台板厚})=2.050(\text{m})>2.0\text{m}$$

⑥ 计算楼梯段的水平投影长度和楼梯间的进深最小净尺寸。

$$\text{梯段的水平投影长度 }L=(n_1-1)g=(9-1)\times280=2240(\text{mm})$$

则

$$\text{楼梯最小进深}=L+\text{休息平台宽度}+\text{楼层平台宽度}+\text{墙体厚度}$$
$$=2240+1200+1500+100+150=5190(\text{mm})$$

⑦ 计算楼梯间的开间最小尺寸。

$$\text{楼梯最小开间}=\text{梯段净宽}\times2+\text{楼梯井}+\text{墙体厚度}$$
$$=1200\times2+50+250=2700(\text{mm})$$

⑧ 按模数协调标准规定,确定楼梯间开间和进深的轴线尺寸。

依据建筑模数协调标准,结合上述设计,楼梯间开间轴线尺寸取 2700mm,进深轴线尺寸取 5400mm。

⑨ 绘制楼梯平面图和剖面图。

某住宅楼楼梯设计示例如图 5-20 所示。

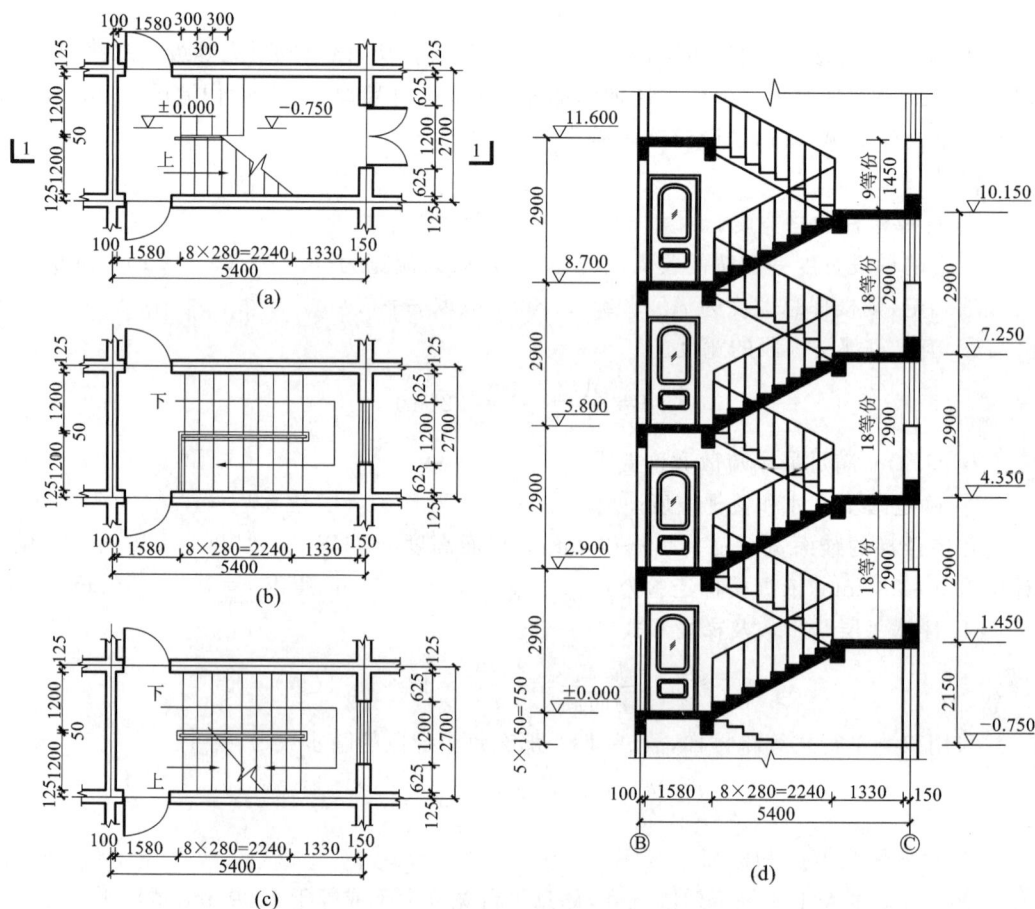

图 5-20 某住宅楼楼梯设计示例

(a)一层平面图;(b)顶层楼梯剖面图;(c)标准层楼梯剖面图;(d)1—1 剖面图

5.2.6.4 电梯

① 7 层及 7 层以上的住宅或住户入口层楼面距室外设计地面的高度超过 16m 以上的住宅必须设置电梯。

a.底层作为商店或其他用房的多层住宅,其住户入口层楼面距该建筑物的室外设计地面高度超过 16m 时必须设置电梯。

b. 底层作为架空层或贮存空间的多层住宅,其住户入口层楼面距该建筑物的室外设计地面高度超过 16m 时必须设置电梯。

c. 顶层为两层一套的跃层住宅时,跃层部分不计层数。其顶层住户入口层楼面距该建筑物室外设计地面的高度不超过 16m 时,可不设电梯。

　　d. 住宅中间层有直通室外地面的出入口并具有消防通道时,其层数可由中间层起计算。

　　② 12 层及 12 层以上的高层住宅,每栋楼设置电梯不应少于 2 台,其中宜配置一台可容纳担架的电梯。

　　③ 高层住宅电梯宜每层设站。当住宅电梯非每层设站时,不设站的层数不应超过两层。塔式和通廊式高层住宅电梯宜成组集中布置。单元式高层住宅每单元只设一台电梯时应采用联系廊连通。

　　④ 候梯厅深度不应小于多台电梯中最大轿厢的深度,且不得小于 1.50m。

　　⑤ 电梯不应与卧室、起居室紧邻布置。受条件限制需要紧邻布置时,必须采取有效的隔声和减振措施。

　　图 5-21 所示为某住宅楼电梯布置图。

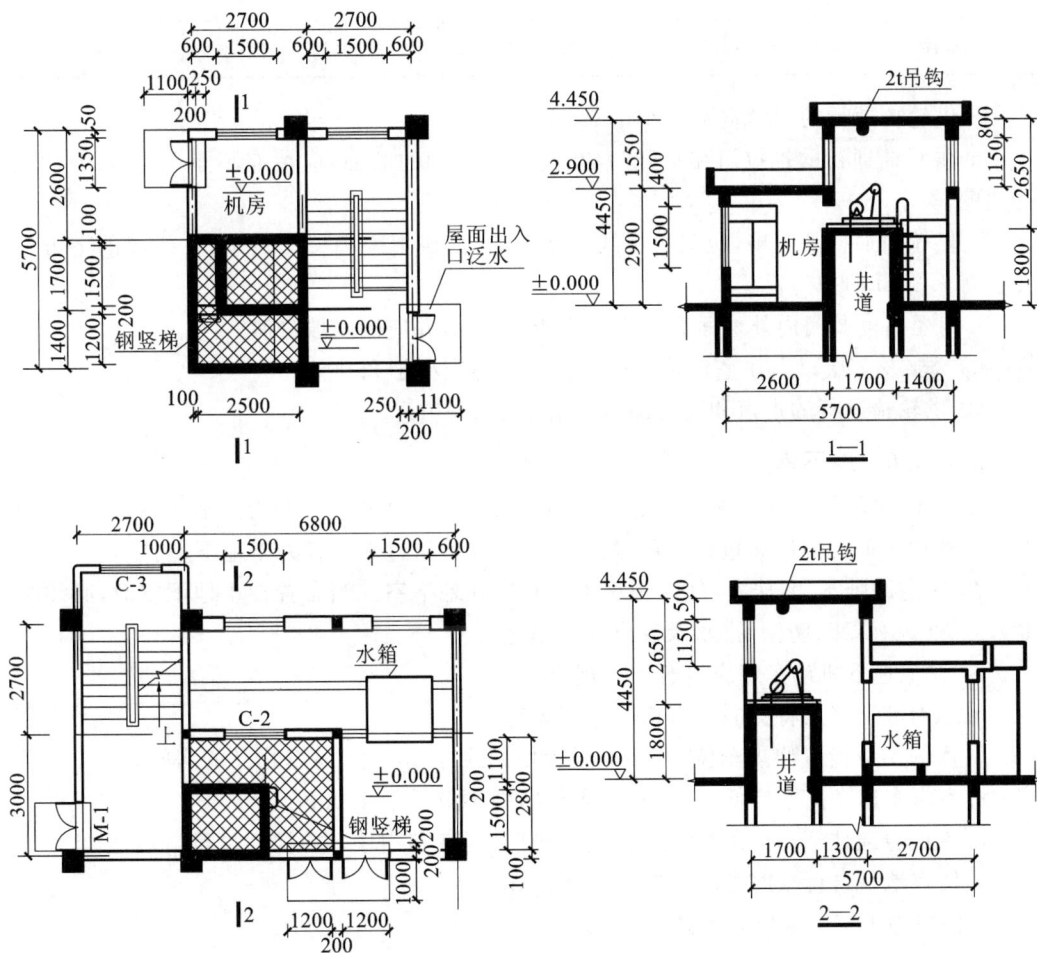

图 5-21 某住宅楼电梯布置图

5.2.6.5 无障碍设计

① 7层及7层以上的住宅,应对下列部位进行无障碍设计:

a. 建筑入口。

b. 入口平台。

c. 候梯厅。

d. 公共走道。

e. 无障碍住房。

② 建筑入口及入口平台的无障碍设计应符合下列规定:

a. 建筑入口设台阶时,应设轮椅坡道和扶手。

b. 坡道的坡度应符合表 5-8 的规定。

表 5-8 坡道的坡度

高度/mm	1.00	0.75	0.60	0.35
坡度	≤1:16	≤1:12	≤1:10	≤1:8

c. 供轮椅通行的门净宽不应小于 0.80m。

d. 供轮椅通行的推拉门和平开门,在门把手一侧的墙面,应留有不小于 0.50m 的墙面宽度。

e. 供轮椅通行的门扇,应安装视线观察玻璃、横执把手和关门拉手,在门扇的下方应安装高 0.35m 的护门板。

f. 门槛高度及门内外地面高差不应大于 15mm,并应以斜坡过渡。

③ 7层及7层以上住宅建筑入口平台宽度不应小于 2.00m。

④ 供轮椅通行的走道和通道净宽不应小于 1.20m。

5.2.6.6 地下室

① 房间地面低于室外地平面的高度超过该房间净高的 1/2 者为全地下室;房间地面低于室外地平面的高度超过该房间净高的 1/3,且不超过 1/2 者为半地下室。

② 住宅的卧室、起居室(厅)、厨房不应布置在地下室。当布置在半地下室时,必须采取采光、通风、日照、防潮、排水及安全防护措施。

③ 住宅地下机动车库应符合下列规定:

a. 库内坡道严禁将宽的单车道兼作双车道。

b. 库内不应设置修理车位,并不应设置使用或存放易燃、易爆物品的房间。

c. 库内车道净高不应低于 2.20m,车位净高不应低于 2.00m。

d. 库内直通住宅单元的楼(电)梯间应设门,严禁利用楼(电)梯间进行自然通风。

e. 住宅地下自行车库净高不应低于 2.00m。

f. 住宅地下室应采取有效防水措施。

5.2.6.7 走廊和出入口

① 外廊、内天井及上人屋面等临空处栏杆净高,低层、多层住宅不应低于 1.05m,中高层、高层住宅不应低于 1.10m,栏杆设计应防止儿童攀登,垂直杆件间净空不应大于 0.11m。

② 高层住宅作主要通道的外廊宜做封闭外廊,并设可开启的窗扇。走廊通道的净宽不应小于 1.20m。

③ 住宅的公共出入口位于阳台、外廊及开敞楼梯平台的下部时,应采取设置雨罩等防止物体坠落伤人的安全措施。

④ 住宅的公共出入口处应有识别标志;可按户设置信报箱。高层住宅的公共出入口应设门厅、管理室及信报间。

⑤ 设置电梯的住宅公共出入口,当有高差时,应设轮椅坡道和扶手。

5.2.6.8 垃圾收集设施

① 住宅不宜设置垃圾管道。多层住宅不设垃圾管道时,应根据垃圾收集方式设置相应设施。中高层及高层住宅不设置垃圾管道时,每层应设置封闭的垃圾收集空间。

② 当住宅设垃圾管道时,应符合下列要求。

a. 垃圾管道不得紧邻卧室、起居室(厅)布置。

b. 垃圾管道的有效断面有下列规定:

(a)多层住宅不得小于 0.40m×0.40m;

(b)多中高层住宅不得小于 0.50m×0.50m;

(c)高层住宅不得小于 0.60m×0.60m。

③ 垃圾斗和垃圾斗门应耐腐蚀,关闭严密。

④ 垃圾管道顶部应通出屋面,底部应设封闭的垃圾间。

5.2.6.9 其他建筑设备要求

其他建筑设备要求包括住宅建筑的给排水、采暖、燃气、厨卫间通风及电气等与日常生活相关的一些保障设施。

(1)住宅建筑给排水

① 住宅应设室内给水排水系统。住宅的污水排水横管宜设于本层套内。当必须敷设于下一层的套内空间时,其清扫口应设于本层,并应进行夏季管道外壁结露验算,采取相应的防止结露的措施。

② 布置洗浴器和洗衣机的部位应设置地漏,其水封深度不应小于 50mm。布置洗衣机的部位宜采用能防止溢流和干涸的专用地漏。

③ 高层住宅的垃圾间宜设给水龙头和排水口。其给水管道应单独设置水表,并应采取冬季防冻措施。

④ 地下室、半地下室中低于室外地面的卫生器具和地漏的排水管,不应与上部排水管道连接,应设置集水坑用污水泵排出。

(2)住宅采暖

① 严寒和寒冷地区的高层、中高层和多层住宅,宜设集中采暖系统。采暖热媒应采用热水。

② 设置集中采暖系统的普通住宅的室内采暖计算温度,不应低于表 5-9 中规定的数值。集中采暖系统的设计,宜能实施分室温度调节,并宜为实施分户热量计量预留条件。散热器的调节阀门,应确保频繁调节的密封性能,并采用不易锈蚀的材质。集中采暖系

统中,用于总体调节和检修的设施,不应设置于套内。

表 5-9　　　　　　　　　　　　　　　室内采暖计算温度

用房	温度/℃
卧室、起居室(厅)的卫生间	18
厨房	15
设采暖的楼梯间和走廊	14

注:有洗浴器并有集中热水供应系统的卫生间,宜按 25℃设计。

③ 住宅的散热器,应采用体型紧凑、便于清扫、使用寿命不低于钢管的型号,其位置应确保室内温度的均匀分布,并应与室内设施和家具协调布置。

(3)燃气

① 使用燃气的住宅,每套的燃气用量,应至少按一个双眼灶和一个燃气热水器计算。

② 每套应设置燃气表。安装在厨房内的燃气表,其位置应有利于厨房设备的合理布置。

③ 套内燃气热水器的设置,应符合下列规定。

a.除密闭式燃气热水器外,其他燃气热水器不应设置于卫生间和其他无自然通风的部位,宜设置在有机械排气装置的厨房内。

b.安装热水器的厨房或卫生间,应预留安装位置和给排气的孔洞。

c.燃气热水器的排烟管不得与排油烟机的排气管合并接入同一管道;单独接出室外时,其给排气技术条件应符合《燃气燃烧器具安全技术条件》(GB 16914—2012)的有关规定。

(4)通风

① 厨房排油烟机的排气管通过外墙直接使油烟排至室外时,应在室外排气口设置避风和防止污染环境的构件。当排油烟机的排气管使油烟排至竖向通风道时,竖向通风道的断面应根据所担负的排气量计算确定,应采取支管无回流、竖井无泄漏的措施。

② 严寒地区、寒冷地区和夏热冬冷地区的厨房,除设置排气机械外,还应设置供房间全面排气的自然通风设施。

③ 无外窗的卫生间,应设置防回流构造的排气通风道,并预留安装排气机械的位置。

④ 厨房和卫生间的门,应在下部设有效截面面积不小于 $0.02m^2$ 的固定百叶,或距地面留出不小于 30mm 的缝隙。

⑤ 最热月平均室外气温大于或等于 25℃的地区,每套住宅内应预留安装空调设备的位置和确保安装条件。

(5)电气

① 每套住宅应设电度表。每套住宅的用电负荷标准及电度表规格,不应小于表 5-10 中规定的数值。

② 住宅的公共部位应设人工照明,除高层住宅的电梯厅和应急照明外,均应采用节能自熄开关。电源插座的数量,不应少于表 5-11 中规定的数值。

表5-10   用电负荷标准及电度表规格

套型	用电负荷标准/kW	电度表规格/A
一、二类	2.5	5(20)
三、四类	4.0	10(40)

表5-11   电源插座的设置数量

设置部位	设置数量
卧室、厨房	一个单相三线和一个单相二线的插座两组
起居室(厅)	一个单相三线和一个单相二线的插座三组
卫生间	防溅水型一个单相三线和一个单相二线的组合插座一组
布置洗衣机、冰箱、排气机械和空调器等处	专用单相三线插座各一个

③ 有线电视系统的线路应预埋到住宅套内,并应满足有线电视网的要求,一类住宅每套设一个终端插座,其他类住宅每套设两个。

④ 电话通信线路管线应预埋到住宅套内。一类和二类住宅每套设一个电话终端出线口,三类和四类住宅每套设两个。

⑤ 每套住宅宜预留门铃管路。高层和中高层住宅宜设楼宇对讲系统。

(6)其他要求

① 住宅建筑内严禁布置存放和使用火灾危险性为甲、乙类物品的商店、车间和仓库,并不应布置产生噪声、振动和污染环境的商店、车间和娱乐设施。

② 住宅建筑中不宜布置餐饮店,当受条件限制需要布置时,其厨房的烟囱及排气道应高出住宅屋面,其空调、冷藏设备及加工机械应作减振、消声处理,并应达到环境保护规定的有关要求。

③ 住宅建筑内不宜布置锅炉房、变压器室及其他有噪声振动源等设备用房。如受条件限制需要布置时,应符合现行的建筑防火、建筑隔声及有关专业规范的规定。

④ 住宅与附建公共用房的出入口应分开布置。

5.2.7 住宅楼设计技术经济指标

① 住宅设计应计算下列技术经济指标:

a.各功能空间使用面积(m²);

b.套内使用面积(m²/套);

c.住宅标准层总使用面积(m²);

d.住宅标准层总建筑面积(m²);

e.住宅标准层使用面积系数(%);

f.套型建筑面积(m²/套);

g.套型阳台面积(m²/套)。

② 住宅设计技术经济指标计算,应符合下列规定:

a.各功能空间面积等于各功能使用空间墙体内表面所围合的水平投影面积之和。

b.套内使用面积等于套内各功能空间使用面积之和。

c.住宅标准层总使用面积等于本层各套型内使用面积之和。

d.住宅标准层建筑面积,按外墙结构外表面及柱外沿或相邻界墙轴线所围合的水平投影面积计算,当外墙设外保温层时,按保温层外表面计算。

e.标准层使用面积系数等于标准层使用面积除以标准层建筑面积。

f.套型建筑面积等于套内使用面积除以标准层的使用面积系数。

g.套型阳台面积等于套内各阳台结构底板投影净面积之和。

③ 套内使用面积计算,应符合下列规定:

a.套内使用面积包括卧室、起居室(厅)、厨房、卫生间、餐厅、过道、前室、贮藏室、壁柜等的使用面积的总和。

b.跃层住宅中的套内楼梯按自然层数的使用面积总和计入使用面积。

c.烟囱、通风道、管井等均不计入使用面积。

d.室内使用面积按结构墙体表面尺寸计算,有复合保温层时,按复合保温层表面尺寸计算。

e.利用坡屋顶内空间时,顶板下表面与楼面的净高低于 1.20m 的空间不计算使用面积;净高为 1.20～2.10m 的空间按 1/2 计算使用面积;净高超过 2.10m 的空间全部计入使用面积。

f.坡层顶内的使用面积单独计算,不得列入标准层使用面积和标准层建筑面积中,需计算建筑总面积时,利用标准层使用面积系数反求。

④ 阳台面积应按结构底板投影面积单独计算,不计入每套使用面积或建筑面积内。

5.3 住宅楼单体设计实训内容及方案

5.3.1 实训内容

(1)实训内容概述

① 利用实训要点知识确定平面组合设计方案。

② 依据方案图设计建筑施工图。

(2)能力目标

通过实训技能训练,进一步了解一般民用建筑的设计原理和方法,掌握施工图设计的技能,培养学科知识的综合应用能力。

5.3.2 实训方案

(1)实训方案内容

① 学生 5～10 人分成一小组进行方案设计,老师针对各个小组的不同方案进行讲

评、修正,指导各组由最终修订的结果进行方案设计。

②　由老师给定设计方案或部分施工图,学生按每 5～10 人分成一小组,读懂并抄绘已知的图纸,设计补全整套图纸。

(2)实训工具

①　工具书:《房屋建筑学》《建筑制图与识图》《建筑设计资料集》(3 版)、《房屋建筑制图统一标准》(GB/T 50001—2001)、《住宅设计规范》(GB 50096—2011)。

②　仪器用品:图板、图纸、丁字尺、三角板、铅笔等。

6 办公楼单体设计实训

【实训引言】

办公楼指供机关、团体、企事业单位办理行政事务和从事业务活动的建筑物。本实训要求学生运用办公楼设计要点,结合办公建筑设计规范,明确办公楼各功能房间之间的规范要求和各功能房间之间的组合设计,完成某单体办公楼平面组合设计方案,依据方案图设计建筑施工图,提高施工图设计的技能,培养对学科知识的综合应用能力。

【实训思路】

```
                    ┌─ 了解办公楼设计原理、了解《办公建筑设计规范》(JGJ 67—2006)
                    │
                    ├─ 办公楼平面组合方案设计
办公楼设计要点 ─┤
                    │                  ┌─ 绘制平面图(底层、标准层)
案例背景资料 ─┤                  ├─ 绘制屋顶平面图
                    │                  ├─ 绘制立面图
                    │                  ├─ 绘制剖面图                 ─ 能力评价
                    └─ 办公楼施工图设计 ┼─ 绘制外墙身详图              (成绩评定)
                                       ├─ 绘制楼梯详图
                                       └─ 绘制施工图首页、总平面图
```

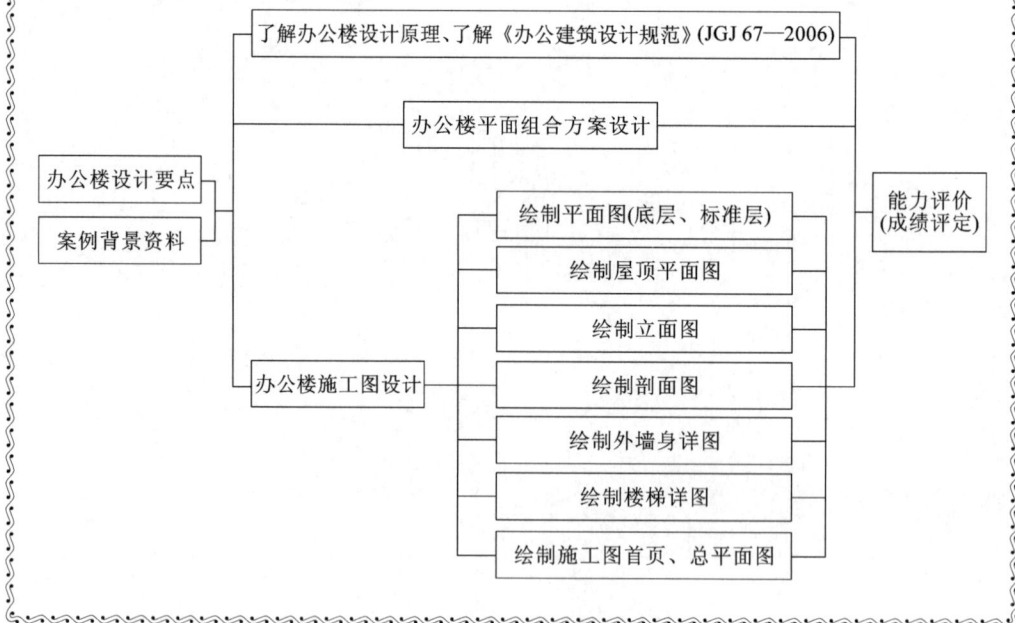

6.1 办公楼单体设计实训知识及技能领域

办公楼单体设计实训知识及技能领域如表 6-1、表 6-2 所示。

表 6-1 办公楼单体设计实训知识领域

知识领域	知识单元		知识点
办公楼单体设计	核心知识单元	办公楼的功能空间分析	① 办公楼的功能空间组成； ② 办公楼的功能空间联系
		办公楼单一空间设计	① 平面尺寸、平面形状及平面布置； ② 门窗位置及数量
		办公楼的空间组合设计（平面设计）	① 平面布局方式、平面组合形式； ② 公用部分布置形式； ③ 办公楼的通风、采光、隔声设计
		办公楼立面、剖面设计	① 体型设计、色彩和细部处理； ② 层高、净高要求
		办公楼构造设计	门窗、楼梯、电梯、走道等构造要求
	拓展知识单元	《办公建筑设计规范》(JGJ 67—2006)的相关设计规定	
		办公楼的防火设计	
		办公楼中给排水、暖通、采光、隔声、电气及智能化等构造设计要求	
		各类办公楼建筑系数	

表 6-2 办公楼单体设计实训技能领域

技能领域	技能单元		技能点
办公楼单体设计、绘制及识图能力	核心技能单元	平面设计	①单个房间平面设计； ②平面组合设计； ③屋面排水图设计
		立面、剖面设计	①立面体型、线条、色彩、细部处理； ②剖面的高度、空间组合、构件连接的设计处理
		建筑详图设计	细部构造节点处理
	拓展技能单元	办公楼方案设计的思路、步骤和绘图内容	
		办公楼施工图设计的步骤、要求和图纸内容	

6.2 办公楼单体设计实训知识及技能要点应用

建筑物内供办公人员经常办公的房间称为办公室，以此为单位集合成的一定数量的建筑物称为办公建筑。办公建筑的基地应选在交通和通信方便的地段，并应避开产生粉尘、煤烟、散发有害物质的场所和贮存有易爆、易燃品等的地段。位于城市的办公建筑的基地,应符合城市规划布局的要求,并应选在市政设施比较完善的地段。工业企业的办公建筑,可在企业基地内选择联系方便、污染影响最小的地段建造,并应符合安全、卫生和环境保护等法规的有关规定。办公楼按建筑高度有如图 6-1 所示的分类。

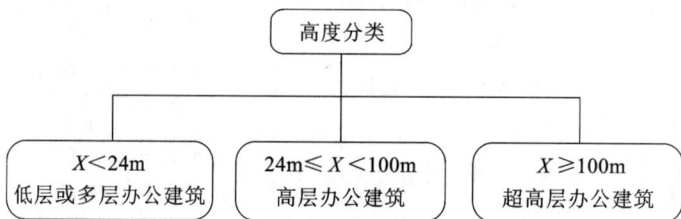

图 6-1　办公楼按建筑高度分类

注:X 表示建筑高度。

6.2.1　办公楼的功能空间分析

6.2.1.1　办公楼的功能空间组成

办公楼的功能组成依据使用性质、建筑规模与标准的不同,可划分为办公用房、公共用房、服务用房和交通联系设施四个部分,如图 6-2 所示。

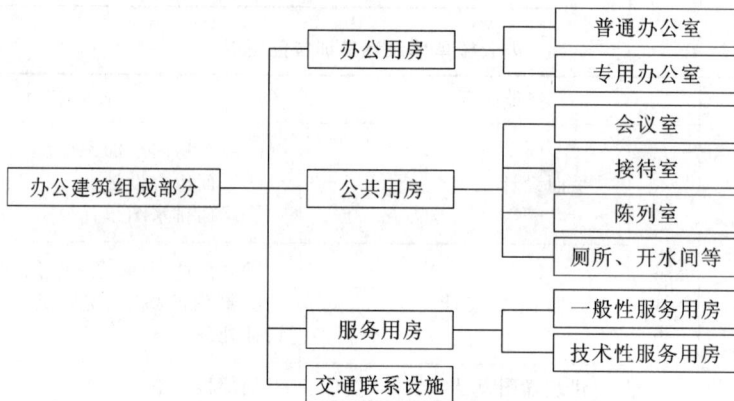

图 6-2　办公建筑组成

(1)办公用房

办公用房包括普通办公室和专用办公室。专用办公室包括设计绘图室与研究工作室等。

(2)公共用房

公共用房包括会议室、接待室、陈列室、厕所、开水间等。

(3)服务用房

服务用房包括一般性服务用房和技术性服务用房。

① 一般性服务用房为:档案室、资料室、图书阅览室、贮藏间、汽车停车库、自行车停车库、卫生管理设施间等。

② 技术性服务用房为:电话总机房、计算机房、电传室、晒图室、设备机房等。

（4）交通联系设施

交通联系设施包括门厅、楼梯、电梯、走道、过厅等。

6.2.1.2 办公楼的功能空间联系

办公楼的功能空间联系如图 6-3 所示。

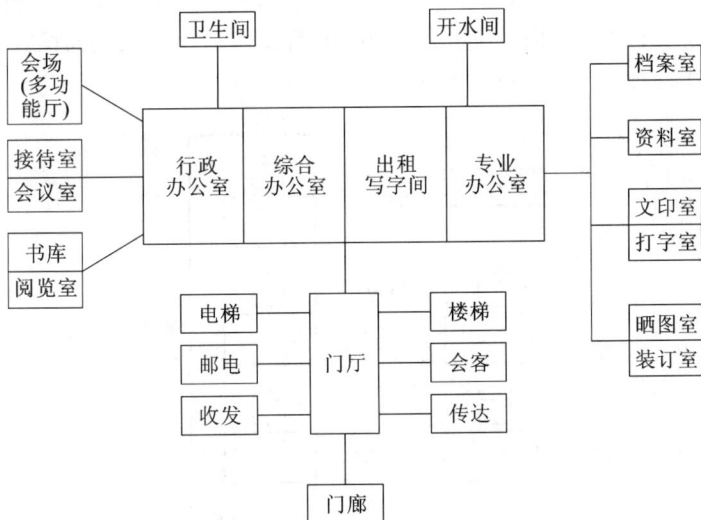

图 6-3 办公楼的功能空间联系

6.2.2 办公楼的单一空间设计

6.2.2.1 办公用房的设计

（1）《办公建筑设计规范》（JGJ 67—2006）规定

办公用房宜包括普通办公室和专用办公室。专用办公室宜包括设计绘图室和研究工作室等。办公用房宜有良好的朝向和自然通风，并不宜布置在地下室。办公用房宜有避免西晒和眩光的措施。

① 普通办公室。

a. 宜设计成单间式办公室、开放式办公室或半开放式办公室，有特殊需要时可设计成单元式办公室、公寓式办公室或酒店式办公室。

b. 开放式和半开放式办公室在布置吊顶上的通风口、照明、防火设施等时，宜为自行分隔或装修创造条件，有条件的工程宜设计成模块式吊顶。

c. 使用燃气的公寓式办公室的厨房应有直接采光和自然通风；电炊式厨房如无条件直接对外采光通风，应有机械通风措施，并设置洗涤池、案台、炉灶及排油烟机等设施或预留位置。

d. 酒店式办公室应符合《旅馆建筑设计规范》（JGJ 62—1990）的相应规定。

e. 带有独立卫生间的单元式办公室和公寓式办公室的卫生间宜直接对外通风采光，条件不允许时，应有机械通风措施。

f. 机要部门办公室应相对集中，与其他部门宜适当分隔。

g.值班办公室可根据使用需要设置;设有夜间值班室时,宜设专用卫生间。

h.普通办公室每人使用面积不应小于 $4m^2$,单间办公室净面积不应小于 $10m^2$。

② 专用办公室。

a.设计绘图室宜采用开放式或半开放式办公室空间,并用灵活隔断、家具等进行分隔;研究工作室(不含实验室)宜采用单间式,自然科学研究工作室宜靠近相关的实验室。

b.设计绘图室,每人使用面积应不小于 $6m^2$;研究工作室,每人使用面积应不小于 $5m^2$。

办公室家具的布置间距如图 6-4 所示。

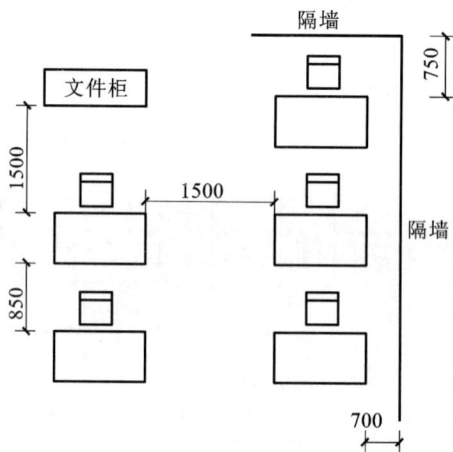

图 6-4　办公室家具布置间距

(2)办公室的平面尺寸及平面布置

办公室尺寸应根据使用要求、家具规格、布置方式、采光要求,以及结构、施工条件、面积定额、模数等因素确定。普通办公室常用开间、进深及层高尺寸如表 6-3 所示,设计绘图室常用开间、进深尺寸如表 6-4 所示。一般办公室净高不低于 2.6m,设空调的办公室可不低于 2.4m。

表 6-3　　　　　　　　　普通办公室常用开间、进深和层高尺寸　　　　　　(单位:mm)

尺寸名称	尺寸大小
开间	3000、3300、3600、6000、7200
进深	4800、5400、6000、6600
层高	3000、3300、3400、3600

表 6-4　　　　　　　　　设计绘图室常用开间、进深和层高尺寸　　　　　　(单位:mm)

尺寸名称	尺寸大小
开间	3600、3900、6000、6600、7200
进深	4800、5400、6000、6600
层高	3000、3300、3600

普通办公室布置如图 6-5 所示,开放式办公室布置如图 6-6 所示,设计绘图室布置如图 6-7 所示。

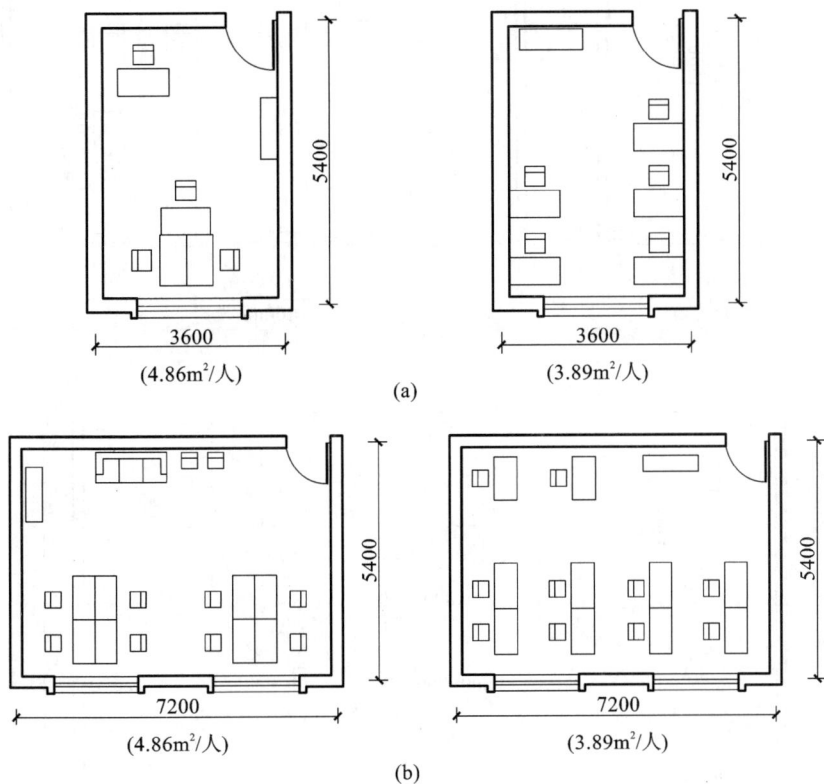

5400

3600

(4.86m²/人)

5400

3600

(3.89m²/人)

(a)

5400

7200

(4.86m²/人)

5400

7200

(3.89m²/人)

(b)

图 6-5 普通办公室布置

经理单间

经理单间

经理单间

资料室

1500

1500

1500

850

600

850

会议室

文印室

图 6-6 开放式办公室布置

(a)

(b)

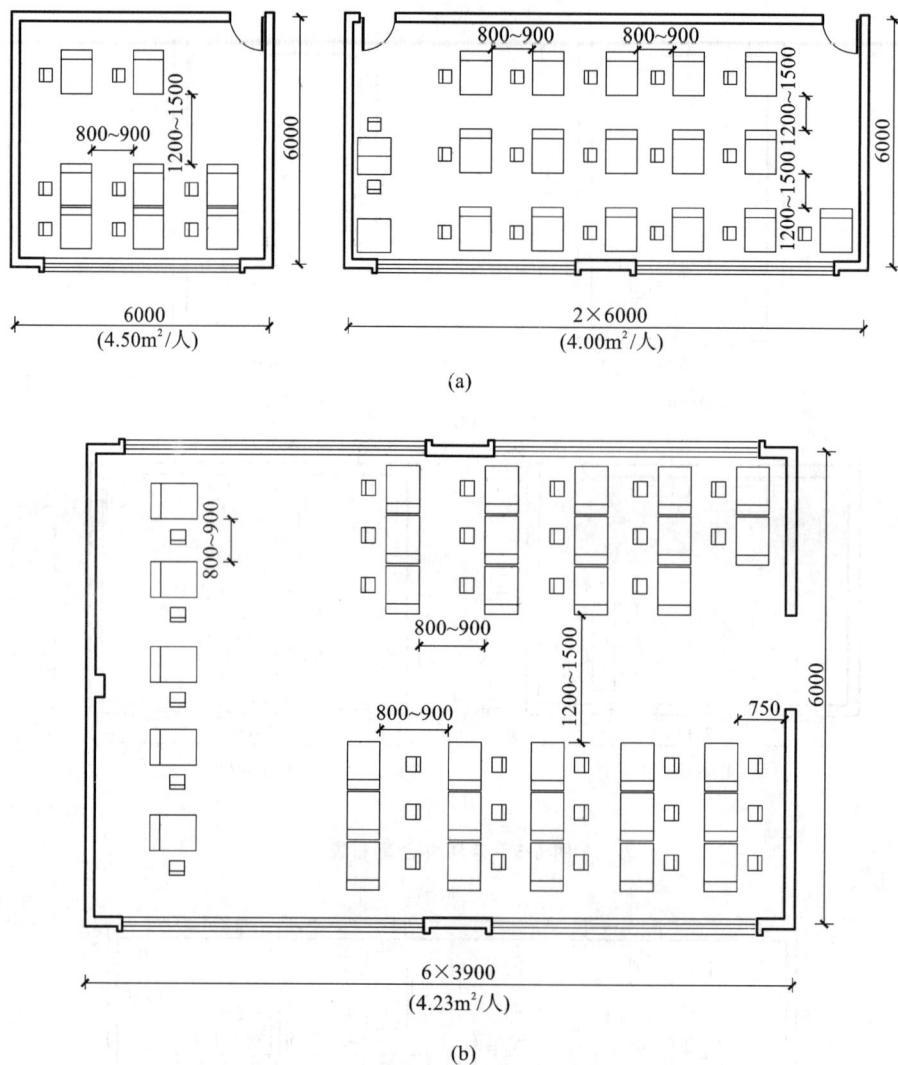

图 6-7　设计绘图室布置

6.2.2.2　公共用房的设计

办公建筑的公共用房宜包括会议室、对外办事厅、接待室、陈列室、公用厕所、开水间等。

(1)《办公建筑设计规范》(JGJ 67—2006)规定

① 会议室。

a. 根据需要可分设大、中、小会议室。

b. 中、小会议室可分散布置。小会议室使用面积宜为 30m² 左右，中会议室使用面积宜为 60m² 左右；中、小会议室每人使用面积：有会议桌的不应小于 1.80m²，无会议桌的不应小于 0.80m²。

c. 大会议室应根据使用人数和桌椅设置情况确定使用面积。平面长宽比不宜大于 2:1，宜有扩声、放映、多媒体、投影、灯光控制等设施，并应有隔声、吸声和外窗遮光措施；

大会议室所在层数、面积和安全出口的设置等应符合国家现行有关防火规范的要求。

d.会议室应根据需要设置相应的贮藏及服务空间。

② 接待室。

a.接待室应根据使用要求设置,专用接待室应靠近使用部门,行政办公建筑的群众来访接待室宜靠近主要出入口,与主体建筑分开单独设置。

b.接待室宜设置专用茶具间、洗消室、卫生间和贮藏间等。

③ 陈列室。

a.陈列室应根据需要和使用要求设置,专用陈列室应对陈列效果进行照明设计,避免阳光直射及眩光,外窗宜设避光设施。

b.陈列室可利用会议室、接待室、走道、过厅等的部分面积或墙面兼作陈列空间。

④ 公用厕所。

a.厕所距离最远的工作点不应大于50m。

b.厕所应设前室,前室内宜设置洗手盆。公用厕所的门不宜直接开向办公用房、门厅、电梯厅等主要公共空间。

c.厕所应有天然采光和不向邻室对流的直接自然通风,条件不许可时,应设机械排风装置。

d.卫生洁具数量应符合《城市公共厕所设计标准》(CJJ 14—2005)的规定(表6-5)。

(a)每间厕所大便器三具以上者,其中一具宜设坐式大便器。

(b)设有大会议室(厅)的楼层应相应增加厕位。

表6-5 **办公、商场、工厂和其他公用建筑为职工配置的卫生设施**

适合任何种类职工使用的卫生设施		
人数/人	大便器数量	洗手盆数量
1～5	1	1
6～25	2	2
26～50	3	3
51～75	4	4
76～100	5	5
>100	增建卫生间的数量或按每25人的比例增加设施	

其中男职工的卫生设施		
男性人数/人	大便器数量	小便器数量
1～15	1	1
16～30	2	1
31～45	2	2
46～60	3	2
61～75	3	3

其中男职工的卫生设施		
男性人数/人	大便器数量	小便器数量
76~90	4	3
91~100	4	4
>100	增建卫生间的数量或按每 50 人的比例增加设施	

注:1.50 人以下每 10 人配 1 个洗手盆,50 人以上每增加 20 人增配 1 个洗手盆。

2.男女性别的厕所必须各设 1 个。

3.无障碍厕所应符合《城市公共厕所设计标准》(CJJ 14—2005)第 7 章的规定。

4.该表卫生设施的配置适合任何类职工使用。

5.该表如考虑外部人员使用,应按多少人可用一次的概率来计算。

⑤ 开水间。

a. 开水间应根据办公建筑层数和当地饮水习惯分层或分区设置开水间。

b. 开水间宜直接采光和通风,条件不许可时应设机械排风装置。

c. 开水间内应设置洗涤池和地漏,并宜设洗涤、消毒茶具和倒茶渣的设施。

(2)公共房间的平面尺寸及平面布置

① 会议室。

会议室家具布置间距及会议室布置分别如图 6-8、图 6-9 所示。

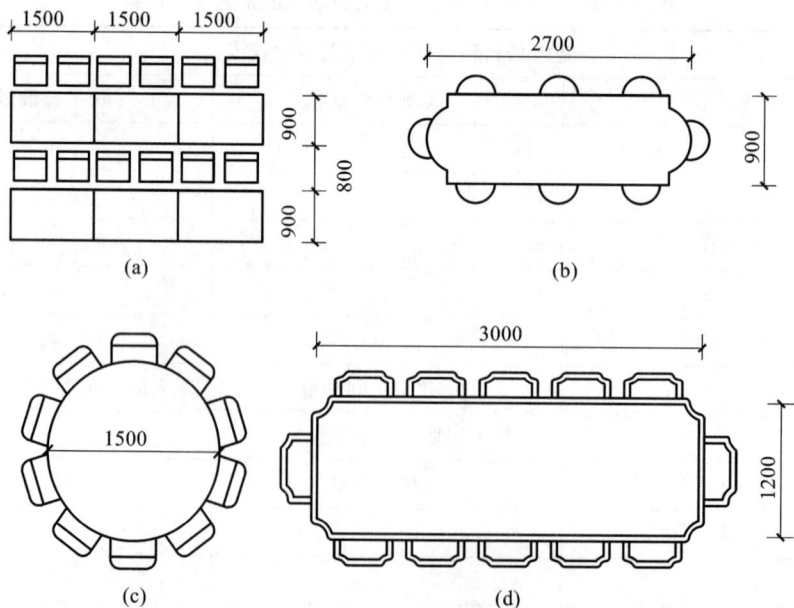

图 6-8 会议室家具布置间距

② 卫生间。

卫生间布置如图 6-10~图 6-12 所示。

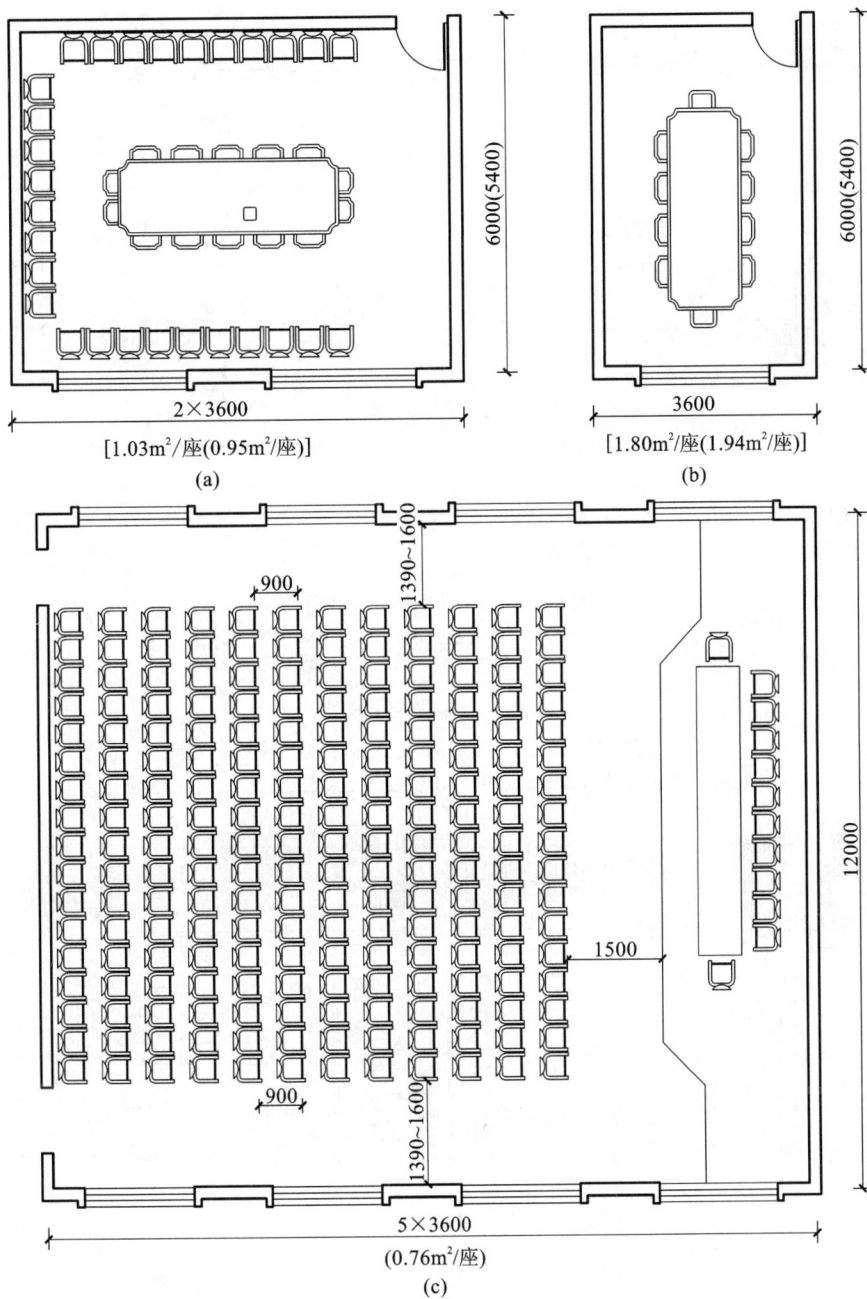

图 6-9 会议室布置

（a）中会议室布置；（b）小会议室布置；（c）大会议室布置

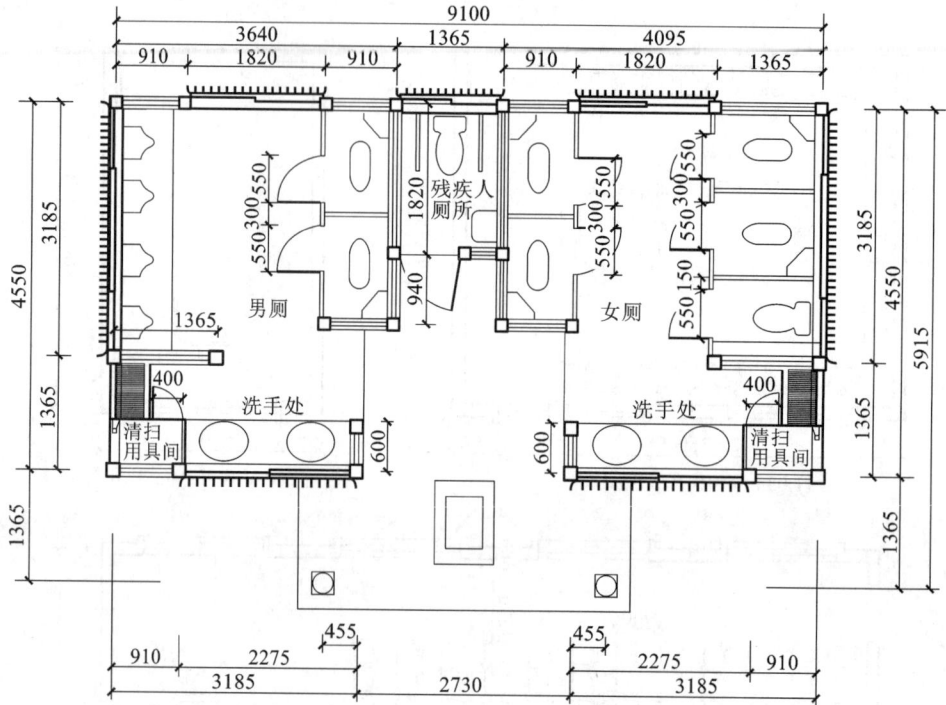

图 6-10　卫生间布置示例一

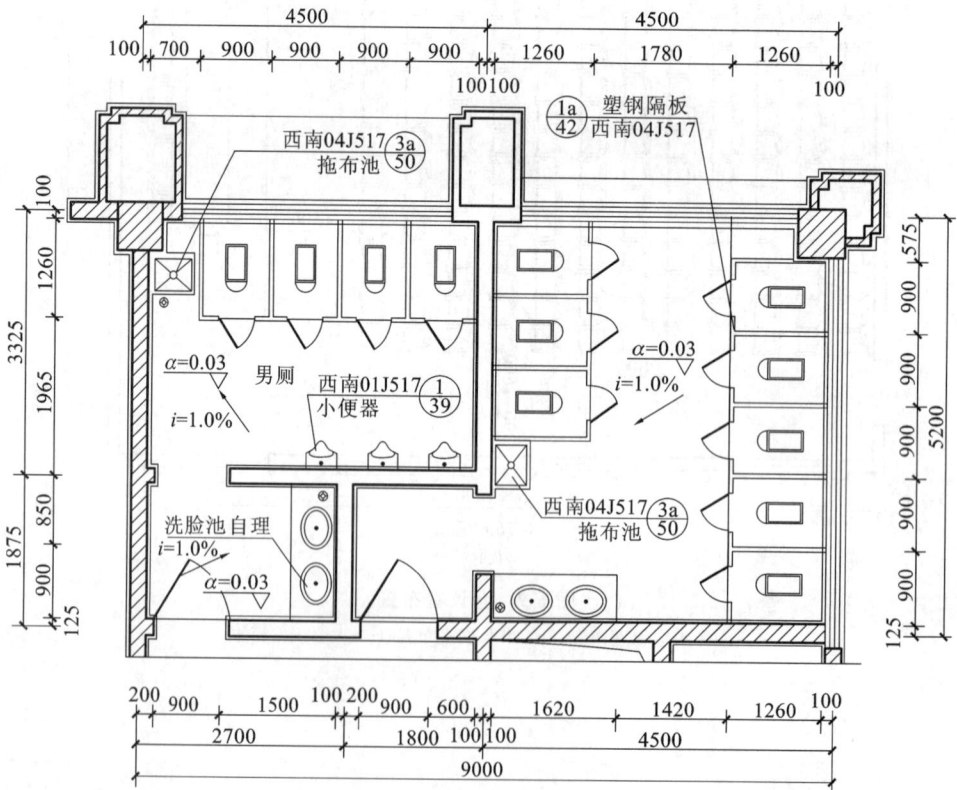

图 6-11　卫生间布置示例二

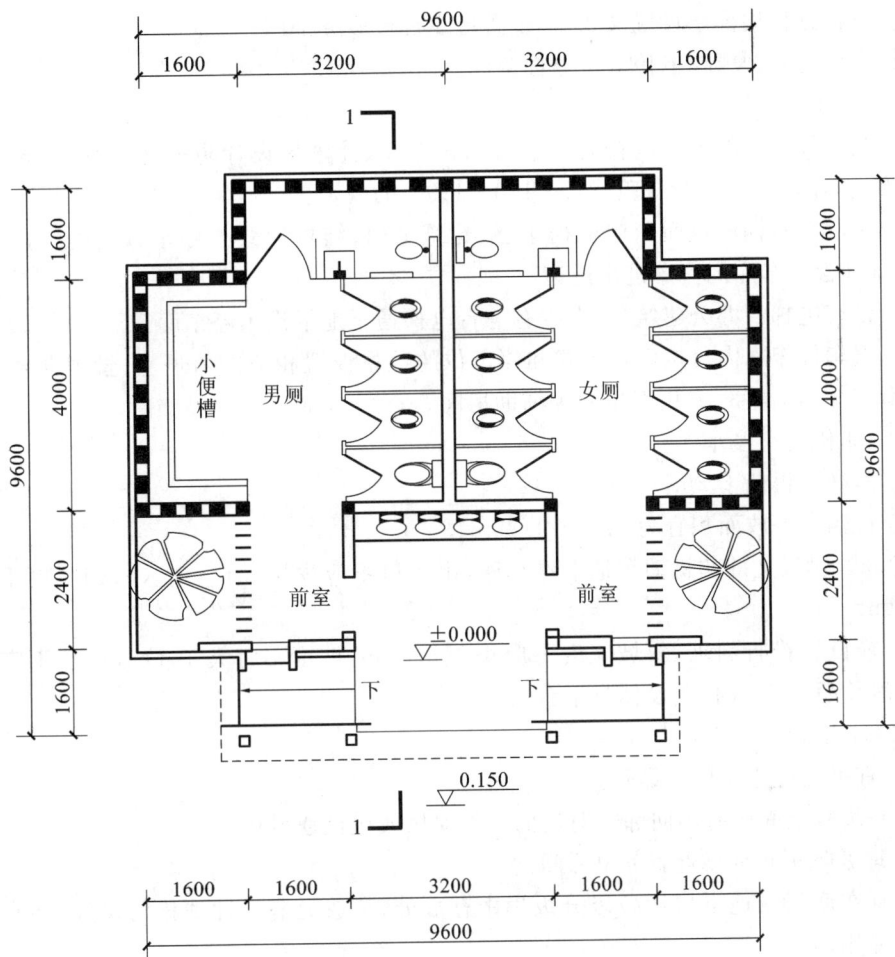

图 6-12 卫生间布置示例三

6.2.2.3 服务用房的设计

服务用房应包括一般性服务用房和技术性服务用房。一般性服务用房为档案室、资料室、图书阅览室、文秘室、汽车停车库、非机动车停车库、员工餐厅、卫生管理设施间等。技术性服务用房为电话总机房、计算机房、晒图室等。《办公建筑设计规范》(JGJ 67—2006)对服务用房设计的相关规定如下。

(1) 档案室、资料室、图书阅览室

① 可根据规模大小和工作需要分设若干不同用途的房间,如库房、管理间、查阅间或阅览间等。

② 档案室、资料库和书库应采取防火、防潮、防尘、防蛀、防紫外线等措施。地面应用不起尘、易清洁的面层,并设机械排风装置。

③ 档案室、资料查阅间和图书阅览室应光线充足、通风良好,避免阳光直射及眩光。

（2）文秘室

① 应根据使用要求设置文秘室,位置应靠近被服务部门。

② 应设打字、复印、电传等服务性空间。

（3）汽车停车库

① 汽车停车库的设计应符合《汽车库、修车库、停车场设计防火规范》(GB 50067—1997)和《汽车库建筑设计规范》(JGJ 100—1998)的规定。

② 小汽车每辆停放面积应根据车型、建筑平面、结构形式与停车方式确定,一般为 $25\sim30m^2$(含停车库内汽车进出通道)。

③ 设有电梯的办公建筑,应至少有一台电梯通至地下汽车停车库。

④ 汽车停车库内可按管理方式和停车位的数量设置相应的值班室、管理办公室、控制室、休息室、贮藏室、专用卫生间等辅助房间。

（4）非机动车停车库

① 净高不得低于 2m。

② 每辆车停放面积宜为 $1.50\sim1.80m^2$。

③ 300 辆以上的非机动车地下停车库,出入口不应少于 2 个,出入口的宽度不应小于 2.50m。

④ 应设置推行斜坡,斜坡宽度不应小于 0.30m,坡度不宜大于 1:5,坡长不宜超过 6m;当坡长超过 6m 时,应设休息平台。

（5）卫生管理设施间

① 宜每层设置垃圾收集间。

a.垃圾收集间应有不向邻室对流的自然通风或机械通风措施。

b.垃圾收集间宜靠近服务电梯间。

c.宜在底层或地下层设垃圾分级集中存放处,存放处应设冲洗排污设施,并有运出垃圾的专用通道。

② 每层宜设清洁间,内设清扫工具存放空间和洗涤池,位置应靠近厕所间。

（6）技术性服务用房

① 电话总机房、计算机房、晒图室应根据选用机型和工艺要求进行建筑平面和相应的室内空间环境设计。

② 计算机网络终端、小型文字处理机、台式复印机以及碎纸机等办公自动化设施可设置在办公室内。

③ 供设计部门使用的晒图室,宜由收发间、裁纸间、晒图机房、装订间、底图库、晒图纸库、废纸库等组成。晒图室宜布置在底层,采用氨气熏图的晒图机房应设独立的废气排出装置和处理设施。底图库设计应采取防火、防潮、防尘、防蛀、防紫外线等措施。地面应采用不起尘、易清洁的面层,并设机械排风装置。

（7）设备用房

办公建筑的设备用房包括动力机房,变配电所,强、弱电机房,锅炉房等。

① 设备用房应留有能满足最大设备安装、检修的进出口;设备用房、设备层的层高和垂直运输交通应满足设备安装与维修的要求;产生噪声或振动的设备机房应采取消声、

隔声和减振等措施,并不宜毗邻办公用房和会议室,也不宜布置在办公用房和会议室的正上方。

② 动力机房宜靠近负荷中心设置,电子信息机房宜设置在低层部位。

③ 办公建筑中的变配电所应避免与有酸、碱、粉尘、蒸汽、积水、噪声严重的场所毗邻,并不应直接设在有爆炸危险环境的正上方或正下方,也不应直接设在厕所、浴室等经常积水场所的正下方。

④ 高层办公建筑每层应设强电间,其使用面积不应小于 $4m^2$,强电间应与电缆竖井毗邻或合一设置。

⑤ 高层办公建筑每层应设弱电交接间,其使用面积不应小于 $5m^2$。弱电交接间应与弱电井毗邻或合一设置。

⑥ 办公建筑中的锅炉房必须采取有效措施,减少废气、废水、废渣和有害气体及噪声对环境的影响。

6.2.3 办公楼的空间组合设计

办公楼内各种房间的具体位置、层次,应根据使用要求和具体条件确定。一般应将对外联系多的部门布置在主要出入口附近。机要部门应相对集中,与其他部门适当分隔。其他部门按工作性质和相互关系分区布置。

6.2.3.1 办公室布局方式

(1)单间办公室

在走廊的一面或两面布置房间,沿房间的周边设置服务设施。这些房间以自然采光为主,辅以人工照明,房间的大小有所变化,但容纳人数较少,如图 6-13 所示。

(2)成组式办公室

成组式办公室适用于容纳 20 名以下工作人员的中等办公室。为利于布置家具,房间进深需略大一些,如图 6-14、图 6-15 所示。

(3)开放式办公室

开放式布局是一种大进深空间的布置方法,家具位置可按几何形状布置,如图 6-16、图 6-17 所示。

(4)景观办公室

景观办公室具有随机设计的性质,由人工控制环境,工作位置的设计反映了组织方式的结构和工作方法。屏风、植物、家具均可用于划分活动路线,确定边界,并区别工作小组,如图 6-18 所示。

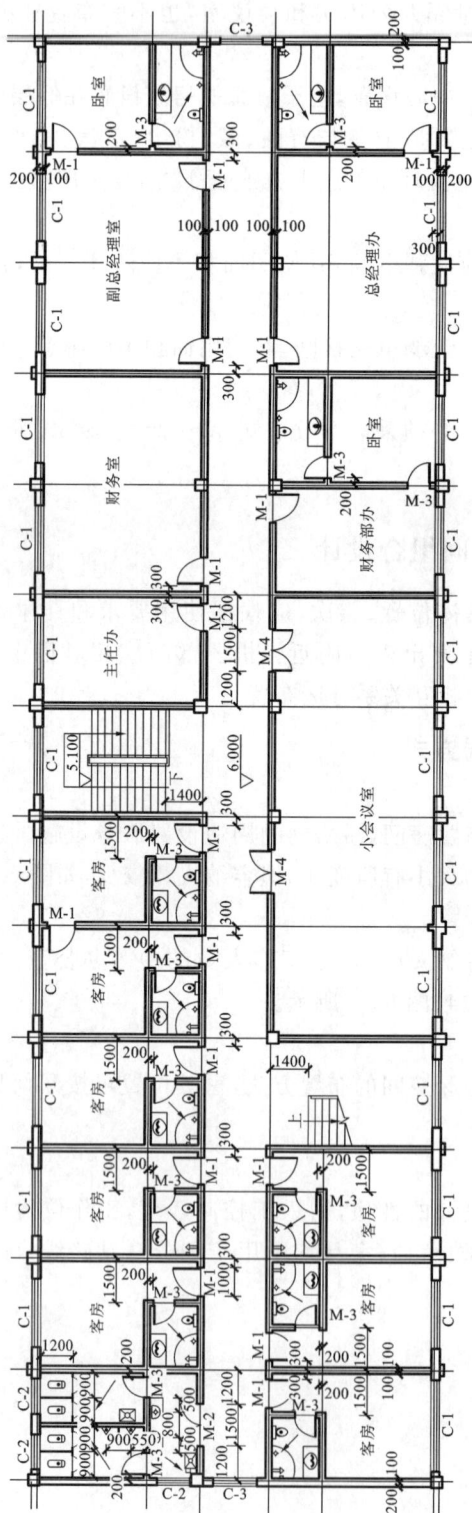

图 6-13 单间办公室平面布置图

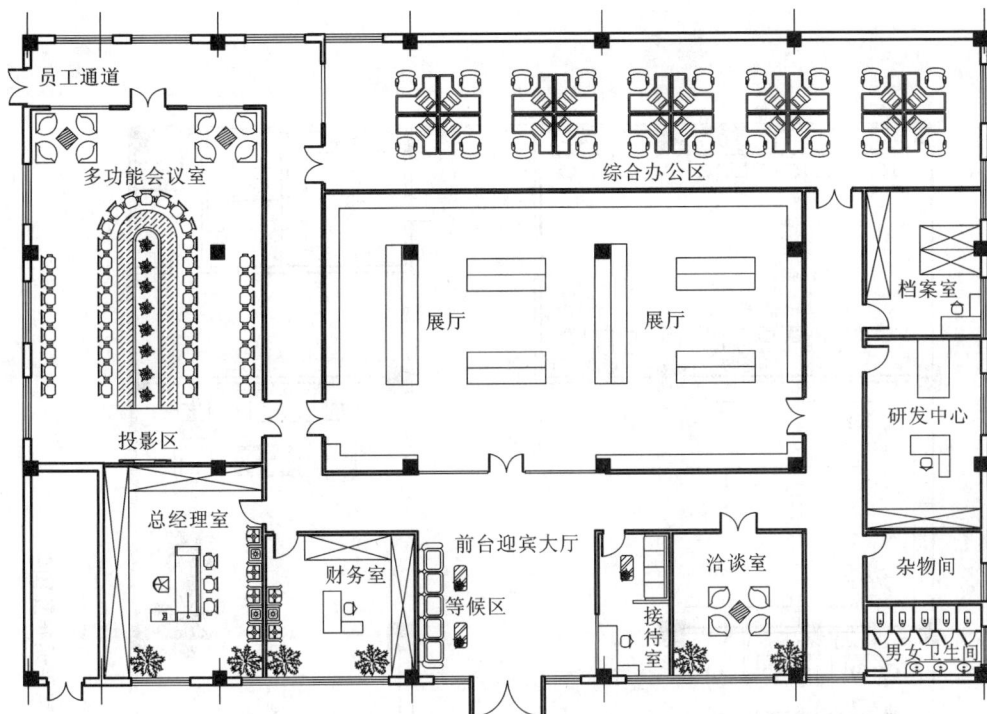

(a)

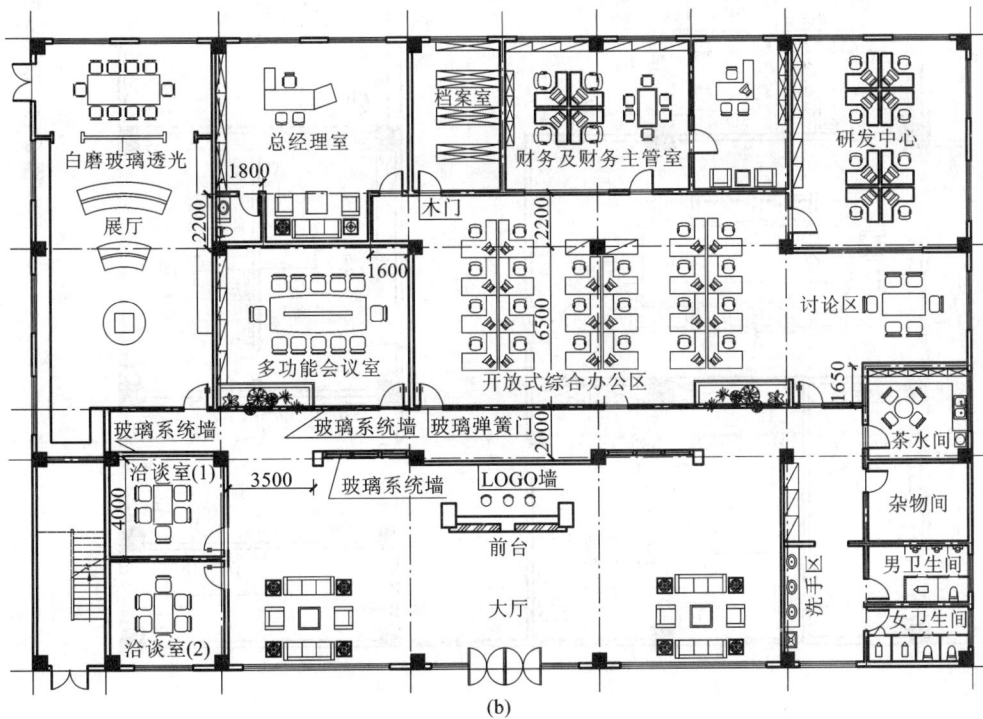

(b)

图6-14 成组式办公室平面布置图一

研发室

走廊

储藏室

展厅

C-3

C-1

前台接待区

多功能办公大厅

C-1

打印区

C-4

C-4

会议室

走廊

档案室

财务室

C-1

C-4

总经理休息室

总经理办公室

洽谈室

C-3

C-4

C-4

C-4

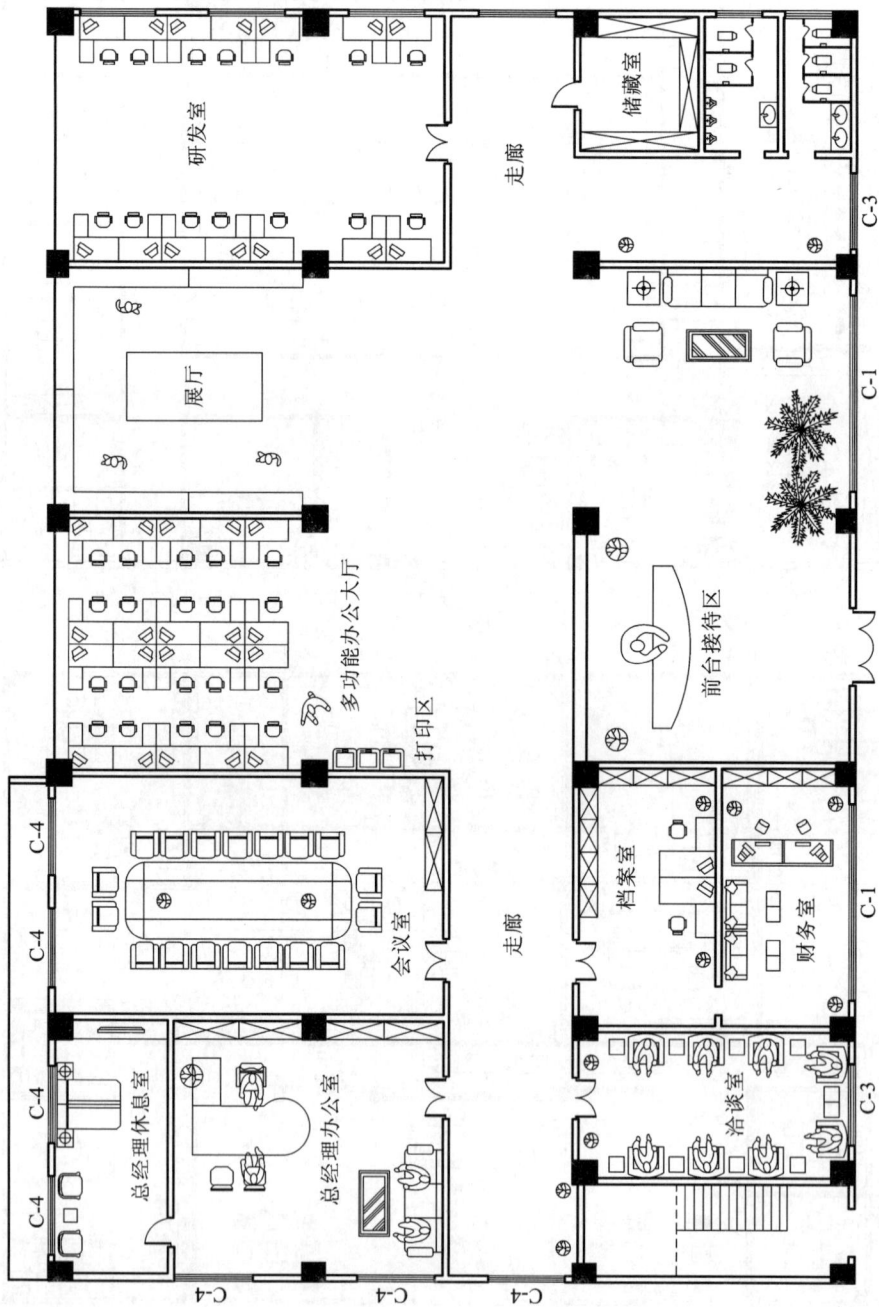

图 6-15 成组式办公室平面布置图二

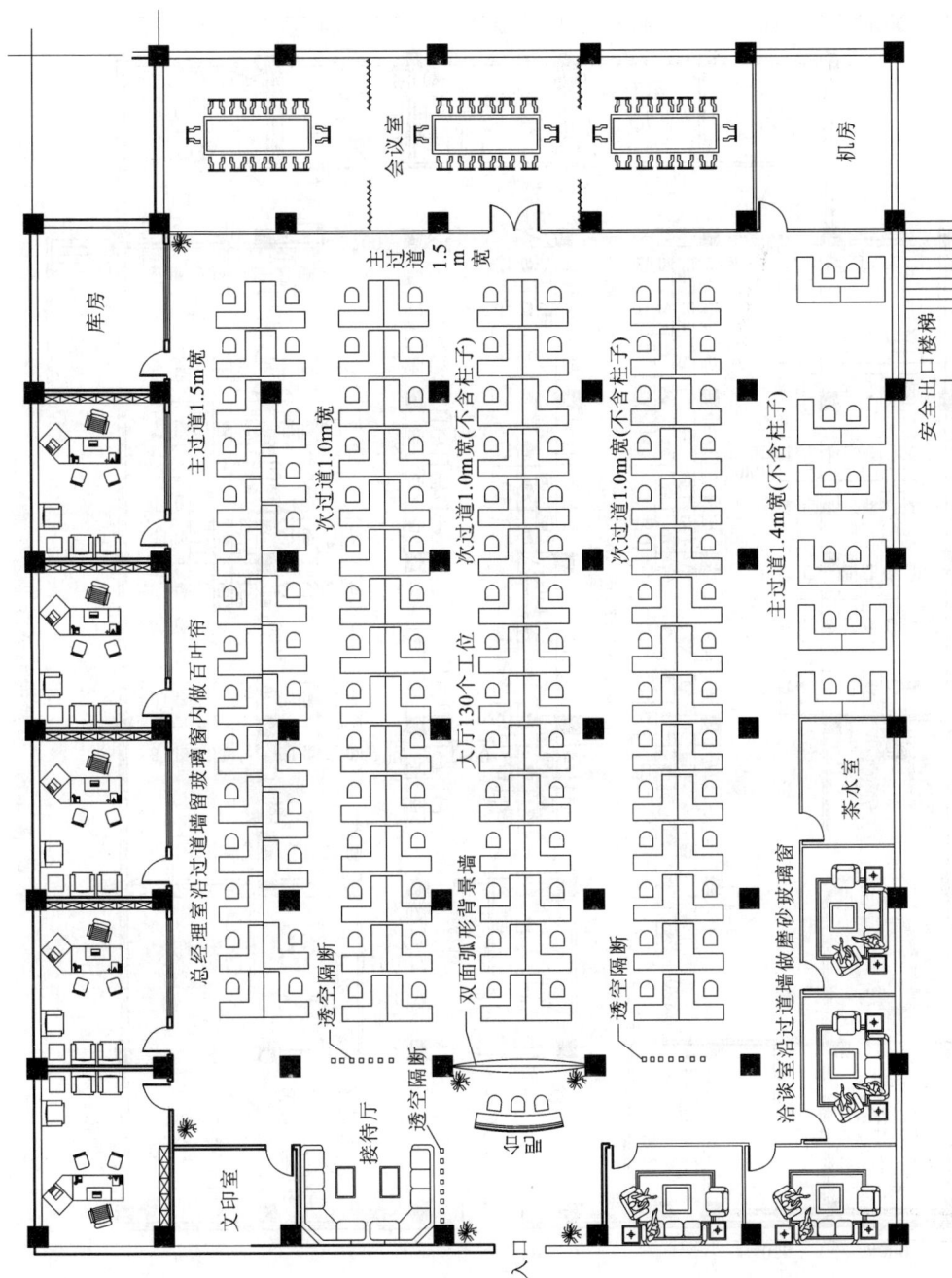

图 6-16 开放式办公室平面布置图一

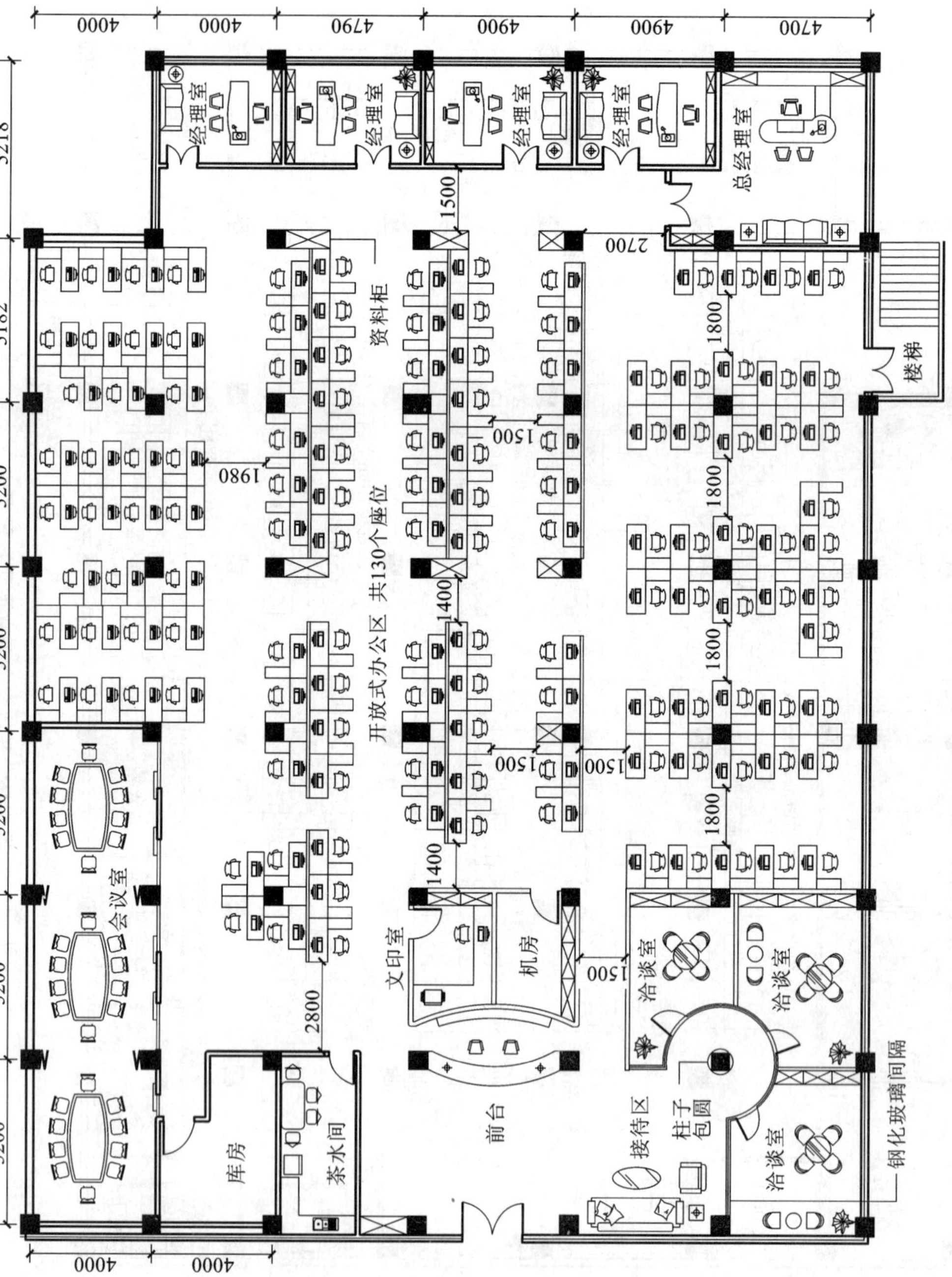

图 6-17 开放式办公室平面布置图二

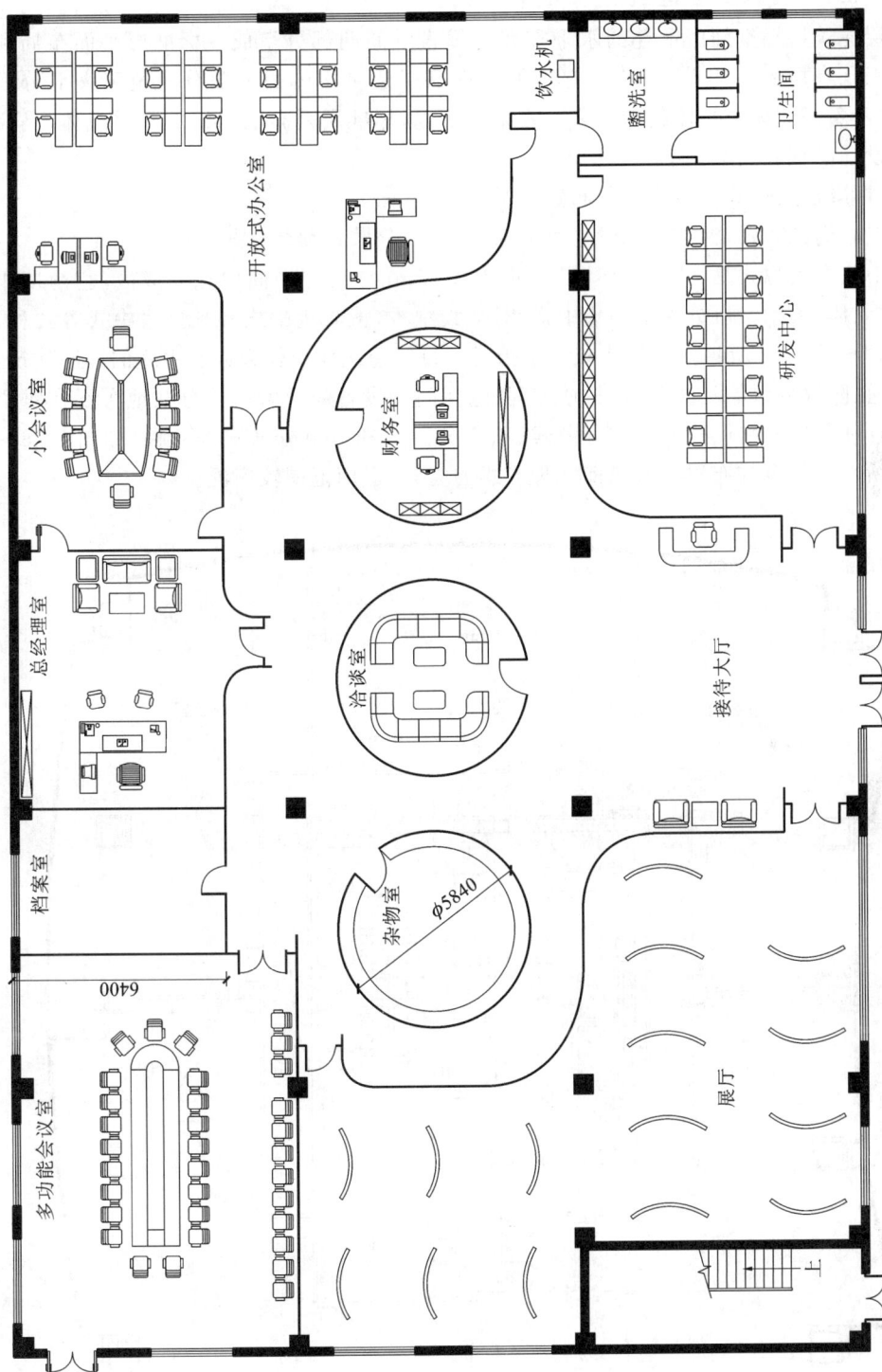

图6-18 景观办公室平面布置图

开放式办公室

饮水机

盥洗室

卫生间

小会议室

财务室

研发中心

总经理室

洽谈室

接待大厅

档案室

6400

杂物室 Φ5840

多功能会议室

展厅

上

6.2.3.2 高层办公建筑的平面组合形式

高层建筑塔楼空间由重叠的水平空间与垂直空间两部分组成。标准层平面布局和空间组织是高层建筑的设计重点,它不但占有高层建筑主体的大部分乃至绝大部分面积,还决定着高层建筑形体的造型艺术效果。所以,标准层是高层建筑的本质载体,是高层建筑设计的核心问题。

(1)标准层的形式按核心筒的布置分类

按核心筒的布置,标准层的形式可分为集中式、分散式和综合式三种。

集中式布置方式是将"核心体"部分集中起来,在标准层平面中独立成区,它与使用部分的"壳体"关系又可分为中心集中式、对称集中式、偏心集中式和独立集中式等几种,如图 6-19～图 6-22 所示。分散式布置是指对于每层建筑面积较大或有中庭的高层建筑,结合交通、防火分区的具体要求,将楼梯间、电梯间和设备间及管井等分散地布置在每个分区的合理位置。它可分为对称分散式、独立分散式和自由分散式等几种,如图 6-23～图 6-25所示。综合式布置方式是前几种方式的组合,适用范围较广泛。

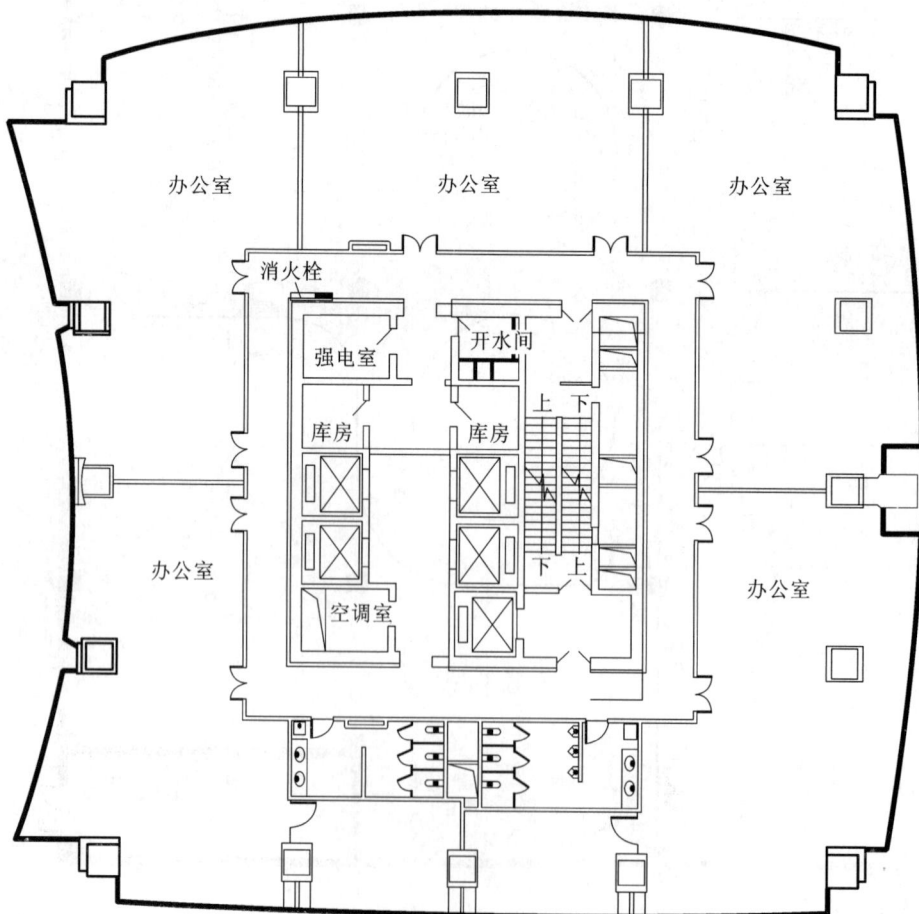

图 6-19 独立集中式一

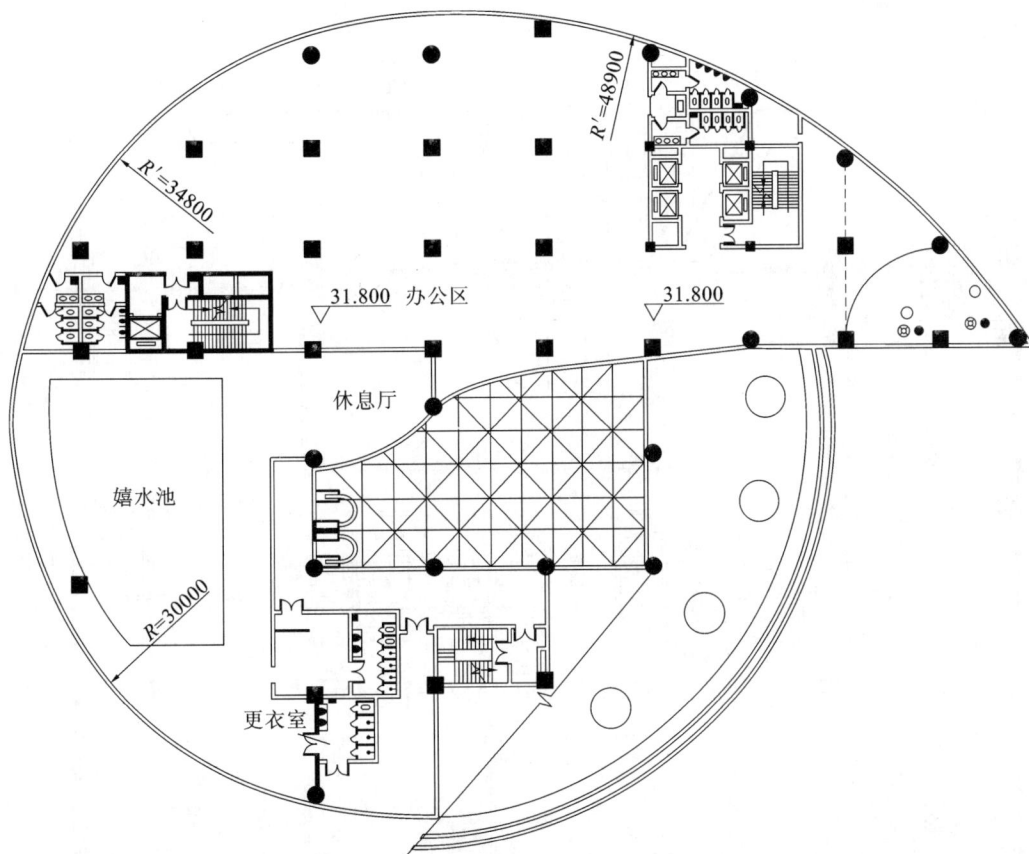

图 6-20 偏心集中式

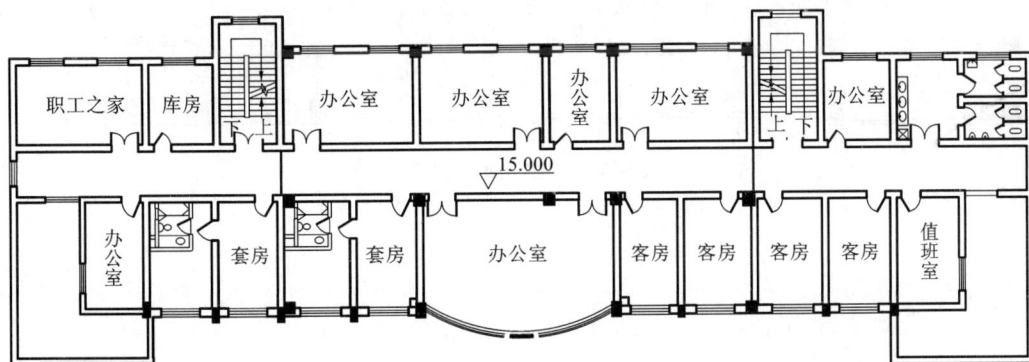

图 6-21 对称中心式

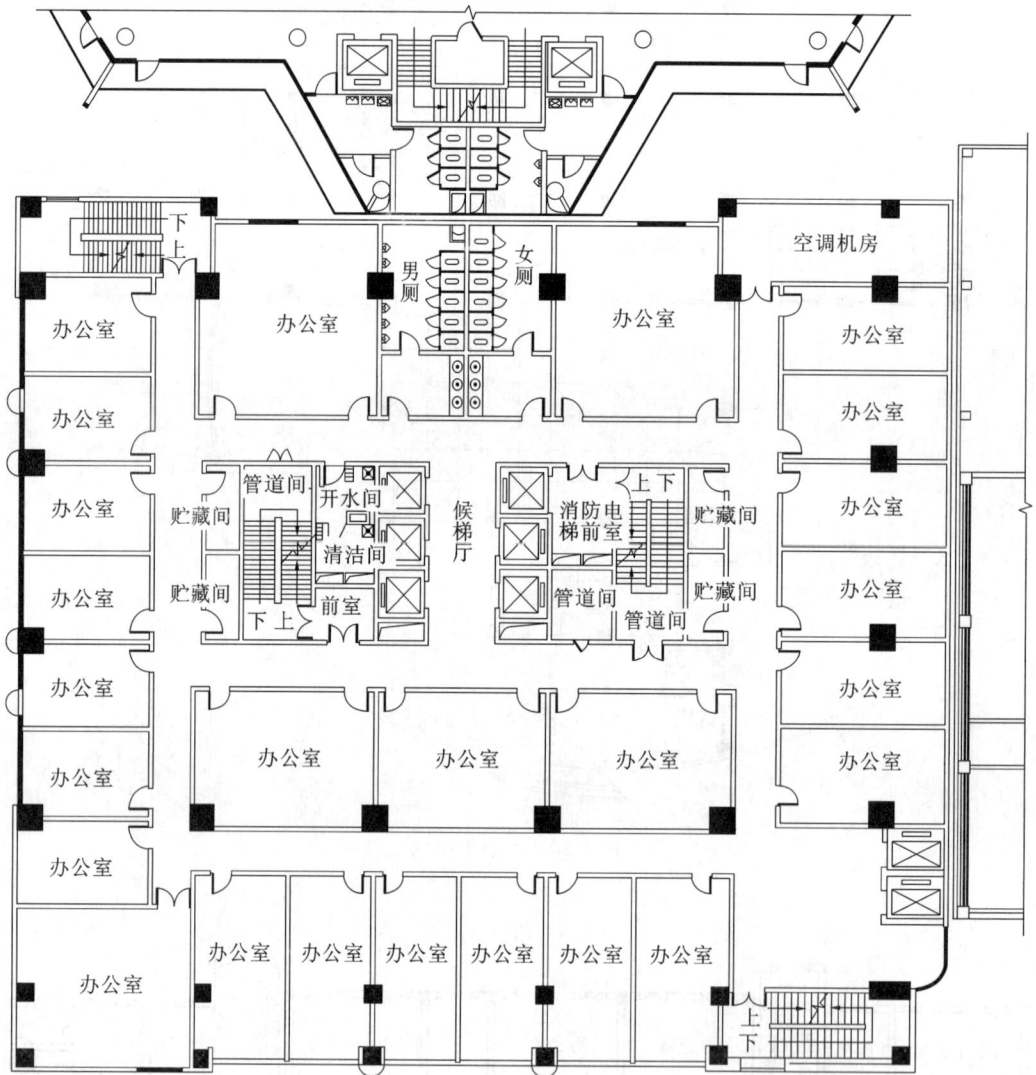

图 6-22　独立集中式二

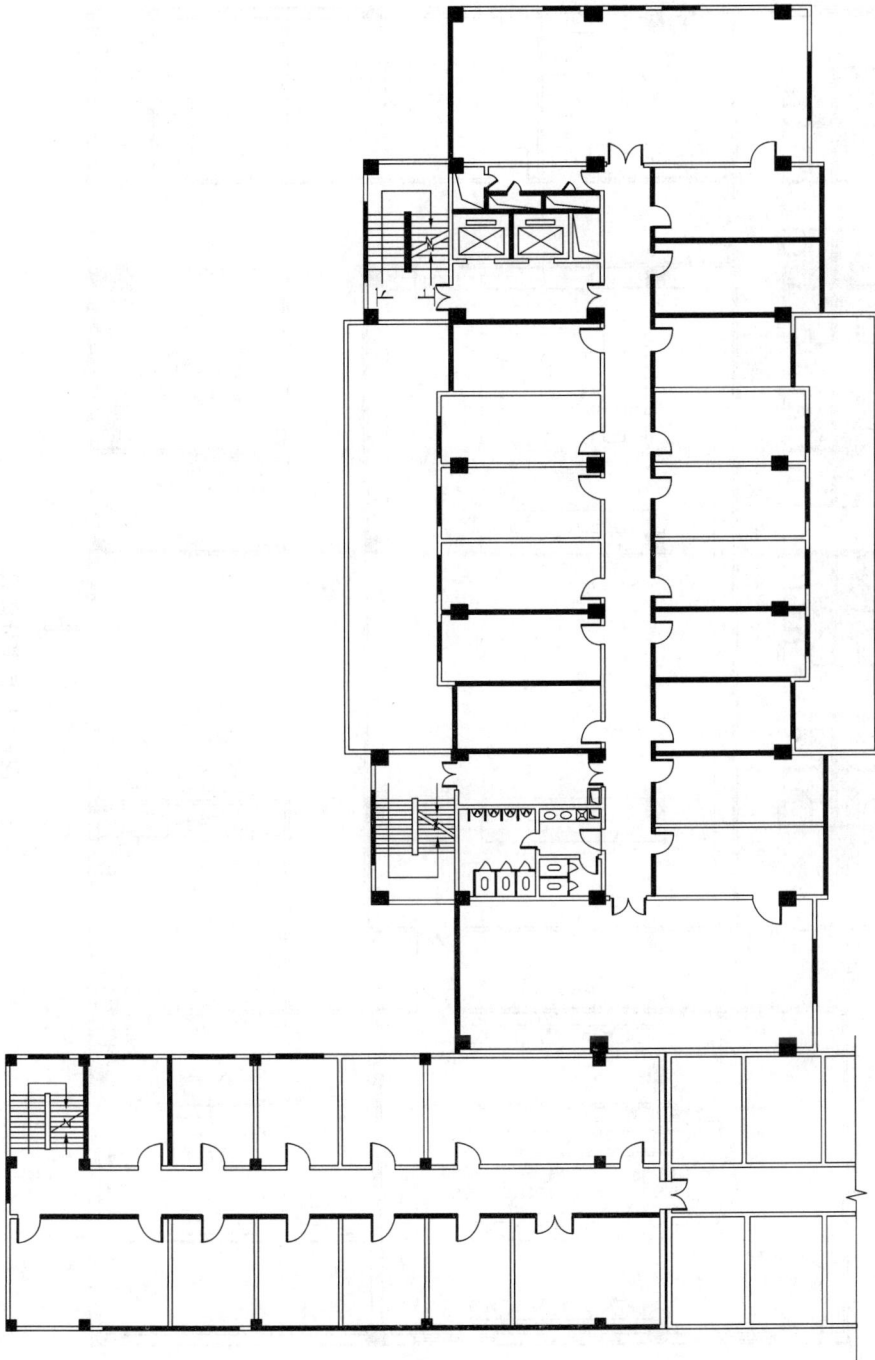

图 6-23 对称分散式

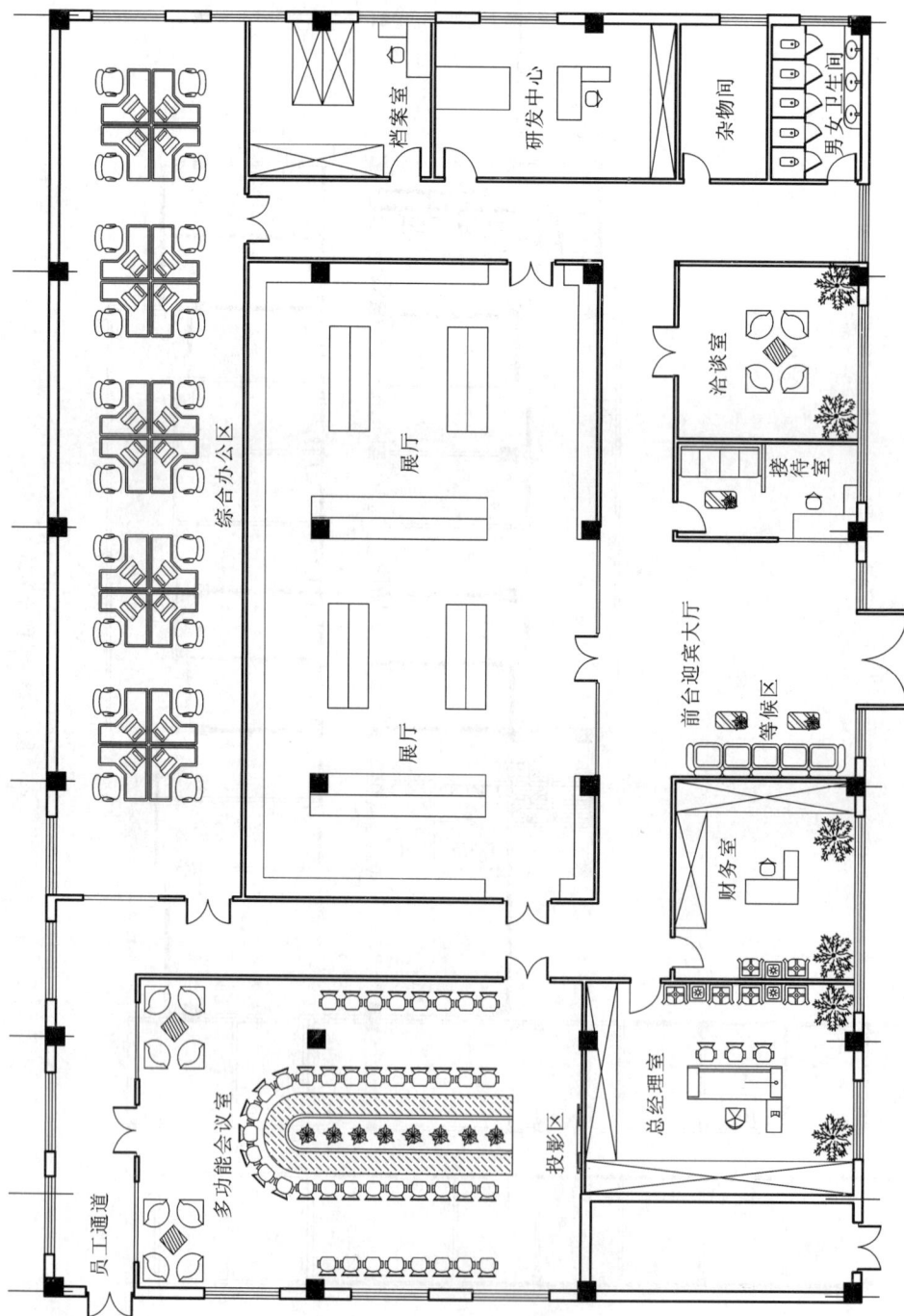

图 6-24 自由分散式

综合办公区

档案室

研发中心

杂物间

男女卫生间

展厅

展厅

洽谈室

接待室

前台迎宾大厅

等候区

财务室

员工通道

多功能会议室

投影区

总经理室

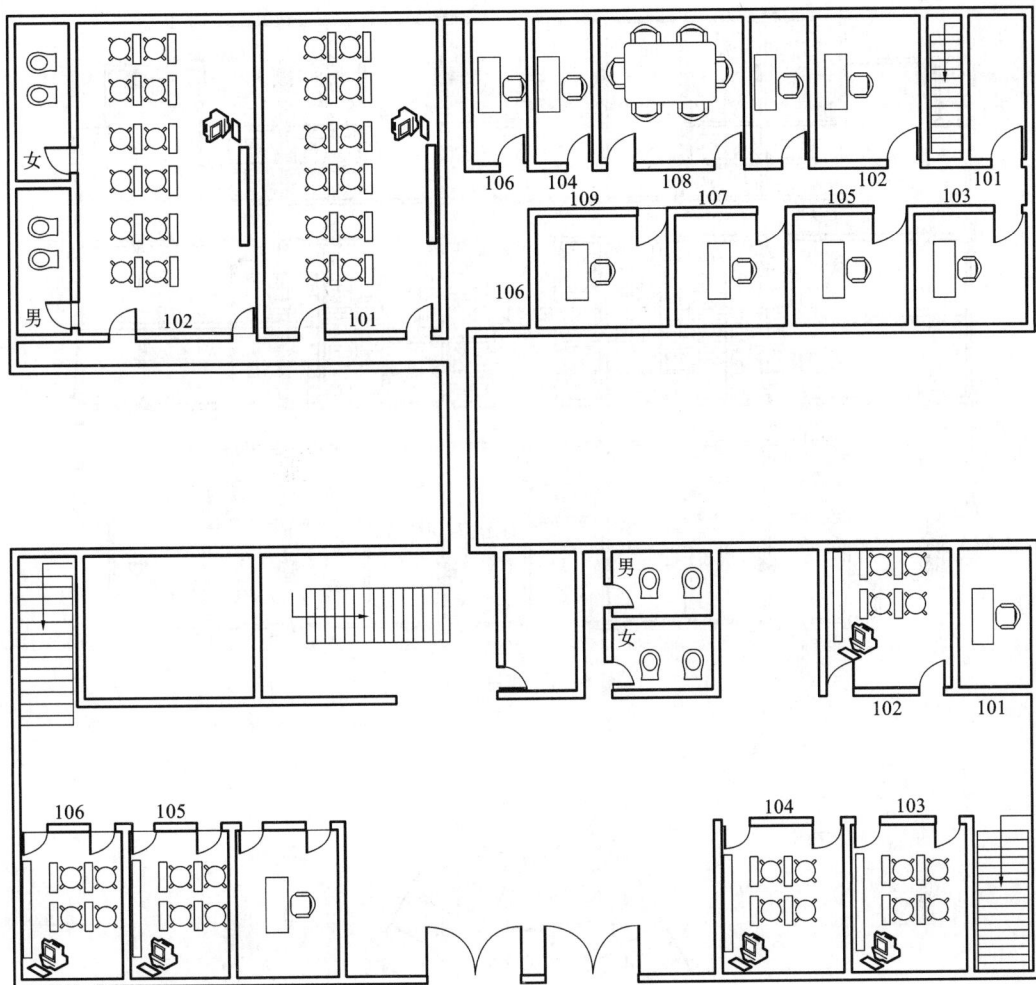

图 6-25　独立分散式

（2）标准层的形式按平面形状分类

按平面形状，标准层可分为塔型平面、板型平面、交叉型平面三种形式。

塔型平面有方形或矩形平面、三角形平面之分，它节约用地，平面利用率高，各方向刚度接近（图 6-26、图 6-27）。板型平面是指标准层的总轴向尺寸比横轴向尺寸大得多的平面形式，适宜于狭长地带，有平板型平面和弧板型平面之分（图 6-28）。交叉型平面介于板型平面和塔型平面之间。它有了更多的靠窗位置，且在任何一平面上形成分区明确的自然单元，有 Y 字形平面和十字形平面（图 6-29）。

6.2.3.3　公用部分布置形式

公用部分包括门厅、过厅、楼梯、电梯、卫生间、开水间等。门厅一般可设传达室、收发室、会客室，根据使用要求也可设门廊、警卫室、衣帽间、电话间等；门厅应与楼梯、过厅、电梯间邻近；严寒和寒冷地区的门厅，应设门斗等防寒措施；门厅的大小应根据办公楼的性质、规模而定，小型办公楼可不设门厅。

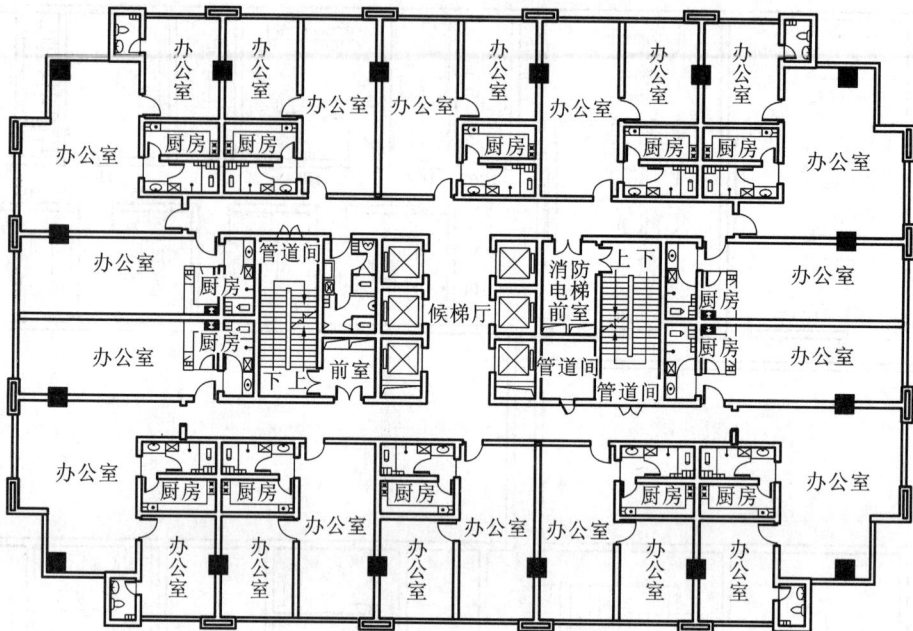

图 6-26 矩形平面

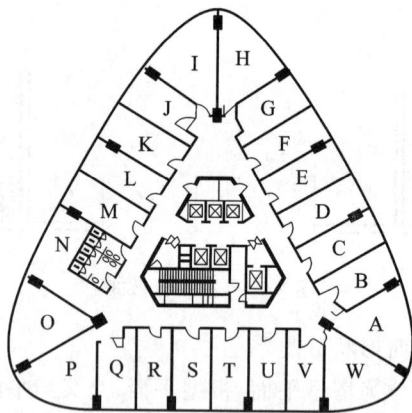

图 6-27 三角形平面

公用部分可布置在办公楼中心、一侧、一端、两端,贯穿办公楼中部或独立于办公楼处。

6.2.3.4 办公楼的通风、采光、隔声

办公室应有与室外空气直接对流的窗户、洞口,当有困难时,应设置机械通风设施。采用自然通风的办公室,其通风开口面积不应小于房间地板面积的1/20。设有全空调的办公建筑宜设吸烟室,吸烟室应有良好的通风换气设施。

办公室、会议室的采光标准可采用采光系数、窗地面积比进行估算,其比值应符合表 6-6、表 6-7 的规定。

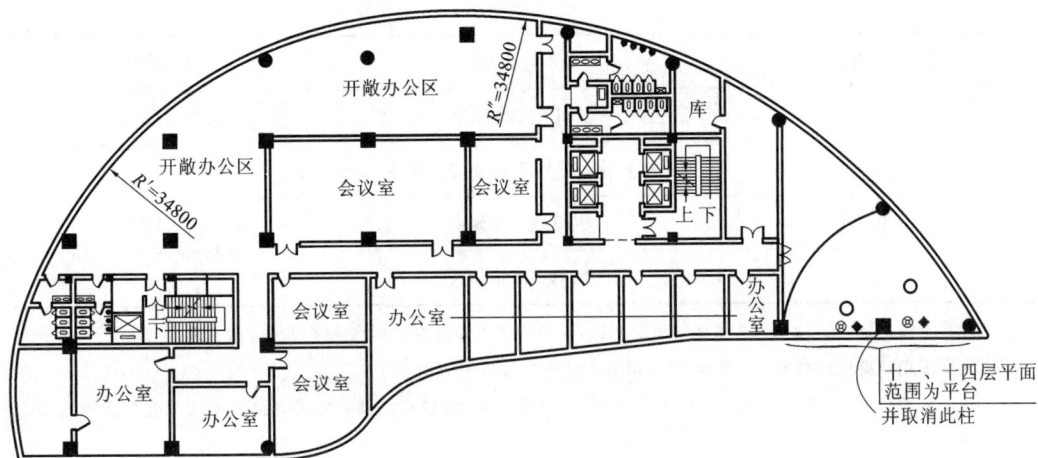

图 6-28 弧板型平面

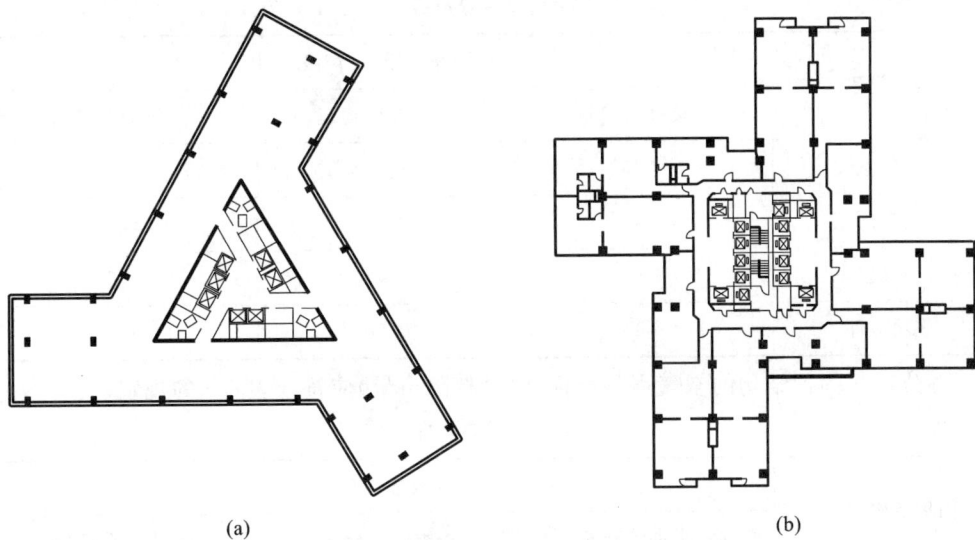

(a)

(b)

图 6-29 交叉型平面

(a)Y 字形平面;(b)十字形平面

表 6-6 办公建筑的采光系数最低值

采光等级	房间类别	侧面采光	
		采光系数最低值 C_{min} / %	室内天然光临界照度/lx
Ⅱ级	设计室、绘图室	3	150
Ⅲ级	办公室、视频工作室、会议室	2	100
Ⅳ级	复印室、档案室	1	50
Ⅴ级	走道、楼梯间、卫生间	0.5	25

表 6-7　　　　　　　　　　　　　　　　窗地面积比

采光等级	房间类别	侧面采光
Ⅱ级	设计室、绘图室	1/3.5
Ⅲ级	办公室、视频工作室、会议室	1/5
Ⅳ级	复印室、档案室	1/7
Ⅴ级	走道、楼梯间、卫生间	1/12

注:1. 计算条件:Ⅲ类光气候区;普通玻璃单层铝窗;其他条件下的窗地面积比应乘以相应的系数。

　　2. 侧窗采光口离地面高度在 0.80m 以下部分不计入有效采光面积。

　　3. 侧窗采光口上部有宽度超过 1m 以上的外廊、阳台等外部遮挡物时,其有效采光面积可按采光口面积的 70% 计算。

办公建筑主要房间室内允许噪声级应符合表 6-8 的规定。

表 6-8　　　　　　　　　　　　　　室内允许噪声级

房间类别	允许噪声级（A 声级）/dB		
	一类办公建筑	二类办公建筑	三类办公建筑
办公室	≤45	≤50	≤55
设计制图室	≤45	≤50	≤50
会议室	≤40	≤45	≤50
多功能厅	≤45	≤50	≤50

办公建筑围护结构的空气声隔声标准(计权隔声量)应符合表 6-9 的规定。

表 6-9　　　　　　　　　　　　　　空气声隔声标准

围护结构部位	计权隔声量/dB		
	一类办公建筑	二类办公建筑	三类办公建筑
办公用房隔墙	≥45	≥40	≥35

对噪声控制要求较高的办公建筑应对附着于墙体和楼板的传声源部件采取防止结构声传播的措施。

6.2.4　办公楼的立面设计和剖面设计

办公楼的立面设计的体型、色彩和细部处理要求与住宅楼相似。就体型而言,办公楼不宜太瘦,否则对结构的抗风、抗震控制不利。

办公楼的剖面设计在满足净高要求的基础上,应符合层高的取值规定。其应重点考虑下列因素:① 平面尺寸和室内空间感;② 自然采光及窗口大小要求;③ 空调方式;④ 排烟方式;⑤ 照明方式;⑥ 消防喷洒方式。

6.2.5　办公楼的防火设计

办公建筑的防火设计应执行《办公建筑设计规范》(JGJ 67—2006)、《建筑设计防火规范》(GB 50016—2006)、《高层民用建筑设计防火规范(2005 年版)》(GB 50045—1995)等有关规定。

①　办公建筑的开放式、半开放式办公室,其室内任何一点至最近的安全出口的直线距离不应超过 30m。

②　综合楼内的办公部分的疏散出入口不应与同一楼内对外的商场、营业厅、娱乐场所、餐饮厅等人员密集场所的疏散出入口共用。

③　超高层办公建筑的避难层(区)、屋顶直升机停机坪等设置应执行国家和专业部门的有关规定。

④　机要室、档案室和重要库房等隔墙的耐火极限不应小于 2h,楼板不应小于 1.5h,并应采用甲级防火门。

6.2.6　办公楼构造要求

6.2.6.1　办公楼的净高

办公建筑设计应依据使用要求分类,并应符合表 6-10 的规定。

表 6-10　　　　　　　　　　　　　办公建筑分类

类别	示例	设计使用年限/年	耐火等级
一类	特别重要的办公建筑	100 或 50	一级
二类	重要办公建筑	50	不低于二级
三类	普通办公建筑	25 或 50	不低于二级

根据办公建筑分类,办公室的净高应满足:一类办公建筑不应低于 2.70m,二类办公建筑不应低于 2.60m,三类办公建筑不应低于 2.50m。办公建筑的走道净高不应低于 2.20m,贮藏间净高不应低于 2.00m。

6.2.6.2　楼梯与电梯

办公楼楼梯设计应符合防火规范规定。5 层及 5 层以上办公建筑应设电梯。电梯数量应满足使用要求,按办公建筑面积每 5000m² 至少设置 1 台确定。超高层办公建筑的乘客电梯应分层分区停靠。

6.2.6.3　走道

办公建筑的走道应符合下列要求。

①　宽度应满足防火疏散要求,最小净宽应符合表 6-11 的规定。

②　高差不足两级踏步时,不应设置台阶,而应设坡道,其坡度不宜大于 1:8。

表 6-11　　　　　　　　　　　　走道最小净宽　　　　　　　　　　　（单位：m）

走道长度	单面布房走道净宽	双面布房走道净宽
≤40	1.30	1.50
>40	1.50	1.80

注：高层内筒结构的回廊式走道净宽最小值同单面布房走道。

6.2.6.4　门窗

（1）办公建筑窗的要求

① 底层及半地下室外窗宜采取安全防范措施。

② 高层及超高层办公建筑采用玻璃幕墙时应设清洁设施，并必须有可开启部分，或设通风换气装置。

③ 外窗不宜过大，可开启面积不应小于窗面积的 30%，并应有良好的气密性、水密性和保温隔热性能，满足节能要求。全空调的办公建筑外窗开启面积应满足火灾排烟和自然通风的要求。

（2）办公建筑门的要求

① 门洞口宽度不应小于 1.00m，高度不应小于 2.10m。

② 机要办公室、财务办公室、重要档案库、贵重仪表间和计算机中心的门应采取防盗措施，室内宜设防盗报警装置。

（3）办公建筑门厅的要求

① 门厅内可附设传达室、收发室、会客室、服务室、问讯室、展示厅等功能房间（场所）。根据使用要求也可设商务中心、咖啡厅、警卫室、衣帽间、电话间等。

② 楼梯间、电梯间宜与门厅邻近，并应满足防火疏散的要求。

③ 严寒和寒冷地区的门厅应设门斗或采取其他防寒设施。

④ 有中庭空间的门厅应组织好人流交通，并应满足现行国家防火规范规定的防火疏散要求。

6.2.6.5　其他构造要求

办公楼的其他构造要求包括给排水、暖通、电气及智能化等方面的构造要求。

（1）给排水

办公建筑如需设置热水系统，可根据办公性质选择系统运行方式。坐班制办公宜采用局部热水供应，酒店式办公宜采用集中热水供应。档案室、重要资料室、计算机网络中心和晒图室等服务用房如有给排水管道穿越，应采取严防漏水和结露的措施。办公建筑中水系统的设计应按《建筑中水设计规范》（GB 50336—2002）执行。

（2）暖通

根据办公建筑的分类、规模及使用要求，宜设置集中采暖、集中空调或分散式空调，并应根据当地的能源情况，经过技术经济比较，选择合理的供冷、供热方式。办公建筑不宜采用直接电热式采暖供热设备。办公建筑宜设集中或分散的排风系统，办公室的排风量不应大于进风量的 90%，卫生间、吸烟室应保持负压。

(3)电气及智能化

办公建筑负荷等级应符合下列规定：

① 一类办公建筑和高度超过 50m 的高层办公建筑的重要设备及部位按一级负荷供电。

② 二类办公建筑和高度不超过 50m 的高层办公建筑以及部、省级行政办公建筑的重要设备和部位按二级负荷供电。

③ 三类办公建筑和除一、二级负荷以外的用电设备及部位均按三级负荷供电。

办公建筑的照度标准应符合《建筑照明设计标准》(GB 50034—2013)的规定，并符合表 6-12 中的办公建筑照明标准值。办公建筑的照明应采用高效、节能的荧光灯及节能型光源，灯具应选用无眩光的灯具。

表 6-12   办公建筑照明标准值

房间或场所	参考平面及其高度	照度标准值/lx
普通办公室	0.75m 水平面	300
高档办公室	0.75m 水平面	500
会议室	0.75m 水平面	300
接待室、前台	0.75m 水平面	300
营业厅	0.75m 水平面	300
设计室	实际工作面	500
文件整理、复印、发行室	0.75m 水平面	300
资料、档案室	0.75m 水平面	200

办公建筑的防雷分类应符合下列规定。

① 二类防雷建筑物。

a. 一类办公建筑。

b. 预计雷击次数大于 0.3 次/年的二类办公建筑。

② 三类防雷建筑物。

a. 预计雷击次数大于或等于 0.012 次/年，且小于 0.06 次/年的二类办公建筑。

b. 预计雷击次数大于或等于 0.06 次/年，且小于或等于 0.3 次/年的三类办公建筑。

(4)其他要求

① 办公建筑的楼地面应符合下列要求：

a. 根据办公室使用要求，开放式办公室的楼地面宜按家具位置埋设弱电和强电插座。

b. 大中型计算机房的楼地面宜采用架空防静电地板。

② 办公建筑应进行无障碍设计，并应符合《无障碍设计规范》(GB 50763—2012)的规定。

③ 特别重要的办公建筑主楼的正下方不宜设置地下汽车停车库。

6.2.6.6 建筑系数

各类办公楼的建筑系数见表 6-13。

表 6-13 建筑系数表

建设等级	1~3 类办公楼	高层办公楼
K_1=使用面积/建筑面积	≥60%~65%	≥57%
K_2=交通面积/建筑面积	15%~25%	

6.3 办公楼单体设计实训内容及方案

6.3.1 实训内容

(1)实训内容概述

① 利用实训要点知识确定办公楼平面组合设计方案。

② 依据方案图设计建筑施工图。

(2)能力目标

通过实训技能训练,进一步了解一般民用建筑的设计原理和方法,掌握施工图设计的技能,培养学科知识的综合应用能力。

6.3.2 实训方案

(1)实训方案内容

由实训老师给定设计方案或部分施工图,学生按每 5~10 人分成一小组,读懂并抄绘已知的图纸,设计补全整套图纸。

(2)实训工具

① 工具书:《房屋建筑学》《建筑制图与识图》《建筑设计资料集》(3 版)、《房屋建筑制图统一标准》(GB/T 50001—2001)、《办公建筑设计规范》(JGJ 67—2006)。

② 仪器用品:图板、图纸、丁字尺、三角板、铅笔等。

7 建筑总平面设计实训

【实训引言】

　　建筑总平面设计简称总平面设计，又称场地设计。针对一个建筑项目，根据其组成内容和使用功能的要求，在场地现状条件和城市规划或总体布局基础上，正确处理各建筑物、构筑物与道路交通、工程管线、绿化布置等设施相互之间的平面和空间关系，充分利用地形，有效节约用地，使场地内的各项工程设施有机地组成与其功能协调一致的统一整体。本实训以工程案例背景为依托，以知识要点为支撑，以工程绘图为载体，通过对场地上的道路、建筑物及相关功能构筑物的合理布置，使学生熟悉场地设计的基本原则和要求。

【实训思路】

```
案例背景资料        场地竖向设计        参观场地规划沙盘
                  场地平面设计                        成绩评定
实训知识要点        场地绿化设计        绘制建筑总平面图
```

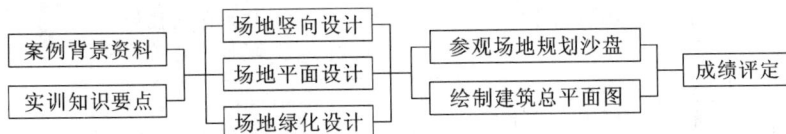

7.1 建筑总平面设计实训知识及技能领域

建筑总平面设计实训知识及技能领域如表 7-1、表 7-2 所示。

表 7-1　　　　　　　　　　建筑总平面设计实训知识领域

知识领域	知识单元		知识点
建筑总平面设计	核心知识单元	建筑总平面设计内容	① 建筑平面总体布局设计； ② 建筑场地竖向设计； ③ 场地绿化设计； ④ 场地管线综合设计
		建筑场地规定和要求	① 建筑基地及建筑总平面出入口设计； ② 基地对建筑突出物的要求
		建筑间距设计	① 建筑总平面中建筑间距应满足的要求； ② 日照间距折减系数

续表

知识领域	知识单元		知识点
建筑总平面设计	核心知识单元	场地道路设计	① 基地内通路要求； ② 基地通路宽度、坡度，通路与建筑物间距、消防车道要求； ③ 居住区道路边缘至建筑物、构筑物最小距离要求
		停车场设计	① 车位尺寸及面积要求； ② 出入口位置及数量； ③ 车位尺寸及数量
	拓展知识单元	城市规划对建筑基地的要求	
		场地竖向设计	
		绿化及管线设计	

表 7-2　　　　　　　　　　　**建筑总平面设计实训技能领域**

技能领域	技能单元		技能点
建筑总平面设计、绘制及识图能力	核心技能单元	场地设计	① 场地道路设计； ② 场地竖向设计； ③ 场地内建筑间距设计
		停车场设计	① 出入口位置、数量、流线设计； ② 车位数量、尺寸设计
		绿化设计	面积和管线敷设
	拓展技能单元	总平面方案设计的思路、步骤和绘图内容及经济指标	
		总平面施工图设计的思路、步骤和绘图内容及经济指标	

7.2　建筑总平面设计实训知识及技能要点应用

7.2.1　建筑总平面设计的内容

建筑总平面设计的内容包括：建筑平面总体布局设计、建筑场地竖向设计、场地绿化设计及场地管线综合设计。

建筑平面总体布局设计有建筑基地设计要求、建筑总平面出入口设计、建筑间距设计、场地道路设计、停车场设计。

7.2.2　建筑场地设计的规定和要求

7.2.2.1　建筑基地及建筑总平面出入口设计

建筑基地是指民用建筑工程建设的场地,建筑基地应符合《中华人民共和国城乡规划法》(中华人民共和国主席令第 74 号)与《城市规划强制性内容暂行规定》(建规〔2002〕218 号)。建筑基地还应遵循城市规划编制与审批程序,贯彻城市新区开发与旧区改建原则,执行城市规划的实施管理要求,并符合城市规划确定的建设用地使用性质与技术指标要求。

(1)建筑基地审批程序

① 核发选址意见书。

② 审批建设用地,核发建设用地规划许可证。

③ 审批建设工程,核发建设工程规划许可证。

(2)城市规划对建筑基地的要求

① 基地与道路红线。

a.基地应与道路红线相连接,否则应设通路与道路红线相连接。其连接部分的最小长度或通路的最小宽度,应符合当地规划部门制定的条例。

b.基地与道路红线连接时,一般以道路红线为建筑控制线。如因城市规划需要,主管部门可在道路红线以外另定建筑控制线。

c.建筑物均不得超出建筑控制线建造。

② 基地高程。

a.基地地面高程应按城市规划确定的控制标高设计。

b.基地地面宜高出城市道路的路面,否则应有排除地面水的措施。

③ 基地安全:基地如有滑坡、洪水淹没或海潮侵袭可能时,应有安全防护措施。

④ 相邻基地边界线的建筑与空地。

a.建筑物与相邻基地边界线之间应按建筑防火和消防等要求留出空地或通路。当建筑前后各自已留有空地或通路,并符合建筑防火规定时,相邻基地边界线两边的建筑可毗连建造。

b.建筑物高度不应影响邻地建筑物的最低日照要求。

c.除城市规划确定的永久性空地外,紧接基地边界线的建筑不得向邻地方向设洞口、门窗、阳台、挑檐、废气排出口及排泄雨水。

⑤ 基地通路出口位置。

车流量较多的基地(包括出租汽车站、车场等),其通路连接城市道路的位置应符合下列规定:

a.距大中城市主干道交叉口的距离,自道路红线交叉点量起不应小于 70m。

b.距非道路交叉口的过街人行道(包括引道、引桥和地铁出入口)最边缘线不应小于 5m。

c.距地铁出入口、公共交通站台边缘不应小于 15m。

d.距公园、学校、儿童及残疾人等建筑的出入口不应小于 20m。

e. 当基地通路坡度大于 8% 时,应设不小于 5m 的缓冲段与城市道路连接。

f. 与立体交叉口的距离或其他特殊情况,应符合当地规划主管部门的规定。

⑥ 人员密集建筑的基地:电影院、剧场、文化娱乐中心、会堂、博览建筑、商业中心等人员密集建筑的基地,在执行当地规划部门的条例和有关专项建筑设计规范时,应保持与下列原则一致。

a. 基地应至少一面直接临接城市道路,该城市道路应有足够的宽度,以保证人员疏散时不影响城市正常交通。

b. 基地沿城市道路的长度应按建筑规模或疏散人数确定,并至少不小于基地周长的 1/6。

c. 基地应至少有两个以上不同方向通向城市道路(包括以通路连接的)的出口。

d. 基地或建筑物的主要出入口,应避免直对城市主要干道的交叉口。

e. 建筑物主要出入口前应有供人员集散用的空地,其面积和长宽尺寸应根据使用性质和人数确定。

f. 绿化面积和停车场面积应符合当地规划部门的规定。绿化布置应不影响集散空地的使用,并不应设置围墙大门等障碍物。

⑦ 建筑基地一般与城市道路红线相邻接,如与城市道路红线不接邻时应设通路。建筑基地内的场地面积小于 3000m² 时,通路的宽度不应小于 4.0m;场地面积大于 3000m²,只有一条通路与城市道路相接时,其通路的宽度不应小于 7.0m;若有两条通路与红线道路相接时,通路的宽度不应小于 4.0m。

7.2.2.2 基地对建筑突出物的要求

(1)不允许突入道路红线的建筑突出物

① 建筑物的台阶、平台、窗井。

② 地下建筑及建筑基础。

③ 除基地内连接城市管线以外的其他地下管线。

(2)允许突入道路红线的建筑突出物

① 在人行道上空:

a. 2m 以上允许突出窗扇、窗罩,突出宽度不应大于 0.40m。

b. 2.50m 以上允许突出活动遮阳,突出宽度不应大于人行道宽减 1m,并不应大于 3m。

c. 3.50m 以上允许突出阳台、凸形封窗、雨篷、挑檐,突出宽度不应大于 1m。

d. 5m 以上允许突出雨篷、挑檐,突出宽度不应大于人行道宽减 1m,并不应大于 3m。

② 在无人行道的道路路面上空:

a. 2.50m 以上允许突出窗扇、窗罩,突出宽度不应大于 0.40m。

b. 5m 以上允许突出雨篷、挑檐,突出宽度不应大于 1m。

③ 建筑突出物与建筑本身应有牢固的结合。

④ 建筑物和建筑突出物均不得向道路上空排泄雨水。

人行道上空突出阳台尚应符合当地城市规划部门的规定。

(3)可突入道路红线的建筑

属于公益上有需要的建筑和临时性建筑,经当地规划主管部门批准,可突入道路红线建造。

（4）骑楼、过街楼、悬挑建筑

骑楼、过街楼和沿道路红线的悬挑建筑,其净高、宽度等应符合当地规划部门的统一规定。

7.2.3 建筑间距设计

建筑总平面中建筑间距应满足建筑防火间距要求和建筑物日照间距及采光、通风防噪、卫生等要求,并应符合下列要求。

① 建筑物之间的距离,应满足防火要求(见防火设计)。

② 有日照要求的建筑,应符合当地规划部门制定的日照间距。不同方位日照间距折减系数不同,具体见表7-3。

③ 建筑布局应有利于在夏季获得良好的自然通风,并防止冬季寒冷地区和多沙暴地区风害的侵袭。高层建筑的布局,应避免形成高压风带和风口。多栋塔式居住建筑的间距系数见表7-4。

④ 根据噪声源的位置、方向和强度,应在建筑功能分区、道路布置、建筑朝向、距离及地形、绿化和建筑物的屏障作用等方面采取综合措施,以防止或减少环境噪声。

⑤ 建筑与各种污染源的距离,应符合有关卫生防护的标准。

⑥ 日照标准。

a.住宅应每户至少有一个居室,宿舍应每层至少有半数以上的居室能获得冬至日满窗日照不少于1h。

b.托儿所、幼儿园和老年人、残疾人专用住宅的主要居室,医院、疗养院至少有半数以上的病房和疗养室,应能获得冬至日满窗日照不少于3h。

中小学教室、托儿所和幼儿园的活动室、医疗病房建筑的间距系数见表7-5。

表7-3 　　　　　　　　　　　　　**不同方位日照间距折减系数**

方位	0°～15°	15°～30°	30°～45°	45°～60°	＞60°
折减系数	1.0L	0.9L	0.8L	0.9L	0.95L

注:1. 表中方位为正南向0°偏东、偏西的方位角。
　　2. 1.0为正南向住宅的标准日照间距。
　　3. 本表指标仅适用于其他日照遮挡的平行布置条式住宅。

表7-4 　　　　　　　　　　　　　**多栋塔式居住建筑的间距系数**

遮挡阳光建筑群的长高比	＜1.0	1.0～2.0	2.0～2.5	＞2.5
间距系数	1.0	1.2	1.5	1.7

表7-5 　　　**中小学教室、托儿所和幼儿园的活动室、医疗病房建筑的间距系数**

建筑朝向与正南夹角	0°～15°	20°～60°	＞60°
建筑间距系数	1.9	1.6	1.8

全国部分城市不同日照标准的间距系数见表 7-6。

表 7-6 全国部分城市不同日照标准的间距系数

城市名称	北纬	冬至日		大寒日				现行采用标准
		正午影长率	日照 1h	正午影长率	日照 1h	日照 2h	日照 3h	
北京	39°57′	1.99	1.86	1.75	1.63	1.67	1.74	1.6～1.7
兰州	36°03′	1.70	1.58	1.50	1.40	1.44	1.49	1.1～1.2
西宁	36°35′	1.73	1.62	1.53	1.43	1.47	1.52	1.4
上海	31°12′	1.41	1.32	1.26	1.17	1.21	1.26	0.9～1.1
银川	38°29′	1.87	1.75	1.65	1.54	1.58	1.64	1.7～1.8
西安	34°18′	1.58	1.48	1.41	1.31	1.35	1.40	1.0～1.2
成都	30°40′	1.38	1.29	1.23	1.15	1.18	1.24	1.1

例如,某地区当地日照间距系数为 1.5,场地上拟建一幢高层住宅和一幢商住楼,则该两幢楼之间间距为 12m,计算过程如下。

两住宅楼的最小间距值为

$$(30-10) \times 1.5 = 30(m)$$

则综合楼与南侧住宅楼的距离为

$$30-18 = 12(m)$$

根据《高层民用建筑设计防火规范(2005 年版)》(GB 50045—1995)综合楼裙房与住宅楼(高层)的防火间距为 9m,12m＞9m,所以两楼最小间距为 12m。如图 7-1 所示。

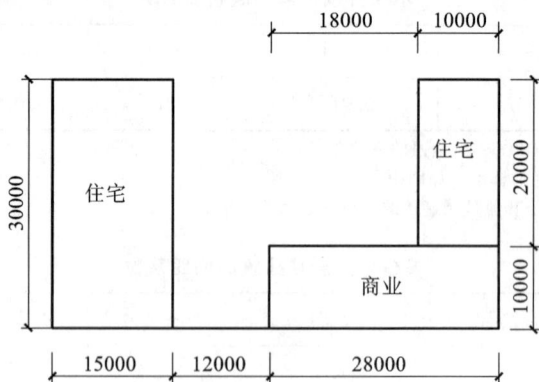

图 7-1 楼间距布置图

7.2.4 场地道路设计

(1)基地内通路

① 基地内应设通路与城市道路相连接。通路应能通达建筑物的各个安全出口及建筑物周围应留的空地。

② 通路的间距不宜大于 160m。

③ 长度超过 35m 的尽端式车行路应设回车场。供消防车使用的回车场面积不应小于 12m×12m,大型消防车的回车场面积不应小于 15m×15m。

④ 基地内车行量较大时,应另设人行道。

(2)通路宽度

① 考虑机动车与自行车共用的通路宽度不应小于 4m,双车道不应小于 7m。

② 消防车用的通路宽度不应小于 3.50m。

③ 人行通路的宽度不应小于 1.50m。

(3)通路与建筑物间距

① 基地内车行路边缘至相邻有出入口的建筑物的外墙间的距离不应小于 3m。

② 街区内的道路应考虑消防车的通行,其道路中心线间距不宜超过 160m。当建筑物的沿街部分长度超过 150m 或总长度超过 220m 时,均应设置穿过建筑物的消防车道。

(4)有关消防车道

① 消防车道穿过建筑物的门洞时,其净高和净宽不应小于 4m;门垛之间的净宽不应小于 3.5m。

② 沿街建筑应设连通街道和内院的人行通道(可利用楼梯间),其间距不宜超过 80m。

③ 超过 3000 个座位的体育馆、超过 2000 个座位的会堂和占地面积超过 3000m² 的展览馆等公共建筑,宜设环形消防车道。

④ 建筑物的封闭内院,如其短边长度超过 24m 时,宜设有进入内院的消防车道。

⑤ 供消防车取水的天然水源和消防水池,应设置消防车道。

⑥ 消防车道的宽度不应小于 3.5m,道路上空遇有管架、栈桥等障碍物时,其净高不应小于 4m。

⑦ 环形消防车道至少应有两处与其他车道连通。尽头式消防车道应设回车道或面积不小于 12m×12m 的回车场。供大型消防车使用的回车场面积不应小于 15m×15m。

⑧ 消防车道应尽量短捷,并宜避免与铁路平交。如必须平交,应设备用车道,两车道之间的间距不应小于一列火车的长度。

(5)居住区道路边缘至建筑物、构筑物最小距离

居住区道路边缘至建筑物、构筑物的最小距离如表 7-7 所示。基地内道路边缘至相邻公共建筑物的最小距离如表 7-8 所示。

表 7-7　　　　　　　**居住区道路边缘至建筑物、构筑物最小距离**　　　　　（单位：m）

道路类别		居住区道路	小区路	组团路及宅间小路
建筑物面向道路	无出入口	高层 5.0	3.0	2.0
		多层 3.0	3.0	2.0
	有出入口	—	5.0	2.5
建筑物山墙面向道路		高层 4.0	2.0	1.5
		多层 2.0	2.0	1.5
围墙面向道路		1.5	1.5	1.5

表 7-8　　　　　　　**基地内道路边缘至相邻公共建筑物最小距离**　　　　　（单位：m）

相邻建筑物、构筑物名称		最小距离
建筑物外墙面	当建筑物面向道路一侧无出入口时	1.5
	当建筑物面向道路一侧有出入口但出入口不通行汽车时	3.0
	当建筑物面向道路有汽车出入时	5.0
各类管道支架		1.0
围墙		1.0

（6）道路坡度

通行机车的道路纵坡不宜超过 5%，通行非机动车的道路纵坡不宜超过 2.5%，当坡度超过限值时，道路坡长应受到限制。

7.2.5　停车场设计

① 汽车停车场地应平整、坚实、防滑，并满足排水要求，地面停车场宜以植草砖敷设并有遮阳树木。居住区内停车场按小型车考虑，停车场宜设置在停车方便、不影响居民生活和景观环境的地段。

② 机动车停车场用地面积按小汽车停车车位数计算。停车场用地面积为 25～30m²/辆，每个停车位尺寸为 2.5m×2.5m。

③ 汽车停车场规模，小于或等于 50 辆可设一个宽度不小于 7m 的出入口；51～300 辆的停车场应设两个出入口；大于 300 辆的停车场出入口应分开设置。两个出入口之间的距离宜大于 20m，其宽度不小于 7m；大于 500 辆的停车场应设三个出入口。

④ 汽车停车场车位应分组布置，每组停车数量不宜超过 50 辆，组与组之间距离不小于 6m。如图 7-2 所示。

⑤ 停车库出入口。

a. 汽车库库址的车辆出入口，距离城市道路的规划红线不应小于 7.5m，并在距出入口边 2m 处作视点的 120°范围内至边线外 7.5m 以上不应有遮挡视线障碍物（图 7-3）。

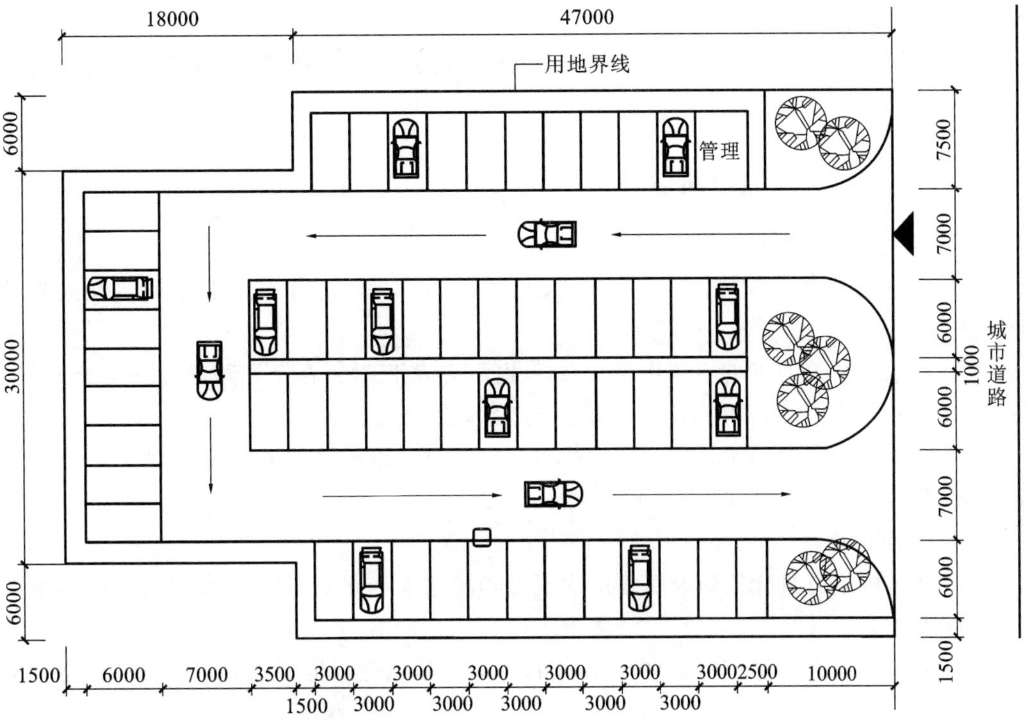

图 7-2　某停车场平面布置图

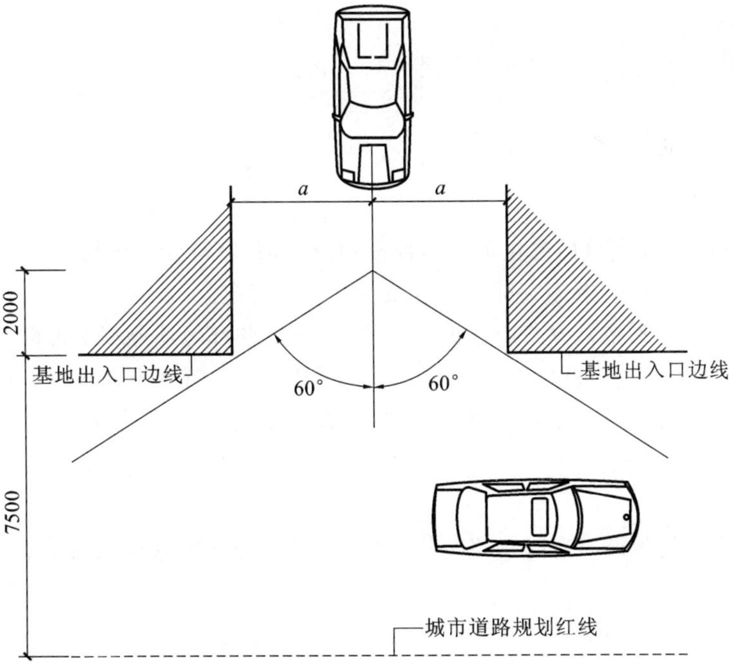

图 7-3　汽车库出入口人的通视要求

b. 库址车辆出入口与城市人行过街天桥、地道、桥梁或隧道等引道口的距离应大于50m；距离道路交叉口应大于80m。

c. 汽车库周围的道路、广场地坪应采用刚性结构，并有良好的排水系统，地坪坡度不应小于0.5%。

7.2.6 建筑场地竖向设计

(1)地面和道路坡度

① 基地地面坡度不应小于0.3%；地面坡度大于8%时应分成台地，台地连接处应设挡墙或护坡。

② 基地车行道的纵坡不应小于0.3%，也不应大于8%；在个别路段可不大于11%，但其长度不应超过80m，路面应有防滑措施；横坡宜为1.5%～2.5%。

③ 基地人行道的纵坡不应大于8%，大于8%时宜设踏步或局部设坡度不大于15%的坡道，路面应有防滑措施；横坡宜为1.5%～2.5%。

(2)地面排水

① 基地内应有排除地面及路面雨水至城市排水系统的设施。排水方式应根据城市规划的要求确定。

② 采用车行道排泄地面雨水时，雨水口形式及数量应根据汇水面积、流量、道路纵坡等确定。

③ 单侧设雨水口的道路及低洼易积水的地段，应考虑排雨水时不影响交通和路面清洁。

(3)室内外地面

建筑物底层地面应高出室外地面至少0.15m。

7.2.7 场地绿化及管线设计

(1)新建和扩建过程

新建和扩建工程应包括绿化工程的投资和设计，并应符合下列规定。

① 基地绿化面积的指标应符合当地城市规划的规定。

② 绿化的树种和布置方式应根据城市气候、土壤和环境功能等条件确定。

③ 绿化与建筑物、构筑物、道路和管线之间的距离，应符合有关规定。

④ 国家要求城市绿地覆盖率达到30%，人均公共绿地面积达到6m²，新建居住小区绿地面积占总用地面积的30%以上，改造旧居住区绿地不少于25%。

(2)管线布置

① 各种管线的敷设不应影响建筑物的安全，且应防止管线受腐蚀、沉陷、振动、荷载等影响而损坏。

② 管线应根据其不同特性和要求综合布置。对安全、卫生、防干扰等有影响的管线不应共沟或靠近敷设。

③ 地下管线的走向宜与建筑主体或道路相平行或垂直。管线应从建筑物向道路方

向由浅至深敷设。管线布置应短捷,尽量减少转弯。管线与管线、管线与道路应尽量减少交叉。

④ 与道路平行的管线不宜设于车行道下,否则可将埋深较大、翻修较少的管线布置在车行道下。

⑤ 各种管线间水平、垂直净距及埋深应符合有关规定。

⑥ 7 度以上地震区、多年冻土区、严寒地区和湿陷性黄土地区的室外管线,应按专门规范或标准设计。

⑦ 管线交叉应符合下列要求:

a. 煤气易燃管道应布置在其他管道的上面;

b. 给水在污水管上部;

c. 电力电缆应在热力、电信管线下面;

d. 地下管线敷设于绿化带下时,不宜在乔木下面;

e. 地下管线重叠时,常检修和小管径的管线要放在上面。

7.3 建筑总平面设计实训内容及方案

7.3.1 实训内容

(1)实训内容概述

① 参观某工程场地设计沙盘。

② 依据背景资料利用总平面设计知识合理布置建筑单体,满足功能要求。

③ 按照背景资料要求进行道路交通组织设计和停车场设计。

④ 考虑室外空间组合和景观效果,绘制总平面图一张。

(2)能力目标

在背景资料条件下,能合理考虑影响总平面设计的各项因素,并将其灵活应用于案例设计项目中;具备绘制总平面施工图的能力。

7.3.2 实训方案

(1)实训方案内容

学生每 5~8 人分成一小组,每组确定一个组长,先由组长抽题,再由老师讲解设计条件及所需资料,最后学生分组完成任务(15 个课时)。

(2)实训工具

① 工具书:《房屋建筑学》《建筑制图与识图》《房屋建筑制图统一标准》(GB/T 50001—2010)、《民用建筑设计通则》(GB 50352—2005)。

② 仪器用品:图板、图纸、丁字尺、三角板、铅笔等。

8 设计实训引导资料

8.1 建筑设计总论

8.1.1 基本术语

建筑设计的基本术语如下。

① 建筑物:满足社会需要,利用所掌握的物质技术条件,在科学规律和美学法则支配下,通过对空间的限定组织而创造的人为的社会生活环境。

② 构筑物:人们一般不直接在其内进行生产的建筑。

③ 建筑高度:自室外设计地面至建筑主体檐口上部的垂直距离。

④ 建筑红线:城市道路红线与建筑用地之间的分界线,还指建筑用地与相邻建筑用地之间的分界线。

⑤ 建筑控制线:根据规划条件要求,建筑基地上可建筑的实际用地边界范围称为建筑控制线(建筑红线内与建筑控制线地界外之间的土地,属土地所有者)。

⑥ 建筑基地:根据用地性质和使用权属确定的建筑工程项目的使用场地。

⑦ 道路红线:规划的城市道路(含居住区级道路)用地的边界线。

⑧ 用地红线:各类建筑工程项目用地的使用权属范围的边界线。

⑨ 绿地率:一定地区内,各类绿地总面积占该地区总面积的比例,单位为%。

⑩ 容积率:建筑基地内,不含地下车库等非商业营业设施、架空开放的建筑底层等建筑面积的所有建筑面积之和与基地总用地面积的比值。计算公式为

$$容积率 = \frac{总建筑面积}{总用地面积} \tag{8-1}$$

⑪ 日照标准:根据建筑物所处的气候区、城市大小和建筑物的使用性质确定的,在规定的日照标准日(冬至日或大寒日)的有效日照时间范围内,以底层窗台面为计算起点的建筑外窗获得的日照时间。

⑫ 日照间距:保证房间有一定的日照时间,建筑物彼此互不遮挡所必须具备的距离。其计算公式为

$$L = \frac{H}{\tan\alpha} \tag{8-2}$$

式中 H——南向前排房屋檐口至后排房屋底层窗台的垂直距离;

α——当房屋正南向时冬至日正午的太阳高度角。

⑬ 建筑密度:建筑用地内,所有建筑基底面积之和占总用地面积的百分比,单位为%。

$$建筑密度 = \frac{建筑总基底面积}{总用地面积} \times 100\% \tag{8-3}$$

⑭ 建筑系数:建筑基地内,被建筑物、构筑物占用的土地面积占总用地的百分比,单位为%。

$$建筑系数 = \frac{Z+I}{G} \times 100\% \tag{8-4}$$

式中 G——基地总用地面积;

Z——建筑物及构筑物占地面积;

I——露天仓库、堆场、操作场占地面积。

⑮ 建筑物体形系数:建筑物与室外大气接触的外表面积与其所包围的体积的比值。外表面积中,不包括地面和不采暖楼梯间隔墙和户门的面积。

⑯ 窗墙面积比:窗户洞口面积与房间立面单元面积(即建筑层高与开间定位线围成的面积)的比值。

⑰ 采光系数:在室内给定平面上的一点,由直接或间接地接收来自假定和已知天空亮度分布的天空漫射光而产生的照度与同一时刻该天空半球在室外无遮挡水平面上产生的天空漫射光照度之比。

⑱ 窗地比:窗洞口面积与地面面积之比。

⑲ 防火分区:用具有一定耐火能力的墙、楼板等分隔构件,作为一个区域的边界构件,能够在一定时间内把火灾控制在某一范围内的基本空间。

⑳ 耐火极限:对任一建筑构件按时间-温度标准曲线进行耐火实验,从受到火的作用时起,至失去支撑能力或完整性破坏或失去隔火作用为止的这段时间,单位为 h。

㉑ 防火门、防火窗:划分为甲、乙、丙三级,其耐火极限为甲级 1.20h,乙级 0.90h,丙级 0.60h。防火门应为向疏散方向开启的平开门,并在关闭后应能从任何一侧手动开启。用于疏散的走道、楼梯间和前室的防火门,应具有自行关闭的功能。双扇和多扇防火门,还应具有按顺序关闭的功能。常开的防火门,当发生火灾时,应具有自行关闭和信号反馈的功能。

㉒ 安全出口:保证人员安全疏散的楼梯或直通室外地平面的出口。

㉓ 封闭楼梯间:设有能阻挡烟气的双向弹簧门的楼梯间。高层工业建筑的封闭楼梯间的门应为乙级防火门。

㉔ 防烟楼梯间:在楼梯间入口处设有前室(面积不小于 $6m^2$,并设有防排烟设施)或设专供排烟用的阳台、凹廊等,且通向前室和楼梯间的门均为乙级防火门的楼梯间。

㉕ 非燃烧体:用非燃烧材料做成的构件。非燃烧材料是指在空气中受到火烧或高温作用时不起火、不微燃、不炭化的材料。如建筑中采用的金属材料和天然或人工的无机矿物材料。

㉖ 难燃烧体:用难燃烧材料做成的构件或用燃烧材料做成而用非燃烧材料做保护层的构件。难燃烧材料是指在空气中受到火烧或高温作用时难起火、难微燃、难炭化,当火

源移走后燃烧或微燃立即停止的材料。如沥青混凝土、经过防火处理的木材、用有机物填充的混凝土和水泥刨花板等。

㉗ 燃烧体：用燃烧材料做成的构件。燃烧材料是指在空气中受到火烧或高温作用时立即起火或微燃，且火源移走后仍继续燃烧或微燃的材料，如木材等。

㉘ 高层建筑：层数不小于10层的居住建筑或建筑高度超过24m的公共建筑（不包括单层主体建筑）。

㉙ 多层建筑：4～6层的建筑。

㉚ 商住楼：底部商业营业厅与住宅组成的建筑。

㉛ 大型建筑：一般指建筑面积超过10000m² 的建筑。

㉜ 中型建筑：建筑面积为3000～10000m² 的建筑。

㉝ 小型建筑：建筑面积小于3000m² 的建筑。

㉞ 跃层住宅：套内空间跨越两楼层及两楼层以上的住宅。

㉟ 塔式建筑：以共用楼梯、电梯为核心布置多套住房的高层建筑。

㊱ 无障碍设施：方便残疾人、老年人等行动不便或有视力障碍者使用的安全设施。

㊲ 停车空间：停放机动车和非机动车的室内、外空间。

8.1.2 建筑物的分类及等级划分

8.1.2.1 建筑物的分类

建筑物分类的依据有很多，一般按以下几种进行分类。

（1）按使用功能分类

建筑物按使用功能分类，有民用建筑、工业建筑、农业建筑三类。其中，民用建筑包括居住建筑和公共建筑。

（2）按建筑层数和高度分类

① 住宅按层数划分如下：

a. 低层住宅为1～3层。

b. 多层住宅为4～6层。

c. 中高层住宅为7～9层。

d. 高层住宅为10层及10层以上。

② 公共建筑按建筑高度划分应符合以下规定：

a. 建筑高度24m以下为低层或多层建筑。

b. 建筑高度超过24m而未超过100m为高层建筑。

c. 建筑高度超过100m为超高层建筑。

（3）按建筑结构形式分类

建筑物按建筑结构形式分类，分为墙承重体系、骨架承重体系、内骨架承重体系、空间结构承重体系。

（4）按承重结构的材料分类

建筑物按承重结构的材料分类，分为砖混结构、钢筋混凝土结构、钢结构。

8.1.2.2 建筑物的等级划分

（1）按耐久性能划分等级

建筑物耐久等级主要根据建筑物的重要性和规模大小划分，作为基建投资和建筑设计的重要依据。《民用建筑设计通则》（GB 50352—2005）中规定以主体结构确定的民用建筑的设计使用耐久年限分为表 8-1 所示的四个等级。

表 8-1　　　　　　　　　　　　　　　　建筑物耐久等级划分

建筑等级	建筑物适用范围	耐久年限/年
一级	临时性建筑	5
二级	替换结构构件的建筑	25
三级	普通建筑和构筑物	50
四级	纪念建筑和特别重要的建筑	<100

（2）按耐火性能划分等级

建筑物的耐火等级是根据建筑物主要构件的耐火极限和燃烧性能来划分的。一般地单、多层民用建筑分为四级。高层建筑分为两级，一类高层建筑耐火等级为一级，二类高层建筑耐火等级不低于二级。

8.1.3　建筑设计的内容和程序

8.1.3.1　建筑设计的内容

建筑设计是在总体规划的前提下，根据任务书的要求，综合考虑基地环境、使用功能、结构施工、材料设备、建筑经济及建筑艺术等问题，着重解决建筑物内部各种使用功能和使用空间的合理安排，建筑物与周围环境、与各种外部条件的协调配合，内部和外表的艺术效果，各个细部的构造方式等，创造出既符合科学性又具有艺术性的生产和生活环境。因此，建筑设计的内容一般包括以下几个部分：

① 建筑总平面的设计（场地设计）。

② 建筑物平面的设计（主要是建筑物的功能设计）。

③ 建筑物立面的设计（主要是建筑物的形象设计）。

④ 建筑物剖面的设计。

⑤ 建筑物的构造设计（指节点详图设计）。

8.1.3.2　建筑设计的程序

建筑设计的程序如下：

① 熟悉设计任务书。

② 调查研究，收集资料（如建设地区的气象、水文地质资料；基地环境及城市规划要求；施工技术条件及建筑材料供应等）。

③ 方案设计阶段（包括建筑总平面设计，单体主要各层平面、立面设计及建筑概算）。

④ 技术设计阶段（针对于复杂大、中型工程）。

⑤ 施工图设计阶段。

8.1.4 建筑设计依据

8.1.4.1 人体活动的空间及人体的尺度

人体尺度及人体活动所占的空间尺度是确定民用建筑内部各种空间尺度的依据。建筑物中家具、设备和尺寸、踏步、窗台、栏杆高度、门洞、走廊、楼梯的宽度和高度以及各类房间的高度和面积大小都和人体尺度以及人体活动所需的空间尺度直接或间接有关,对于不同情况可按以下情况考虑。

① 我国中部地区成年男子平均身高为 1670mm,女子平均身高为 1560mm,确定人们活动所需的空间尺度时,应考虑到不同性别、不同年龄身材高矮的要求。

a.按较高人体考虑的空间尺度采用男子人体身高幅度的上限 1740mm,另加鞋厚 20mm。例如:栏杆高度、一般门洞高度、淋浴喷头高度、床的长度等。

b.按较矮人体考虑空间尺度,采用女子的人体平均高度 1560mm,另加鞋厚 20mm。例如:吊柜、搁板、挂衣钩及其空间设置物高度,盥洗台、操作台、案板的高度等。

c.一般建筑内使用空间的尺度应按我国成年人的平均高度 1670mm(男),1560mm(女),另加鞋厚 20mm 考虑。例如,展览建筑及影院中考虑人的视线时普通的桌椅高度。

② 人体所占空间、人体动作域空间及人的心理空间的关系满足图 8-1 所示的关系。

例如:一般情况下,人的身高在 2m 以下,考虑人的动作域和心理域,住宅楼层高一般为 2.8m 左右。单人通行的宽度为 550mm,而单人通行的楼梯段宽为 900mm。

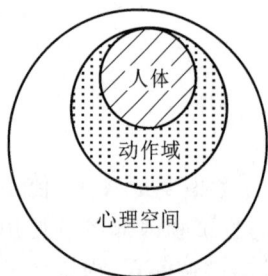

图 8-1 人体所占空间、动作域空间及心理空间的关系

8.1.4.2 家具、设备尺寸及其使用所需的必要空间

家具、设备的尺寸以及人们在使用家具和设备时,在它们近旁必要的活动空间,是考虑房间内部使用面积的重要依据。民用建筑中常用家具尺寸见表 8-2。

表 8-2　　　　　　　　　　民用建筑中常用家具尺寸　　　　　　　　　(单位:mm)

家具\规格	布艺沙发			衣柜			电视柜		
	长(L)	宽(B)	高(H)	长(L)	宽(B)	高(H)	长(L)	宽(B)	高(H)
大	1500	550~600	1800~1900	2000~2200	400~460	650~720	1600~1850	650~720	750~820
中	1300	550~600	1800~1900	1100~1500	430~450	650~720	1200~1400	650~720	750~820
小	950~1200	550~600	1800~1900				680~860	650~720	750~820

家具	中文打字桌			中餐桌			西餐桌			梳妆桌		
规格	高(H)	长(L)	宽(B)	高(H)	长(L)	宽(B)	高(H)	长(L)	宽(B)	高(H)	长(L)	宽(B)
大	1150	600	660	1200	750	780	1000		750	1200	600	700
中	1150	600	660	750	750	760	1300	700	750	800	500	700
小	1150	600	660	7	750			750	750	700	400	700

家具	炕桌			长茶几			茶几			床头柜		
规格	长(L)	宽(B)	高(H)	长(L)	宽(B)	高(H)	长(L)	宽(B)	高(H)	长(L)	宽(B)	高(H)
大	1000	600	350	1400	550	500	650	460	580	700	400	700
中	850	600	320	1200	500	450	600	420	550	600	400	600
小	800	500	320	1000	450	450	560	400	500	450	350	550

家具	单人床			双人床			钢琴			洗衣机		
规格	高(H)	长(L)	宽(B)	高(H)	长(L)	宽(B)	高(H)	长(L)	宽(B)	高(H)	长(L)	宽(B)
大	2000	1050	450	2000	1500	450	1400~1600	600~650	1100~1300	600	500	780
中	1900	900	420	1900	1350	420						
小	1850	850	420	1850	1200	420						

8.1.4.3 温度、湿度、日照、雨雪、风向、风速等气候条件

气候条件对建筑物的设计有较大影响。湿热地区,房屋设计要着重考虑隔热、通风和遮阳等问题;干冷地区,通常要将房屋设计得紧凑一些,减小房屋的体系数,减少外围护面的散热,有利于室内采暖、保温;日照和主导风向,通常是确定房屋朝向和间距的主要因素;风速对高层建筑结构布置和体型影响较大;雨雪量的多少,对屋顶的形式(平屋面、坡屋面)和屋顶防水构造也有一定的影响。建筑气候分区对建筑的基本要求应符合表8-3的规定。

表8-3　　　　　　　　　　不同分区对建筑的基本要求

分区名称	热工分区名称	气候主要指标	建筑基本要求
Ⅰ	ⅠA ⅠB ⅠC ⅠD 严寒地区	① 1月平均气温小于等于－10℃; ② 7月平均气温小于等于25℃; ③ 7月平均相对湿度大于等于50%	① 建筑物必须满足冬季保温、防寒、防冻等要求; ② ⅠA和ⅠB区应防止冻土、积雪对建筑物的危害; ③ ⅠB、ⅠC、ⅠD区的西部,建筑物应防冰雹、防风沙
Ⅱ	ⅡA ⅡB 寒冷地区	① 1月平均气温－10～0℃; ② 7月平均气温18～28℃	① 建筑物应满足冬季保温、防寒、防冻等要求,夏季部分地区应兼顾防热; ② ⅡA区建筑物应防热、防潮、防暴风雨,沿海地带应防盐雾侵蚀

分区名称		热工分区名称	气候主要指标	建筑基本要求
Ⅲ	ⅢA ⅢB ⅢC	夏热冬冷地区	① 1月平均气温 0～10℃； ② 7月平均气温 25～30℃	① 建筑物必须满足夏季防热、遮阳、通风降温要求，冬季应兼顾防寒； ② 建筑物应防雨、防潮、防洪、防雷电； ③ ⅢA区应防台风、暴雨袭击及盐雾侵蚀
Ⅳ	ⅣA ⅣB	夏热冬暖地区	① 1月平均气温大于10℃； ② 7月平均气温 25～29℃	① 建筑物必须满足夏季防热、遮阳、通风、防雨要求； ② 建筑物应防雨、防潮、防洪、防雷电； ③ ⅣA区应防台风、暴雨袭击及盐雾侵蚀
Ⅴ	ⅤA ⅤB	温和地区	① 1月平均气温 0～13℃； ② 7月平均气温 18～25℃	① 建筑物应满足防雨和通风要求； ② ⅤA区建筑物应注意防寒，ⅤB区应特别注意防雷电
Ⅵ	ⅥA ⅥB	严寒地区	① 1月平均气温－22～0℃； ② 7月平均气温小于18℃	① 热工应符合严寒和寒冷地区相关要求； ② ⅥA、ⅥB区应防冻土对建筑物地基及地下管道的影响，并应特别注意防风沙； ③ ⅥC区的东部，建筑物应防雷电
	ⅥC	寒冷地区		
Ⅶ	ⅦA ⅦB ⅦC	严寒地区	① 1月平均气温－20～－5℃； ② 7月平均气温大于等于18℃； ③ 7月平均相对湿度小于50%	① 热工应符合严寒和寒冷地区相关要求； ② 除ⅦD区外，应防冻土对建筑物地基及地下管道的危害； ③ ⅦB区建筑物应特别注意积雪的危害； ④ ⅦC区建筑物应特别注意防风沙，夏季兼顾防热； ⑤ ⅦD区建筑物应注意夏季防热，吐鲁番盆地应特别注意隔热、降温
	ⅦD	寒冷地区		

我国气候分区是按照《民用建筑热工设计规范》(GB 50176—1993)的规定而确定的，主要划分为严寒地区、寒冷地区、夏热冬冷地区、夏热冬暖地区、温和地区五个气候区。如图8-2所示。

严寒地区主要是指东北、内蒙古和新疆北部、西藏北部、青海等地区，累年最冷月平均温度小于等于－10℃或日平均温度小于等于5℃的天数一般在145d以上的地区。寒冷地区主要是指我国北京、天津、河北、山东、山西、宁夏、陕西大部、辽宁南部、甘肃中东部、新疆南部、河南、安徽、江苏北部以及西藏南部等地区。其主要指标为：最冷月平均温度为0～10℃；辅助指标为日平均温度小于等于5℃的天数为(90～145)d。夏热冬冷地区主要是指长江中下游及其周围地区。该地区的范围大致为陇海线以南，南岭以北，四川盆地以东，包括上海、重庆两个直辖市，湖北、湖南、江西、安徽、浙江五省全部，四川、贵州两省东半部，江苏、河南两省南半部，福建省北半部，陕西、甘肃两省南端，广东省(区)北端。夏热冬暖地区主要是指我国南部，在北纬27°以南，东经97°以东，包括海南全境，广东大部，广西大部，福建南部，云南小部分，以及中国香港、澳门与台湾地区。温和地区主要是指云南和贵州两省区。

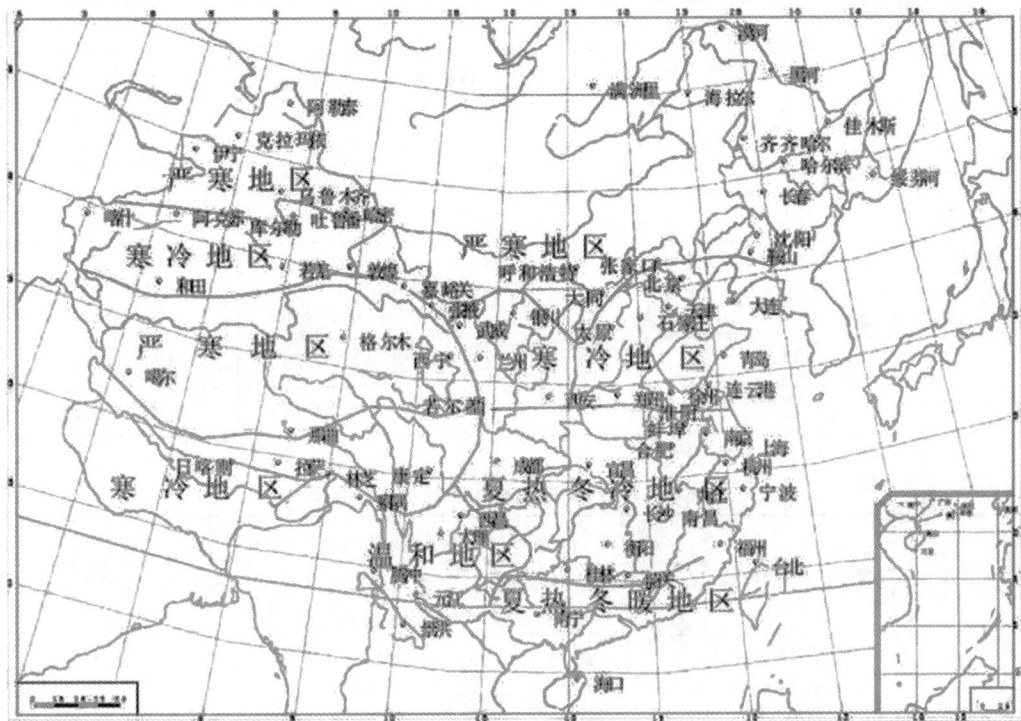

图 8-2 全国建筑热工设计分区

我国相关地区的气象资料如表 8-4～表 8-7 所示(仅供参考)。

表 8-4　　　　　　　　　　**我国部分城市的降水、冻土深度及天气现象**

城市名称	降水			最大冻土深度/cm	天气现象		
	1 日最大降水量/mm	平均年降水量/mm	最大积雪深度/cm		年雷暴日数/d	年沙暴日数/d	年雾日数/d
北京	244.2	627.6	24	85	35.7	3.6	22.9
兰州	96.8	322.9	10	103	23.2	3.9	1.2
西宁	62.2	367.0	18	134	31.4	8.1	0.7
上海	204.4	1132.3	14	8	29.4	0.1	43.1
银川	66.8	197.0	17	88	19.1	6.7	6.2
西安	92.3	591.1	22	45	16.7	1.6	41.1
成都	201.3	938.9	5	—	34.6	—	62.1

表 8-5　　　　　　　　　　　　**我国部分城市的风速、最多风向及频率**

城市名称	风速/(m/s)			最多风向及频率/%	
	夏季平均	冬季平均	30年一遇最大	7月	1月
北京	1.9	2.8	23.7	C25、S9	C18、NNW14
兰州	1.3	0.5	21.9	C44、E9	C71、NE3
西宁	1.9	1.6	23.7	C29、SE22	C46、SE21
上海	3.2	3.1	29.7	SSE19	NW15
银川	1.8	1.8	32.2	C32、S11	C35、N11
西安	2.1	1.7	23.7	C25、NE17	C34、NE11
成都	1.1	0.9	20.0	C41、NNE9	C45、NNE14

注:C表示静风,即风速小于2m/s的风。

表 8-6　　　　　　　　　　　**不同朝向、不同窗墙面积比的外墙传热系数**

朝向	窗外环境条件	外墙的传热系数 K/[W/(m² · K)]				
		窗墙面积比 $c \leqslant 0.25$	窗墙面积比 $0.25 < c \leqslant 0.30$	窗墙面积比 $0.30 < c \leqslant 0.35$	窗墙面积比 $0.35 < c \leqslant 0.45$	窗墙面积比 $0.45 < c \leqslant 0.50$
北(偏东60°到偏西60°范围)	冬季最冷月室外平均气温大于5℃	4.7	4.7	3.2	2.5	—
	冬季最冷月室外平均气温小于5℃	4.7	3.2	3.2	2.5	—
东、西(东或西偏北30°到偏南60°范围)	无外遮阳措施	4.7	3.2	—	—	—
	有外遮阳(其太阳辐射透过率小于等于20%)	4.7	3.2	3.2	2.5	2.5
南(偏东30°到偏西30°范围)		4.7	4.7	3.2	2.5	2.5

表 8-7　　　　　　　　　　　　　**我国部分城市的温度及湿度**

城市名称	温度/℃					相对湿度/%		
	最冷月平均	最热月平均	最热月14时平均	极端最高	极端最低	最冷月平均	最热月平均	最热月14时平均
北京	−4.6	25.8	30.0	40.6	−27.4	45	78	64
兰州	−6.9	22.2	26.0	39.1	−21.7	58	61	44
西宁	−8.4	17.2	22.0	33.5	−26.6	48	65	47
上海	3.5	27.8	32.0	38.9	−10.1	75	83	67

城市 名称	温度/℃					相对湿度/%		
	最冷月 平均	最热月 平均	最热月 14 时平均	极端 最高	极端 最低	最冷月 平均	最热月 平均	最热月 14 时平均
银川	−9.0	23.4	27.0	39.3	−30.6	58	64	47
西安	−1.0	26.6	31.0	41.7	−20.6	67	72	55
成都	5.5	25.6	29.0	37.3	−5.9	80	85	70

8.1.4.4　地形、地质条件和地震烈度

基地、地形的平缓起伏,对建筑物的平面组合、结构布置和建筑体型都有明显的影响。如坡度较陡的地形,常采用房屋结合地形错层建造;复杂的地质条件,要求房屋的构成和基础的设置采取相应的结构构造措施。

地震烈度表示地面及房屋建筑遭受地震破坏的程度。烈度在 6 度以下的地区,地震对建筑物的损坏影响较小,6~9 度区为抗震设防区,地震区的房屋设计应考虑以下几方面内容。

① 选择对抗震有利的场地和地基,如应考虑地势平坦、较为开阔的场地,避免在陡坡、深沟、峡谷地带,以及处于断层上下的地段建造房屋。

② 房屋设计的体型,应尽可能规整、简洁,避免在建筑平面及体型上的凹凸。如住宅设计中,地震区应避免采用突出的楼梯间和凹阳台等。

③ 采取必要的加强房屋整体性的构造措施,不做或少做地震时容易倒塌或脱落的建筑附属物,如女儿墙、附加的花饰等须作加固处理。

④ 从材料选用和构造做法上尽可能减轻建筑物的自重,特别需要减轻屋顶和围护墙的重量。

8.1.4.5　建筑模数制

建筑模数(表 8-8)是选定的标准尺度单位,作为建筑物、建筑构配件,建筑制品以及有关设备尺寸间协调的基础。我国选定的建筑基本模数为 100mm,其符号为 M,即 1M＝100mm。整个建筑物和建筑物的部分以及建筑组合件的模数化尺寸,应是基本模数的倍数(即导出模数),包括扩大模数和分模数。扩大模数是基本模数的整数倍数,分模数是整数除基本模数的数值。

民用建筑常用参数见表 8-9。

表 8-8　　　　　　　　　　　　　　　　建筑模数

模数名称	基本模数	扩大模数	分模数
应用范围	主要用于建筑物层高、门窗洞口和构配件截面	① 主要用于建筑物的开间或柱距、进深或跨度、层高、构配件截面尺寸和门窗洞口等处。 ② 扩大模数 30M 数列按 3000mm 进级,其幅度可增至 360M;60M 数列按 6000mm 进级,其幅度可增至 360M	① 主要用于缝隙、构造节点和构配件截面处。 ② 分模数 1/2M 数列按 50mm 进级,其幅度可增至 10M

表 8-9　　　　　　　　　　　　民用建筑常用参数　　　　　　　　　　（单位:mm）

名称	数值
开间	2100、2400、2700、3000、3300、3600、3900、4200、4500
进深	3000、3300、3600、3900、4200、4500、4800、5100、5400、5700、6000
层高	2600、2700、2800、2900、3000、3300、3600

8.1.5　建筑节能设计要求

建筑热工设计应与地区气候相适应。《民用建筑热工设计规范》(GB 50176—1993)规定,建筑热工设计分区及设计要求应符合表 8-10 的规定。

表 8-10　　　　　　　　　　建筑热工设计分区及设计要求

分区名称	分区指标		设计要求
	主要指标	辅助指标	
严寒地区	最冷月平均温度小于等于−10℃	日平均温度小于等于 5℃的天数大于等于 145d	必须充分满足冬季保温要求,一般可不考虑夏季防热
寒冷地区	最冷月平均温度−10～0℃	日平均温度小于等于 5℃的天数 90～145d	应满足冬季保温要求,部分地区兼顾夏季防热
夏热冬冷地区	最冷月平均温度 0～10℃,最热月平均温度 25～30℃	日平均温度小于等于 5℃的天数 0～90d,日平均温度大于等于 25℃的天数 40～110d	必须满足夏季防热要求,适当兼顾冬季保温
夏热冬暖地区	最冷月平均温度大于 10℃,最热月平均温度 25～29℃	日平均温度大于等于 25℃的天数 100～200d	必须充分满足夏季防热要求,一般可不考虑冬季保温
温和地区	最冷月平均温度 0～13℃,最热月平均温度 18～25℃	日平均温度小于等于 5℃的天数 0～90d	部分地区应考虑冬季保温,一般可不考虑夏季防热

(1)冬季保温设计要求

① 建筑物宜设在避风和向阳的地段。

② 建筑物的体形设计宜减少外表面积,其平、立面的凹凸面不宜过多。

③ 居住建筑,在严寒地区、寒冷地区不应设开敞式楼梯间和开敞式外廊;公共建筑,在严寒地区、寒冷地区出入口处应设门斗或热风幕等避风设施。

④ 建筑物外部窗户面积不宜过大,应减少窗户缝隙长度,并采取密闭措施。

⑤ 外墙、屋顶、直接接触室外空气的楼板和不采暖楼梯间的隔墙等围护结构,应进行保温验算,其传热阻应大于或等于建筑物所在地区要求的最小传热阻。

⑥ 当有散热器、管道、壁龛等嵌入外墙时,该处外墙的传热阻应大于或等于建筑物所在地区要求的最小传热阻。

⑦ 围护结构中的热桥部位应进行保温验算,并采取保温措施。

⑧ 严寒地区居住建筑的底层地面,在其周边一定范围内应采取保温措施。

⑨ 围护结构的构造设计应考虑防潮要求。

(2)夏季防热设计要求

① 建筑物的夏季防热应采取自然通风、窗户遮阳、围护结构隔热和环境绿化等综合性措施。

② 建筑物的总体布置,单体的平、剖面设计和门窗的设置,应有利于自然通风,并尽量避免主要房间受东、西向的日晒。

③ 建筑物的向阳面,特别是东、西向窗户,应采取有效的遮阳措施。在建筑设计中,宜结合外廊、阳台、挑檐等处理方法达到遮阳目的。

④ 屋顶和东、西向外墙的内表面温度,应满足隔热设计标准的要求。

⑤ 为防止潮霉季节湿空气在地面冷凝泛潮,居室、托幼园所等场所的地面下部宜采取保温措施或架空做法,地面面层宜采用微孔吸湿材料。

(3)空调建筑热工设计要求

① 空调建筑或空调房间应尽量避免东、西朝向和东、西向窗户。

② 空调房间应集中布置、上下对齐。温湿度要求相近的空调房间宜相邻布置。

③ 空调房间应避免布置在有两面相邻外墙的转角处和伸缩缝处。

④ 空调房间应避免布置在顶层;当必须布置在顶层时,屋顶应有良好的隔热措施。

⑤ 在满足使用要求的前提下,空调房间的净高宜降低。

⑥ 空调建筑的外表面积宜减少,外表面宜采用浅色饰面。

⑦ 当建筑物外部窗户采用单层窗时,窗墙面积比不宜超过 0.30;采用双层窗或单框双层玻璃窗时,窗墙面积比不宜超过 0.40。

⑧ 向阳面,特别是东、西向窗户,应采取热反射玻璃、反射阳光涂膜、各种固定式和活动式遮阳等有效的遮阳措施。

⑨ 建筑物外部窗户的气密性等级不应低于现行国家标准《建筑外门窗气密、水密、抗风性能分级及其检测方法》(GB 7106—2008)规定的Ⅲ级水平。

⑩ 建筑物外部窗户的部分窗扇应能开启。当有频繁开启的外门时,应设置门斗或空气幕等防渗透措施。

⑪ 围护结构的传热系数应符合《采暖通风与空气调节设计规范》(GB 50019—2003)规定的要求。

⑫ 间歇使用的空调建筑,其外围护结构内侧和内围护结构宜采用轻质材料。连续使用的空调建筑,其外围护结构内侧和内围护结构宜采用重质材料。围护结构的构造设计应考虑防潮要求。

(4)围护结构保温措施

① 提高围护结构热阻值可采取下列措施:

a. 采用轻质高效保温材料与砖、混凝土或钢筋混凝土等材料组成的复合结构。

b. 采用密度为 $500\sim800kg/m^3$ 的轻混凝土和密度为 $800\sim1200kg/m^3$ 的轻骨料混凝土作为单一材料墙体。

c. 采用多孔黏土空心砖或多排孔轻骨料混凝土空心砌块墙体。

d. 采用封闭空气间层或带有铝箔的空气间层。

② 提高围护结构热稳定性可采取下列措施：

a. 采用复合结构时,内外侧宜采用砖、混凝土或钢筋混凝土等重质材料,中间复合轻质保温材料。

b. 采用加气混凝土、泡沫混凝土等轻混凝土单一材料墙体时,内外侧宜做水泥砂浆抹面层或其他重质材料饰面层。

(5)围护结构隔热措施

① 外表面做浅色饰面,如浅色粉刷、涂层和面砖等。

② 设置通风间层,如通风屋顶、通风墙等。通风屋顶的风道长度不宜大于 10m。间层高度以 20cm 左右为宜。基层上面应有 6cm 左右的隔热层。夏季多风地区,檐口处宜采用兜风构造。

③ 采用双排或三排孔混凝土或轻骨料混凝土空心砌块墙体。

④ 复合墙体的内侧宜采用厚度为 10cm 左右的砖或混凝土等重质材料。

⑤ 设置带铝箔的封闭空气间层。当为单面铝箔空气间层时,铝箔宜设在温度较高的一侧。

⑥ 蓄水屋顶。水面宜有水浮莲等浮生植物或白色漂浮物。水深宜为 15～20cm。

⑦ 采用有土和无土植被屋顶,以及墙面垂直绿化等。

8.2　民用建筑防火及疏散设计

民用建筑的设计必须遵循《建筑设计防火规范》(GB 50016—2006)和《高层民用建筑设计防火规范(2005 年版)》(GB 50045—1995)的规定,在设计中要根据使用性质选定建筑物的耐火等级,设置防火分隔物,分清防火分区,保证合理的防火间距,设有安全通道及疏散通口,保证人员及财产的安全,防止或减少火灾的发生。

8.2.1　民用建筑防火

8.2.1.1　民用建筑的耐火等级

(1)一般民用建筑的耐火等级

一般民用建筑是指 9 层及 9 层以下的居住建筑(包括设置商业服务网点的居住建筑);建筑高度小于或等于 24m 的公共建筑;建筑高度大于 24m 的单层公共建筑等。

一般民用建筑的耐火等级应分为一、二、三、四级。《建筑设计防火规范》(GB 50016—2006)规定:不同耐火等级建筑物相应构件的燃烧性能和耐火极限不应低于表 8-11 的规定。

表 8-11　　　　　　　建筑物构件的燃烧性能和耐火极限

名称		耐火等级							
构件		一级		二级		三级		四级	
		燃烧性能	耐火极限/h	燃烧性能	耐火极限/h	燃烧性能	耐火极限/h	燃烧性能	耐火极限/h
墙	防火墙	不燃烧体	3.00	不燃烧体	3.00	不燃烧体	3.00	不燃烧体	3.00
	承重墙	不燃烧体	3.00	不燃烧体	2.50	不燃烧体	2.00	难燃烧体	0.50
	非承重外墙	不燃烧体	1.00	不燃烧体	1.00	不燃烧体	0.50	燃烧体	
	楼梯间的墙、电梯井的墙、住宅单元之间的墙、住宅分户墙	不燃烧体	2.00	不燃烧体	2.00	不燃烧体	1.50	难燃烧体	0.50
	疏散走道两侧的隔墙	不燃烧体	1.00	不燃烧体	1.00	不燃烧体	0.50	难燃烧体	0.25
	房间隔墙	不燃烧体	0.75	不燃烧体	0.50	难燃烧体	0.50	难燃烧体	0.25
柱		不燃烧体	3.00	不燃烧体	2.50	不燃烧体	2.00	难燃烧体	0.50
梁		不燃烧体	2.00	不燃烧体	1.50	不燃烧体	1.00	难燃烧体	0.50
楼板		不燃烧体	1.50	不燃烧体	1.00	不燃烧体	0.50	燃烧体	
屋顶承重构件		不燃烧体	1.50	不燃烧体	1.00	燃烧体		燃烧体	
疏散楼梯		不燃烧体	1.50	不燃烧体	1.00	不燃烧体	0.50	燃烧体	
吊顶(包括吊顶搁栅)		不燃烧体	0.25	难燃烧体	0.25	难燃烧体	0.15	燃烧体	

注:1. 除本规范另有规定者外,以木柱承重且以不燃烧材料作为墙体的建筑物,其耐火等级应按四级确定。

2. 二级耐火等级建筑的吊顶采用不燃烧体时,其耐火极限不限。

3. 在二级耐火等级的建筑中,面积不超过 100m² 的房间隔墙,如执行本表的规定确有困难时,可采用耐火极限不低于 0.30h 的不燃烧体。

4. 一、二级耐火等级建筑疏散走道两侧的隔墙,按本表规定执行确有困难时,可采用 0.75h 不燃烧体。

5. 住宅建筑构件的耐火极限和燃烧性能可按《住宅建筑规范》(GB 50368—2005)的规定执行。

(2)高层建筑的耐火等级

高层建筑是指层数超过 10 层(包括 10 层在内)的居住建筑或建筑高度大于 24m 的公共建筑(不包括单层主体建筑)。高层建筑的分类见表 8-12,依据其分类的不同,高层建筑的耐火等级应分为一、二两级,其建筑构件的燃烧性能和耐火极限不应低于表 8-13 的规定。

表 8-12 高层建筑的分类

名称	一类	二类
居住建筑	19层及19层以上的住宅	10～18层的住宅
公共建筑	① 医院。 ② 高级旅馆。 ③ 建筑高度超过50m或24m以上部分的任一楼层的建筑面积超过1000m² 的商业楼、展览楼、综合楼、电信楼、财贸金融楼。 ④ 建筑高度超过50m或24m以上部分的任一楼层的建筑面积超过1500m² 的商住楼。 ⑤ 中央级和省级(含计划单列市)广播电视楼。 ⑥ 网局级和省级(含计划单列市)电力调度楼。 ⑦ 省级(含计划单列市)邮政楼、防灾指挥调度楼。 ⑧ 藏书超过100万册的图书馆、书库。 ⑨ 重要的办公楼、科研楼、档案楼。 ⑩ 建筑高度超过50m的教学楼和普通的旅馆、办公楼、科研楼、档案楼等	① 除一类建筑以外的商业楼、展览楼、综合楼、电信楼、财贸金融楼、商住楼、图书馆、书库。 ② 省级以下的邮政楼、防灾指挥调度楼、广播电视楼、电力调度楼。 ③ 建筑高度不超过50m的教学楼和普通的旅馆、办公楼、科研楼、档案楼等

表 8-13 建筑构件的燃烧性能和耐火极限

构件名称		燃烧性能和耐火极限 耐火等级			
		一级		二级	
		燃烧性能	耐火极限/h	燃烧性能	耐火极限/h
墙	防火墙	不燃烧体	3.00	不燃烧体	3.00
	承重墙、楼梯间的墙、电梯井的墙、住宅单元之间的墙、住宅分户墙	不燃烧体	2.00	不燃烧体	2.00
	非承重外墙、疏散走道两侧的隔墙	不燃烧体	1.00	不燃烧体	1.00
	房间隔墙	不燃烧体	0.75	不燃烧体	0.50
柱		不燃烧体	3.00	不燃烧体	2.50
梁		不燃烧体	2.00	不燃烧体	1.50
楼板、疏散楼梯、屋顶承重构件		不燃烧体	1.50	不燃烧体	1.00
吊顶		不燃烧体	0.25	难燃烧体	0.25

8.2.1.2 民用建筑的防火分区

现代建筑规模大、功能多、类型复杂,一旦某处起火成灾,若不按面积、按楼层控制火灾,那么造成的危害是难以想象的。因此,要在建筑物内设置防火分区。

所谓防火分区,是指用具有一定耐火能力的墙、楼板等分隔构件,作为一个区域的边界构件,能够在一定时间内把火灾控制在某一范围内的基本空间。按其作用的不同,可分为水平防火分区和垂直防火分区。防火分区之间应采用防火墙分隔。当采用防火墙确有困难时,可采用防火卷帘等防火分隔设施分隔。建筑中的封闭楼梯间、防烟楼梯间、消防电梯间前室及合用前室,不应设置卷帘门。疏散走道在防火分区处应设置甲级常开防火门。建筑物防火分区的大小取决于建筑物的耐火等级和建筑层数。

(1)一般民用建筑的防火分区

一般民用建筑的耐火等级、最多允许层数和防火分区最大允许建筑面积应符合表 8-14 的规定。

表 8-14　　**民用建筑的耐火等级、最多允许层数和防火分区最大允许建筑面积**

耐火等级	最多允许层数	防火分区的最大允许建筑面积/m²	备注
一、二级	小于等于 9 层的居住建筑;建筑高度小于等于 24m 的公共建筑;建筑高度大于等于 24m 的单层公共建筑等	2500	① 体育馆、剧院的观众厅,展览建筑的展厅,其防火分区最大允许建筑面积可适当放宽。 ② 托儿所、幼儿园的儿童用房和儿童游乐厅等儿童活动场所不应超过 3 层或设置在 4 层及 4 层以上楼层或地下、半地下建筑(室)内
三级	5 层	1200	① 托儿所、幼儿园的儿童用房和儿童游乐厅等儿童活动场所,老年人建筑和医院、疗养院的住院部分不应超过 2 层或设置在 3 层及 3 层以上楼层或地下、半地下建筑(室)内。 ② 商店、学校、电影院、剧院、礼堂、食堂、菜市场不应超过 2 层或设置在 3 层及 3 层以上楼层
四级	2 层	600	学校、食堂、菜市场、托儿所、幼儿园、老年人建筑、医院等不应设置在 2 层
地下、半地下建筑(室)		500	—

注:建筑内设置自动灭火系统时,该防火分区的最大允许建筑面积可按本表的规定增加 1.0 倍;局部设置时,增加面积可按该局部面积的 1.0 倍计算。

(2)高层建筑的防火分区

高层建筑的耐火等级、最多允许层数和防火分区最大允许建筑面积应符合表 8-15 的规定。

表 8-15　　　　　　**高层建筑每个防火分区的允许最大建筑面积**

建筑类别	每个防火分区建筑面积/m²	耐火等级
一类建筑	1000	一级
二类建筑	1500	不低于二级
地下室	500	一级

注:1.设有自动灭火系统的防火分区,其允许最大建筑面积可按本表增加 1.0 倍;当局部设置自动灭火系统时,增加面积可按该局部面积的 1.0 倍计算。

　2.一类建筑的电信楼,其防火分区允许最大建筑面积可按本表增加 50%。

（3）中庭空间的防火分区

① 一般建筑物内设置中庭时，其防火分区面积应按上下层相连通的面积叠加计算，当超过一个防火分区最大允许建筑面积时，应符合下列规定：

a. 房间与中庭相通的开口部位应设置能自行关闭的甲级防火门窗。

b. 与中庭相通的过厅、通道等处应设置甲级防火门或防火卷帘，防火门或防火卷帘应能在火灾时自动关闭或降落。

c. 中庭应设置排烟设施。

② 高层建筑中庭防火分区面积应按上下层连通的面积叠加计算，当超过一个防火分区面积时，应符合下列规定：

a. 房间与中庭回廊相通的门、窗，应设自行关闭的乙级防火门、窗。

b. 与中庭相通的过厅、通道等，应设乙级防火门或耐火极限大于 3.00h 的防火卷帘分隔。

c. 中庭每层回廊应设有自动喷水灭火系统。

d. 中庭每层回廊应设火灾自动报警系统。

建筑物内如设有上下层相连通的走廊、开敞楼梯、自动扶梯、传送带、跨层窗等开口部位时，应按上下连通层作为一个防火分区，其建筑面积之和不应超过表 8-14 和表 8-15 的规定。

8.2.1.3 民用建筑的防火间距

（1）一般民用建筑的防火间距

一般民用建筑的防火间距与其耐火等级有关，应符合《建筑设计防火规范》（GB 50016—2006）的规定，满足表 8-16 的要求。

数座一、二级耐火等级的多层住宅或办公楼，当建筑物的占地面积的总和小于等于 2500m² 时，可成组布置，但组内建筑物之间的间距不宜小于 4m。组与组或组与相邻建筑物之间的防火间距不应小于表 8-16 的规定。

表 8-16 民用建筑之间的防火间距 （单位：m）

耐火等级	一、二级	三级	四级
一、二级	6	7	9
三级	7	8	10
四级	9	10	12

注：1. 两座建筑物相邻较高一面外墙为防火墙或高出相邻较低一座一、二级耐火等级建筑物的屋面 15m 范围内的外墙为防火墙，且不开设门窗洞口时，其防火间距可不限。

2. 相邻的两座建筑物，当较低一座的耐火等级不低于二级，屋顶不设置天窗，屋顶承重构件及屋面板的耐火极限不低于 1.00h，且相邻的较低一面外墙为防火墙时，其防火间距不应小于 3.5m。

3. 相邻的两座建筑物，当较低一座的耐火等级不低于二级，相邻较高一面外墙的开口部位设置甲级防火门窗，或设置符合《自动喷水灭火系统设计规范（2005 年版）》（GB 50084—2001）规定的防火分隔水幕或本规范第 7.5.3 条规定的防火卷帘时，其防火间距不应小于 3.5m。

4. 相邻两座建筑物，当相邻外墙为不燃烧体且无外露的燃烧体屋檐，每面外墙上未设置防火保护措施的门窗洞口不正对开设，且面积之和小于等于该外墙面积的 5% 时，其防火间距可按本表规定减少 25%。

5. 耐火等级低于四级的原有建筑物，其耐火等级可按四级确定；以木柱承重且以不燃烧材料作为墙体的建筑，其耐火等级应按四级确定。

6. 防火间距应按相邻建筑物外墙的最近距离计算，当外墙有突出的燃烧构件时，应从其突出部分外缘算起。

（2）高层建筑的防火间距

高层建筑之间及高层建筑与其他民用建筑之间的防火间距,不应小于表 8-17 的规定。

表 8-17　　　　**高层建筑之间及高层建筑与其他民用建筑之间的防火间距**　　　　（单位:m）

建筑类别	高层建筑	裙房	其他民用建筑		
			耐火等级		
			一、二级	三级	四级
高层建筑	13	9	9	11	14
裙房	9	6	6	7	9

高层建筑的防火间距除满足表 8-17 规定之外,在以下几种特殊情况下可灵活调整:

① 两座高层建筑或高层建筑与不低于二级耐火等级的单层、多层民用建筑相邻,当较高一面外墙为防火墙或比相邻较低一座建筑屋面高 15.00m 及以下范围内的墙为不开设门、窗洞口的防火墙时,其防火间距可不限。

② 两座高层建筑或高层建筑与不低于二级耐火等级的单层、多层民用建筑相邻,当较低一座的屋顶不设天窗、屋顶承重构件的耐火极限不低于 1.00h,且相邻较低一面外墙为防火墙时,其防火间距可适当减小,但不宜小于 4.00m。

③ 两座高层建筑或高层建筑与不低于二级耐火等级的单层、多层民用建筑相邻,当相邻较高一面外墙耐火极限不低于 2.00h,墙上开口部位设有甲级防火门、窗或防火卷帘时,其防火间距可适当减小,但不宜小于 4.00m。

8.2.2　民用建筑的安全疏散

建筑物内的安全疏散路线应尽量短截、连续、畅通、无阻碍地通向最安全出口。安全疏散路线一般可分为三种:室内→室外;室内→走道→室外;室内→走道→楼梯→室外。

8.2.2.1　安全出口及数目

安全出口应分散设置且易于寻找,并应设置明显标志。

（1）一般民用建筑的安全出口要求

每个防火分区、1 个防火分区的每个楼层,其相邻 2 个安全出口最近边缘之间的水平距离不应小于 5m。公共建筑内的每个防火分区、1 个防火分区内的每个楼层,其安全出口的数量应经计算确定,且不应少于 2 个。当符合下列条件之一时,可设 1 个安全出口或疏散楼梯。

① 除托儿所、幼儿园外,建筑面积小于等于 200m² 且人数不超过 50 人的单层公共建筑。

② 除医院、疗养院、老年人建筑及托儿所、幼儿园的儿童用房和儿童游乐厅等儿童活动场所等外,符合表 8-18 规定的 2、3 层公共建筑。

表 8-18　　　　　　　　　　　　**公共建筑可设置 1 个疏散楼梯的条件**

耐火等级	最多层数	每层最大建筑面积/m²	人数
一、二级	3 层	500	第 2 层和第 3 层的人数之和不超过 100 人
三级	3 层	200	第 2 层和第 3 层的人数之和不超过 50 人
四级	2 层	200	第 2 层人数不超过 30 人

一、二级耐火等级的公共建筑,当设置不少于 2 部疏散楼梯且顶层局部升高部位的层数不超过 2 层、人数之和不超过 50 人、每层建筑面积小于等于 200m² 时,该局部高出部位可设置 1 部与下部主体建筑楼梯间直接连通的疏散楼梯,但至少应另外设置 1 个直通主体建筑上人平屋面的安全出口,该上人屋面应符合人员安全疏散要求。

公共建筑和通廊式非住宅类居住建筑中各房间疏散门的数量应经过计算确定,且不应少于 2 个,该房间相邻 2 个疏散门最近边缘之间的水平距离不应小于 5m。当符合下列条件之一时,可设置 1 个。

① 位于 2 个安全出口之间,且建筑面积小于等于 120m²,疏散门的净宽度不小于 0.9m。

② 托儿所、幼儿园、老年人建筑外,房间位于走道尽端,且由房间内任一点到疏散门的直线距离小于等于 15m,其疏散门的净宽度不小于 1.4m。

③ 娱乐放映游艺场所内建筑面积小于等于 50m² 的房间。

剧院、电影院和礼堂的观众厅,其疏散门的数量应经过计算确定,且不应少于 2 个。每个疏散门的平均疏散人数不应超过 250 人;当容纳人数超过 2000 人时,其超过 2000 人的部分,每个疏散门的平均疏散人数不应超过 400 人。

体育馆的观众厅,其疏散门的数量应经过计算确定,且不应少于 2 个,每个疏散门的平均疏散人数不宜超过 400~700 人。

居住建筑单元任一层建筑面积大于 650m²,或任一住户的户门至安全出口的距离大于 15m 时,该建筑单元每层安全出口不应少于 2 个。当通廊式非住宅类居住建筑超过表 8-18 规定时,安全出口不应少于 2 个。

地下、半地下建筑(室)安全出口和房间疏散门的设置应符合下列规定。

① 每个防火分区的安全出口数量应经过计算确定,且不应少于 2 个。当平面上有 2 个或 2 个以上防火分区相邻布置时,每个防火分区可利用防火墙上 1 个通向相邻分区的防火门作为第二安全出口,但必须有 1 个直通室外的安全出口。

② 使用人数不超过 30 人且建筑面积小于等于 500m² 的地下、半地下建筑(室),其直通室外的金属竖向梯可作为第二安全出口。

③ 房间建筑面积小于等于 50m²,且经常停留人数不超过 15 人时,可设置 1 个疏散门。

(2)高层建筑的安全出口要求

高层建筑每个防火分区的安全出口不应少于 2 个,但符合下列条件之一的,可设 1 个安全出口。

① 18 层及 18 层以下,每层不超过 8 户,建筑面积不超过 650m²,且设有一座防烟楼梯间和消防电梯的塔式住宅。

② 18 层及 18 层以下每个单元设有一座通向屋顶的疏散楼梯，单元之间的楼梯通过屋顶连通，单元与单元之间设有防火墙，户门为甲级防火门，窗间墙宽度、窗槛墙高度大于 1.2m 且为不燃烧体墙的单元式住宅。

③ 超过 18 层，每个单元设有一座通向屋顶的疏散楼梯，18 层以上部分每层相邻单元楼梯通过阳台或凹廊连通（屋顶可以不连通），18 层及 18 层以下部分单元与单元之间设有防火墙，且户门为甲级防火门，窗间墙宽度、窗槛墙高度大于 1.2m 且为不燃烧体墙的单元式住宅。

④ 除地下室外，相邻两个防火分区之间的防火墙上有防火门连通时，且相邻两个防火分区的建筑面积之和不超过表 8-19 规定的公共建筑。

表 8-19　　　　　　　　　　**两个防火分区建筑面积之和最大允许值**

建筑类别	两个防火分区建筑面积之和/m²
一类建筑	1400
二类建筑	2100

公共建筑中位于两个安全出口之间的房间，当其建筑面积不超过 60m² 时，可设置一个门，门的净宽不应小于 0.90m。公共建筑中位于走道尽端的房间，当其建筑面积不超过 75m² 时，可设置一个门，门的净宽不应小于 1.40m。

高层建筑地下室、半地下室的安全疏散应符合下列规定。

① 每个防火分区的安全出口不应少于 2 个。当有 2 个或 2 个以上防火分区，且相邻防火分区之间的防火墙上设有防火门时，每个防火分区可分别设一个直通室外的安全出口。

② 房间面积不超过 50m²，且经常停留人数不超过 15 人的房间，可设 1 个门。

③ 人员密集的厅、室疏散出口总宽度，应按其通过人数每 100 人不小于 1.00m 计算。

高层建筑的公共疏散门均应向疏散方向开启，且不应采用侧拉门、吊门和转门。

8.2.2.2　安全疏散宽度

（1）一般民用建筑安全疏散宽度

疏散楼梯、外门、走道除应按百人宽度指标（表 8-20）计算外，还应满足最小净宽的要求。

① 安全出口、房间疏散门的净宽度不应小于 0.9m。

② 疏散走道和疏散楼梯的净宽度不应小于 1.1m。

③ 不超过 6 层的单元式住宅，当疏散楼梯的一边设置栏杆时，最小净宽度不宜小于 1m。

④ 人员密集的公共场所、观众厅的疏散门不应设置门槛，其净宽度不应小于 1.4m，且紧靠门口内外各 1.4m 范围内不应设置踏步。

⑤ 人员密集的公共场所的室外疏散小巷的净宽度不应小于 3m，并应直接通向宽敞地带。

表 8-20　　　　　疏散走道、安全出口、疏散楼梯和房间疏散门每 100 人的净宽度　　　（单位:m）

楼层位置	耐火等级		
	一、二级	三级	四级
地上 1、2 层	0.65	0.75	1.00
地上 3 层	0.75	1.00	—
地上 4 层及 4 层以上各层	1.00	1.25	—
与地面出入口地面的高差不超过 10m 的地下建筑	0.75	—	—
与地面出入口地面的高差超过 10m 的地下建筑	1.00	—	—

剧院、电影院、礼堂、体育馆等人员密集场所的疏散走道、疏散楼梯、疏散门、安全出口的各自总宽度,应根据其通过人数和疏散净宽度指标计算确定,并应符合下列规定。

① 观众厅内疏散走道的净宽度应按每 100 人不小于 0.6m 的净宽度计算,且不应小于 1m;边走道的净宽度不宜小于 0.8m。在布置疏散走道时,横走道之间的座位排数不宜超过 20 排;剧院、电影院、礼堂等纵走道之间座位数,每排不宜超过 22 个;体育馆每排不宜超过 26 个;前后排座椅的排距不小于 0.9m 时,可增加 1 倍,但不得超过 50 个;仅一侧有纵走道时,座位数应减少一半。

② 剧院、电影院、礼堂、体育馆等场所供观众疏散的所有内门、外门、楼梯和走道的各自总宽度,应按表 8-21 的规定计算确定。

表 8-21　　　　　　　　　　观众厅疏散宽度指标　　　　　　　　　（单位:m/100 人)

建筑类别	剧院、电影院、礼堂/座		体育馆/座		
	≤2500	≤1200	3000～5000	5001～10000	10001～20000
耐火等级	一、二级	三级	一、二级	一、二级	一、二级
门和走道　平坡地面	0.65	0.85	0.43	0.37	0.32
门和走道　阶梯地面	0.75	1.00	0.50	0.43	0.37
楼梯	0.75	1.00	0.50	0.43	0.37

注:1. 有等场需要的入场门,不应作为观众厅的疏散门。
　　2. 表中较大座位数档次按规定指标计算出来的疏散总宽度,不应小于相邻较小座位数档次按其最多座位数计算出来的疏散总宽度。

(2)高层建筑安全疏散宽度

高层建筑内走道的净宽,应按通过人数每 100 人不小于 1.00m 计算;高层建筑首层疏散外门的总宽度,应按人数最多的一层每 100 人不小于 1.00m 计算。首层疏散外门和走道的净宽应符合表 8-22 的规定。

表 8-22　　　　　　　　　　首层疏散外门和走道的净宽　　　　　　　　（单位:m）

高层建筑	每个外门的净宽	走道净宽	
		单面布房	双面布房
医院	≥1.30	≥1.40	≥1.50
居住建筑	≥1.10	≥1.20	≥1.30
其他	≥1.20	≥1.30	≥1.40

高层建筑内设有固定座位的观众厅、会议厅等人员密集场所，其疏散走道、出口等应符合下列规定。

① 厅内的疏散走道的净宽应按通过人数每 100 人不小于 0.80m 计算，且不宜小于 1.00m；边走道的最小净宽不宜小于 0.80m。

② 厅的疏散出口和厅外疏散走道的总宽度，平坡地面应分别按通过人数每 100 人不小于 0.65m 计算，阶梯地面应分别按通过人数每 100 人不小于 0.80m 计算。疏散出口和疏散走道的最小净宽均不应小于 1.40m。

③ 疏散出口的门内、门外 1.40m 范围内不应设踏步，且门必须向外开，并不应设置门槛。

④ 厅内座位的布置，横走道之间的排数不宜超过 20 排，纵走道之间每排座位不宜超过 22 个；当前后排座位的排距不小于 0.90m 时，每排座位可为 44 个；只一侧有纵走道时，其座位数应减半。

⑤ 厅内每个疏散出口的平均疏散人数不应超过 250 人。

⑥ 厅的疏散门，应采用推闩式外开门。

疏散楼梯间及其前室的门的净宽应按通过人数每 100 人不小于 1.00m 计算，但最小净宽不应小于 0.90m。单面布置房间的住宅，其走道出垛处的最小净宽不应小于 0.90m。

8.2.2.3 安全疏散距离

(1) 一般民用建筑安全疏散距离

如图 8-3 所示，民用建筑的安全疏散距离应符合下列规定。

① 直接通向疏散走道的房间疏散门至最近安全出口的距离应符合表 8-23 的规定。

② 直接通向疏散走道的房间疏散门至最近非封闭楼梯间的距离，当房间位于两个楼梯间之间时，应按表 8-24 的规定减少 5m；当房间位于袋形走道两侧或尽端时，应按表 8-24 的规定减少 2m。

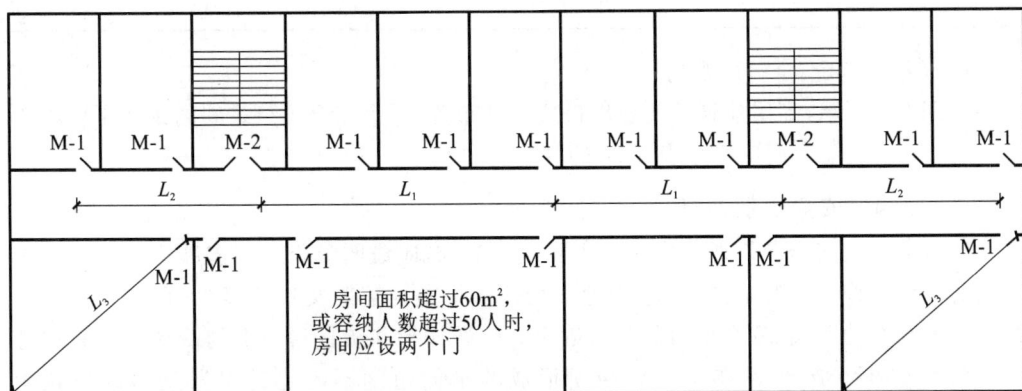

图 8-3 袋形走道两侧或尽端的房间从房门到外部出口或楼梯间的最大距离

L_1—位于袋形走道两端的房间出口距楼梯出口的最大距离；L_2—两个楼梯之间的房间出口距楼梯出口的最大距离；L_3—房间内最远一点至房间出口的最大距离为 14m

③ 楼梯间的首层应设置直通室外的安全出口或在首层采用扩大封闭楼梯间。当层数不超过 4 层时,可将直通室外的安全出口设置在离楼梯间小于等于 15m 处。

④ 房间内任一点到该房间直接通向疏散走道的疏散门的距离,不应大于表 8-24 中规定的袋形走道两侧或尽端的疏散门至安全出口的最大距离。

表 8-23　　　　直接通向疏散走道的房间疏散门至最近安全出口的最大距离　　　（单位:m）

名称	位于两个安全出口之间的疏散门(L_2)			位于袋形走道两侧或尽端的疏散门(L_1)		
	耐火等级			耐火等级		
	一、二级	三级	四级	一、二级	三级	四级
托儿所、幼儿园	25	20	—	20	15	—
医院、疗养院	35	30	—	20	15	—
学校	35	30	—	22	20	—
其他民用建筑	40	35	25	22	20	15

注:1.一、二级耐火等级的建筑物内的观众厅、多功能厅、餐厅、营业厅和阅览室等,其室内任何一点至最近安全出口的直线距离不大于30m。
　　2.敞开式外廊建筑的房间疏散门至安全出口的最大距离可按本表增加5m。
　　3.建筑物内全部设置自动喷水灭火系统时,其安全疏散距离可按本表规定增加25%。
　　4.房间内任一点到该房间直接通向疏散走道的疏散门的距离计算:住宅应为最远房间内任一点到户门的距离,跃层式住宅内的户内楼梯的距离可按其梯段总长度的水平投影尺寸计算。

表 8-24　　　　　　　　　　安全疏散距离　　　　　　　　　　（单位:m）

高层建筑		房间门或住宅户门至最近的外部出口或楼梯间的最大距离	
		位于两个安全出口之间的房间(L_2)	位于袋形走道两侧或尽端的房间(L_1)
医院	病房部分	24	12
	其他部分	30	15
旅馆、展览楼、教学楼		30	15
其他		40	20

(2)高层建筑安全疏散距离

如图 8-4 所示,高层建筑的安全出口应分散布置,两个安全出口之间的距离不应小于 5.00m。安全疏散距离应符合表 8-24 的规定。

8.2.2.4　安全疏散楼梯

疏散楼梯是安全疏散通道中一个主要组成部分,应设明显指示标志并应布置在易于寻找的位置,自动扶梯和电梯不应作为安全疏散设施。疏散楼梯的多少,可按宽度指标结合疏散路线的距离、安全出口的数目确定。疏散楼梯和疏散通道上的阶梯不应采用螺旋楼梯和扇形踏步,但踏步上下两级所形成的平面角度不应超过 10°,且每级离扶手 25cm 处的踏步深度超过 22cm 时,可不受此限。

民用建筑的室内疏散楼梯宜设置楼梯间。根据不同要求设置防烟楼梯间和封闭楼梯间,设置要求见表 8-25。

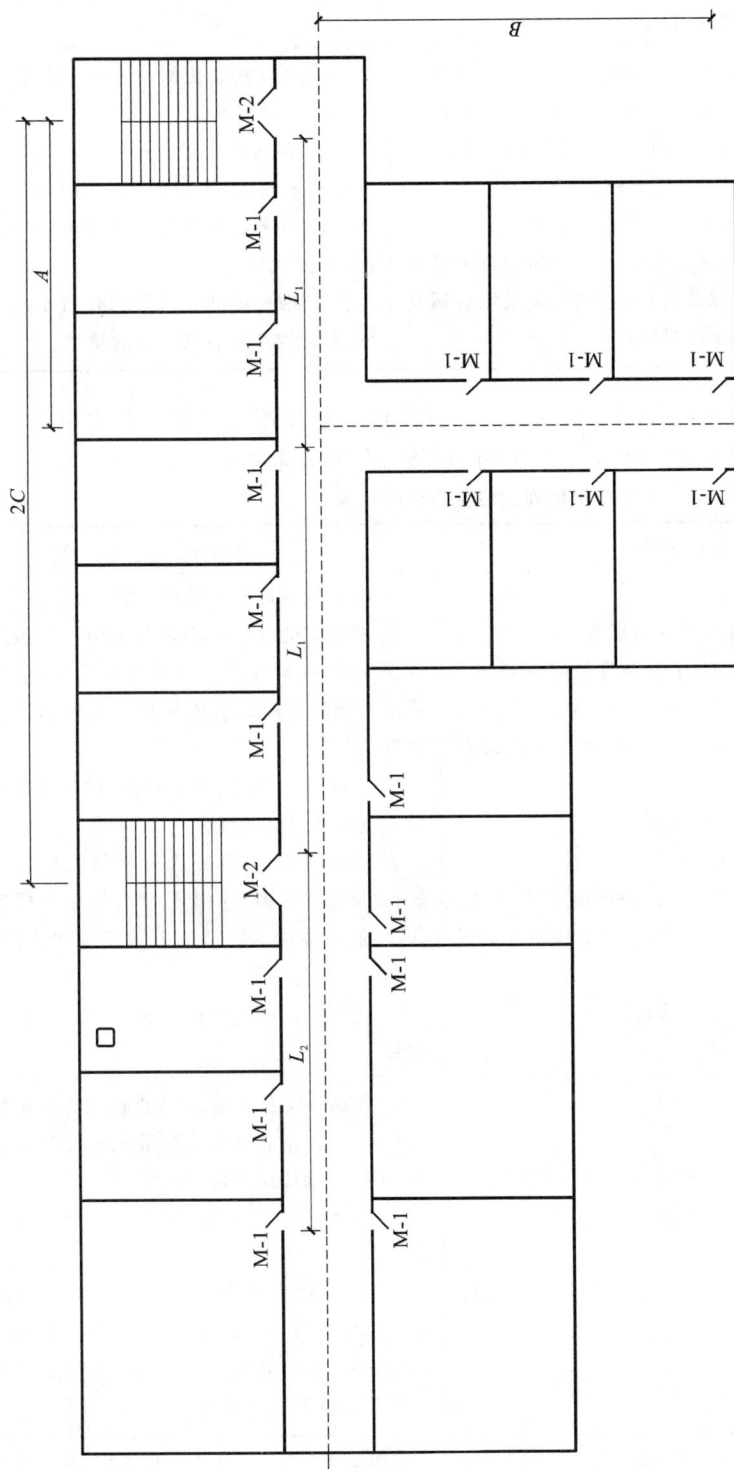

图 8-4 袋形走道两侧或尽端的房间从房门到外部出口或楼梯间的最大距离

L_1—位于袋形走道两端的房间出口距楼梯出口距离的最大距离；L_2—两个楼梯之间的房间出口距楼梯出口距离的最大距离；C—两个楼梯间或两个外部间的房间出口距较近楼梯间门距离；B—位于两个楼梯间的袋形走道端部房间门至一般走道中心线交叉点距离；A—一般走道一半；两个楼梯间的房间出口与位于两个楼梯间的袋形走道中心交叉点距离较近楼梯间门至一般走道中心线交叉点距离；A、B、C三者要满足：$A+2B<C$

表 8-25 疏散楼梯的设置要求

一般民用建筑	高层建筑
① 楼梯间应能天然采光和自然通风,并宜靠外墙设置。 ② 楼梯间内不应设置烧水间、可燃材料储藏室、垃圾道。 ③ 楼梯间内不应有影响疏散的突出物或其他障碍物。 ④ 楼梯间内不应敷设甲、乙、丙类液体管道。 ⑤ 公共建筑的楼梯间内不应敷设可燃气体管道。 ⑥ 居住建筑的楼梯间内不应敷设可燃气体管道和设置可燃气体计量表。当住宅建筑必须设置时,应采用金属套管和设置切断气源的装置等保护措施	① 楼梯间应能天然采光和自然通风,并应靠外墙设置。 ② 楼梯间及防烟楼梯间的前室内不应设烧水间、可燃材料储藏室、可燃气体管道、易燃或可燃气体管道和影响疏散的突出物等。 ③ 疏散楼梯间在各层的位置不应改变,且底层应有直通室外的出口

封闭楼梯间是指设有阻挡烟气入侵的双向弹簧门的楼梯间。高层工业建筑的封闭楼梯间的门应为乙级防火门。封闭式楼梯间的设置条件和要求见表 8-26。

表 8-26 封闭楼梯间的设置条件和要求

	设置条件	要求
一般民用建筑	① 通廊式居住建筑当建筑层数超过 2 层时。 ② 其他形式的居住建筑当建筑层数超过 6 层或任一层建筑面积大于 500m² 时。 ③ 当住宅中的电梯井与疏散楼梯相邻布置时。 ④ 医院、疗养院的病房楼。 ⑤ 旅馆。 ⑥ 超过 2 层的商店等人员密集的公共建筑。 ⑦ 设有歌舞、娱乐、放映、游艺等场所且建筑层数超过 2 层时。 ⑧ 超过 5 层的其他公共建筑	① 满足疏散楼梯的设置要求。 ② 楼梯间的首层可将走道和门厅等包括在楼梯间内,形成扩大的封闭楼梯间,但应采用乙级防火门等措施与其他走道和房间隔开。 ③ 除楼梯间的门之外,楼梯间的内墙上不应开设其他门窗、洞口。 ④ 高层厂房(仓库)、人员密集的公共建筑、人员密集的多层丙类厂房设置封闭楼梯间时,通向楼梯间的门应采用乙级防火门,并应向疏散方向开启。 ⑤ 其他建筑封闭楼梯间的门可采用双向弹簧门
高层建筑	① 裙房和除单元式和通廊式住宅外的建筑高度不超过 32m 的二类建筑。 ② 12～18 层的单元式住宅。 ③ 11 层及 11 层以下的通廊式住宅应设封闭楼梯间	① 楼梯间应靠外墙,并应直接天然采光和自然通风,当不能直接天然采光和自然通风时,应按防烟楼梯间规定设置。 ② 楼梯间应设乙级防火门,并应向疏散方向开启。 ③ 楼梯间的首层紧接主要出口时,可将走道和门厅等包括在楼梯间内,形成扩大的封闭楼梯间,但应采用乙级防火门等防火措施与其他走道和房间隔开

注:1. 对于一般民用建筑,当户门或通向疏散走道,楼梯间的门、窗为乙级防火门、窗时,可不设置封闭楼梯间。

2. 对于高层建筑,11 层及 11 层以下的单元式住宅可不设封闭楼梯间,但开向楼梯间的户门应为乙级防火门,且楼梯间应靠外墙,并应直接天然采光和自然通风。

防烟楼梯间是指在封闭式楼梯间的基础上,增设装有防火门的前室,可更有效地阻挡烟火侵入楼梯间。防烟楼梯间的前室形式有封闭型和开敞式两种,通向前室和楼梯间的门均为乙级防火门。防烟楼梯间的设置条件和要求见表 8-27。

表 8-27   **防烟楼梯间的设置条件和要求**

设置条件	要求

① 一类建筑和除单元式和通廊式住宅外的建筑高度超过 32m 的二类建筑。
② 塔式住宅。
③ 19 层及 19 层以上的单元式住宅。
④ 超过 11 层的通廊式住宅应设封闭楼梯间
	① 楼梯间入口处应设前室、阳台或凹廊。
	② 前室的面积。
	  a. 一般民用建筑:公共建筑不应小于 6.0m²,居住建筑不应小于 4.5m²。
	  b. 高层建筑:公共建筑不应小于 6.0m²,居住建筑不应小于 4.5m²;公共建筑、高层厂房以及高层仓库合用前室的使用面积不应小于 10.0m²,居住建筑不应小于 6.0m²。
	③ 疏散走道通向前室以及前室通向楼梯间的门应采用乙级防火门,并应向疏散方向开启。
	④ 楼梯间及防烟楼梯间前室的内墙上,除开设通向公共走道的疏散门和规定的户门外,不应开设其他门、窗、洞口。
	⑤ 楼梯间及防烟楼梯间前室内不应敷设可燃气体管道和甲、乙、丙类液体管道,并不应有影响疏散的突出物。
	⑥ 居住建筑内的煤气管道不应穿过楼梯间,当必须局部水平穿过楼梯间时,应穿套钢套管保护,并应符合《城镇燃气设计规范》(GB 50028—2006)的有关规定

除 18 层及 18 层以下,每层不超过 8 户、建筑面积不超过 650m²,且设有一座防烟楼梯间和消防电梯的塔式住宅以及顶层为外通廊式住宅以外的其他高层建筑,通向屋顶的疏散楼梯不宜少于 2 座,且不应穿越其他房间,通向屋顶的门应向屋顶方向开启。

室外楼梯符合下列规定时可作为疏散楼梯:

① 栏杆扶手的高度不应小于 1.1m,楼梯的净宽度不应小于 0.9m。

② 倾斜角度不应大于 45°,当栏杆扶手的高度不小于 1.10m 时,室外楼梯宽度可计入疏散楼梯总宽度内。

③ 楼梯段和平台均应采取不燃材料制作。平台的耐火极限不应低于 1.00h,楼梯段的耐火极限不应低于 0.25h。

④ 通向室外楼梯的门宜采用乙级防火门,并应向室外开启。

⑤ 除疏散门外,楼梯周围 2m 内的墙面上不应设置门窗洞口。疏散门不应正对楼梯段。

高层建筑每层疏散楼梯总宽度应按其通过人数每 100 人不小于 1.00m 计算,各层人数不相等时,其总宽度可分段计算,下层疏散楼梯总宽度应按其上层人数最多的一层计算。疏散楼梯的最小净宽应符合表 8-28 的规定。

表 8-28   **疏散楼梯的最小净宽度**   （单位：m）

高层建筑	疏散楼梯的最小净宽度
医院病房楼	≥1.30
居住建筑	≥1.10
其他建筑	≥1.20

　　地下室或半地下室与地上层不应共用楼梯间，当必须共用时，在首层应采用耐火极限不低于 2.00h 的不燃烧体隔墙和乙级防火门将地下、半地下部分与地上部分的连通部位完全隔开并通至室外，且应有明显标志。当必须在隔墙上开门时，应采用不低于乙级的防火门。

第 2 篇

建筑构造与设计实务操练

9 基础构造实务操练

9.1 基础构造实训资料

9.1.1 背景资料(一)

9.1.1.1 实训条件

某 3 层钢筋混凝土框架结构,框架柱尺寸均为 450mm×450mm,层高均为 3.3m,室内外高差为 0.450m。场地地层及岩性分布为两层:第①层为耕土,层厚 1.30m,层顶标高约为 1528.450m,呈黄褐色,主要成分为粉土,含植物根系,土质均匀、疏松、稍湿。第②层层顶标高约为 1527.15m,埋深为 1.30m。该层揭露厚度为 4.30~7.40m,呈杂色,成分以变质岩、花岗岩、石英岩等为主,磨圆度较好,呈亚圆形,级配良好;粒径以 2~8cm 为主,最大为 15cm,交错排列;充填物以细砂及圆砾为主,卵石颗粒含量约占全重的 65%。卵石地基承载力为 300kN/m²。勘察深度内无地下水,标准冻深为 0.98m。本项目采用钢筋混凝土条基或独立基础时,基础根部高度取 300mm。

9.1.1.2 任务分解

依据实训条件,给该工程选择一种基础类型,在附加提示下确定出最大荷载作用处基础的截面及底面尺寸,并绘制该基础的剖面详图。

9.1.1.3 实训步骤

① 掌握基础实训知识要点,认真阅读背景资料条件,初步选择基础埋深。

② 依据背景资料给该工程选择一种基础类型。

提示:建议选择钢筋混凝土基础(条形基础或独立基础)。

③ 确定基础底面尺寸和截面高度。

提示:基础底面面积 A=(框架柱最大荷载标准值+20×基础埋深×A)/地基承载力;基础长宽比小于或等于 1.2。

④ 绘制基础剖面图一张(用 2 号图纸,按 1:20~1:10 比例)。

9.1.2 背景资料(二)

9.1.2.1 实训条件

如图 9-1 所示,某工程为 6 层全现浇钢筋混凝土框架结构,框架柱尺寸均为 500mm×500mm,室内外高差为 0.600m。该工程框架柱最大荷载标准值为 3800kN,桩端阻力为

3300kN。勘察期间在工程控制的深度范围内地下水位埋深为－13.6m左右,为潜水。场地标准冻深为0.9～1.0m。

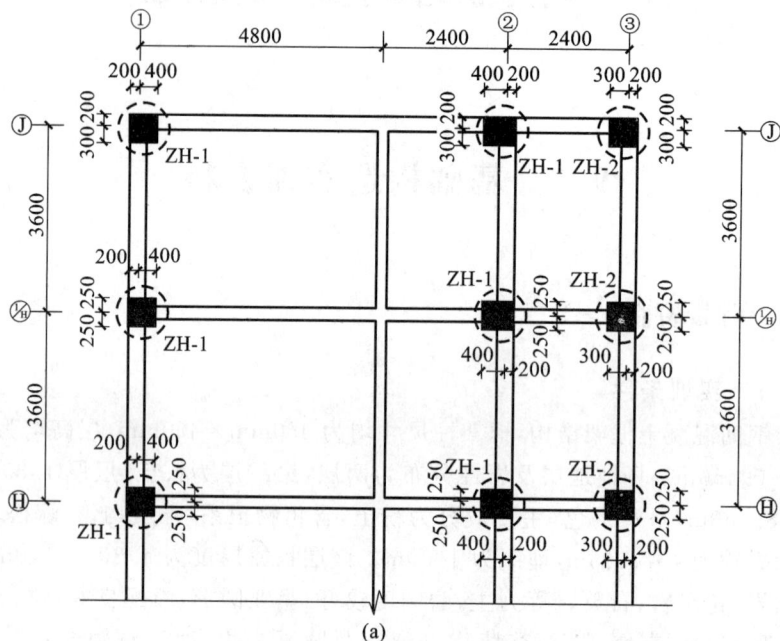

(a)

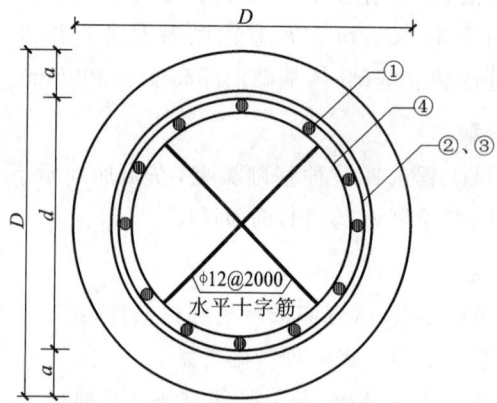

桩编号	桩几何参数/mm			桩钢筋			
	d	D	a	①	②	③	④
ZH-1	950	1550	300	16φ12	φ10@150	φ8@300	φ12@2000
ZH-2	850	1400	250	14φ12	φ10@150	φ8@300	φ12@2000

注:②、③为螺旋箍筋,②为桩顶1500mm加密箍筋,④为加劲箍筋。

(b)

图 9-1 桩基平面图及桩身截面详图

(a)桩基局部平面布置图;(b)桩身截面图及配筋参数表

场地地层及岩性分布如下。

第①层为耕土（Q_4^{ml}），呈灰褐色，主要由粉土、砂土、黏土、植物根系、腐殖质等组成，土质不均、稍湿，层厚 0.5～0.8m；第②层为粗砂（Q_4^{al+pl}），呈青灰～灰褐色，含有 5％～20％角砾，局部夹有 10～30cm 细砂或粉土薄层，级配不良，稍湿，中密，层厚 9.2～10.1m；第③层为砂卵石（Q_4^{al+pl}），呈青灰色，一般粒径为 20～70mm 的占 65％～75％，粒径大于 100mm 的约占 15％，厚度较大，整体性、均匀性较好，压缩变形性小，强度高，但埋藏较深，是深基础（如桩基础）理想的持力层。

9.1.2.2 任务分解

依据背景资料（二），合理地给该工程选择一种钢筋混凝土桩基础类型，在附加提示下画出基础构造详图。

9.1.2.3 实训步骤

① 掌握基础实训知识要点，认真阅读背景资料条件。

② 依据背景资料的桩基平面图、桩身截面图和桩身配筋参数表画出桩基长度方向剖面图。

提示：桩基上部地梁截面为 250mm×500mm，地梁顶标高为 −0.100m，图中只示意框架柱位置，不示意框架柱钢筋。

③ 依据场地地层及岩性分布情况确定桩长。

提示：桩长从地梁顶面起算，桩端进入持力层的深度不小于 1.0m。

④ 用 2 号图纸，按 1:30～1:20 的比例补全桩基平面布置图，与桩基剖面图合并绘于一张图上。

提示：框架柱中心和桩基础中心重合，图中标注桩基定位尺寸。

9.1.3 背景资料（三）

9.1.3.1 实训条件

某 2 层砖混结构，外墙厚为 370mm，内墙厚为 240mm，层高均为 3.3m，室内外高差为 0.450m。采用条形基础（砖砌大放脚或钢筋混凝土条形基础），局部采用钢筋混凝土独立基础，基础局部平面布置如图 9-2 所示。本工程基础下均设 100mm 厚 C10 素混凝土垫层，基础埋深均为 1.6m。若采用柔性基础，基础根部高度取为 300mm 厚，若采用砖砌大放脚基础，砌块为烧结实心承重砖，砂浆为 M5 水泥砂浆。本工程地圈梁高均为 240mm，圈梁顶标高为 −0.050m。本工程基础平面布置图中 DJ-1 上部框架柱截面尺寸为 400×400。

9.1.3.2 任务分解

按照背景资料（三），画出独立基础（DJ-1）和条形基础 1—1、2—2 及 3—3 的剖面详图。

9.1.3.3 实训步骤

① 按照背景资料（三）画出独立基础（DJ-1）剖面详图（草图）。

提示：独立基础受力钢筋均为 φ10@150，混凝土为 C30。

② 按照背景资料（三）确定条形基础（砖基础或扩展基础），并画出 1—1，2—2 及 3—3 的剖面详图（草图）。

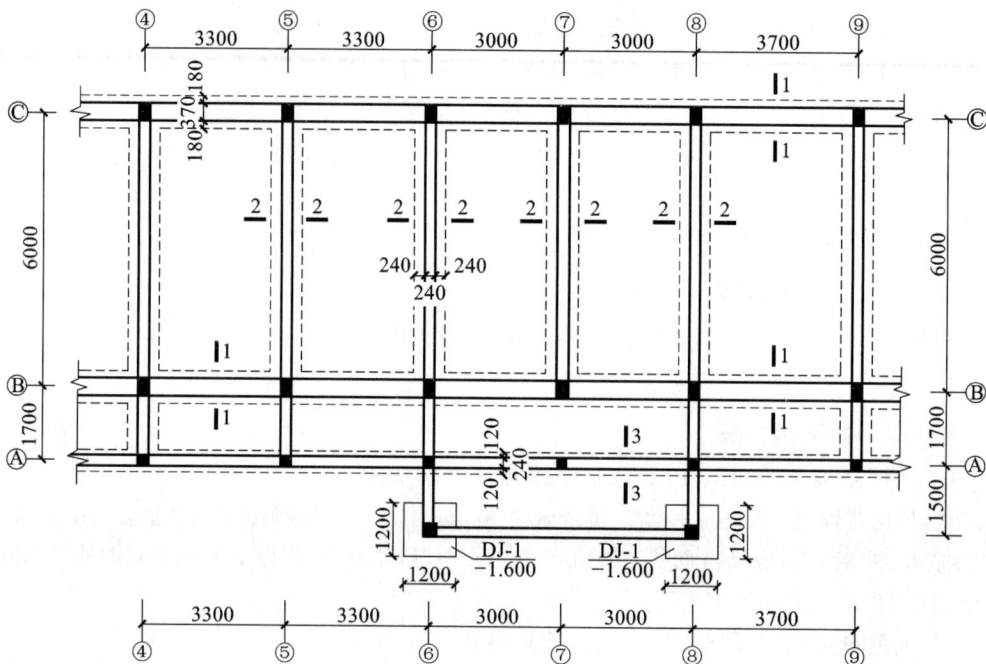

图 9-2　基础局部平面布置图

提示：若采用扩展条形基础，受力钢筋为 $\phi 8@150$，分布筋为 $\phi 6@250$，混凝土为 C30。

③ 将步骤①和步骤②所确定的剖面详图和背景资料提供的平面布置图按照一定比例绘制在一张 2 号图纸上（绘图比例自定）。

9.2　基础构造实训能力评价标准

基础构造实训综合成绩评定分为教师评价和学生自评两部分，评价标准如表 9-1～表 9-6 所示。

基础构造实训一综合成绩评定：_____分　　　　　　教师签字：_____

表 9-1　　　　　　　　**基础构造实训一评价标准（教师评价）**

项次	考核类别			分值/分	备注
1	基础素质		学习的认真程度，学习总结的全面程度	10	
			文字表达的清晰程度	5	
			语言表达、应辩能力的强弱度	10	
2	专业知识	知识点的掌握	通过成果反映的知识点掌握程度	10	
		专业知识应用能力	合理确定基础埋深的设计能力	10	
			合理处理上部结构与基础间连接的设计能力	10	
			合理确定基础的底面和截面尺寸的设计能力	10	
			利用背景资料选取合适基础形式的设计能力	10	

项次	考核类别			分值/分	备注
2	专业知识	绘图能力	正确绘制室内外高差标高及基础埋深大小的绘图能力	15	
			按照制图规范标准清楚表达图面、标注构造尺寸的制图能力	10	
总分					
权重(总分×0.8)					

表 9-2　　　　　　　　　**基础构造实训一评价标准(学生自评)**

项次	考核类别	分值/分	备注
1	合理确定基础埋深的设计能力	4	
2	合理处理上部结构与基础间连接的设计能力	4	
3	合理确定基础的底面和截面尺寸的设计能力	4	
4	利用背景资料选取合适基础形式的设计能力	4	
5	绘图与图面表达能力	4	
总分			

基础构造实训二综合成绩评定：_____分　　　　　　　　　教师签字：_____

表 9-3　　　　　　　　　**基础构造实训二评价标准(教师评价)**

项次	考核差别			分值/分	备注
1	基础素质		学习的认真程度,学习总结的全面程度	10	
			文字表达的清晰程度	5	
			语言表达、应辩能力的强弱度	10	
2	专业知识	知识点的掌握	通过成果反映的知识点掌握程度	10	
		专业知识应用能力	合理准确找到持力层并正确确定桩长的设计能力	15	
			合理处理框架柱与桩基础的位置关系的设计能力	15	
			正确将图表中数值标注为桩基础的底面和截面构造尺寸的设计能力	10	
		绘图能力	正确绘制桩基剖面图的绘图能力	15	
			按照制图规范标准清楚表达图面、标注构造尺寸的制图能力	10	
总分					
权重(总分×0.8)					

表 9-4   **基础实训二评价标准（学生自评）**

项次	考核类别	分值/分	备注
1	合理准确找到持力层并正确确定桩长的设计能力	5	
2	合理处理框架柱与桩基础的位置关系的设计能力	5	
3	正确将图表中数值标注为桩基础的底面和截面构造尺寸的设计能力	5	
4	绘图与图面表达能力	5	
总分			

基础构造实训三综合成绩评定：_____分   教师签字：_____

表 9-5   **基础构造实训三评价标准（教师评价）**

项次	考核类别			分值/分	备注
1	基础素质		学习的认真程度，学习总结的全面程度	10	
			文字表达的清晰程度	5	
			语言表达、应辩能力的强弱度	10	
2	专业知识	知识点的掌握	通过成果反映的知识点掌握程度	10	
		专业知识应用能力	合理选择基础类型的设计能力	15	
			合理处理圈梁或地梁与基础的位置关系的设计能力	15	
			在提示下能正确确定基础的高度的设计能力	10	
		绘图能力	正确绘制基础剖面图的绘图能力	15	
			按照制图规范标准清楚表达图面、标注构造尺寸的制图能力	10	
总分					
权重（总分×0.8）					

表 9-6   **基础构造实训三评价标准（学生自评）**

项次	考核类别	分值/分	备注
1	合理选择基础类型的设计能力	5	
2	合理处理圈梁或地梁与基础的位置关系的设计能力	5	
3	在提示下能正确确定基础的高度的设计能力	5	
4	绘图与图面表达能力	5	
总分			

10 墙体构造实务操练

10.1 墙体构造实训资料

10.1.1 背景资料(一)

10.1.1.1 实训条件

在本章(墙体构造)内容讲授之前,实训指导老师引导学生现场见习一次。现场选择如下实习场地:① 校内仿真模型室;② 校内实训车间;③ 校外或校内已建成的民用建筑物,如教学楼、住宅楼、办公楼等。

10.1.1.2 任务分解

在背景资料(一)的实训条件下,学生由实训指导老师带队完成下列任务:

① 针对本实训知识要点内容,实训指导教师在校内仿真模型室选择相关墙身构造节点模型给学生讲解说明。

② 选择校外或校内已建成的教学楼、住宅楼或办公楼,由实训指导老师引导学生实地见习一次。

10.1.1.3 实训步骤

针对所参观的建筑实体结合所学知识,能准确地做到:

① 了解建筑物的结构类型,承重形式。

② 掌握墙身各组成部分的位置及其作用和构造要求。

③ 准确详细地认知各个节点的细部构造。

10.1.2 背景资料(二)

10.1.2.1 实训条件

某工程为 6 层框架结构,梁、板、柱均现浇,总高度为 18.65m,长度为 24.6m,宽度为 15.3m,工程抗震设防烈度为 7 度,地震加速度为 0.15g,地震分组为第二组,场地类别为 Ⅱ类,框架抗震等级为三级,结构安全等级为二级,结构设计正常使用年限为 50 年。地上部分除卫生间及盥洗室墙采用 KP2 型 MU10 多空砖、M7.5 水泥砂浆砌筑外,其余墙体均采用容量不大于8.0kN/m³ 的 KK 空心砌块、M5.0 混合砂浆砌筑。室内地坪以下部分采用黏土实心砖、M7.5 水泥砂浆砌筑。外墙 300mm 厚，内墙 200mm 厚。其局部平面图和立面图如图 10-1～图 10-4 所示。

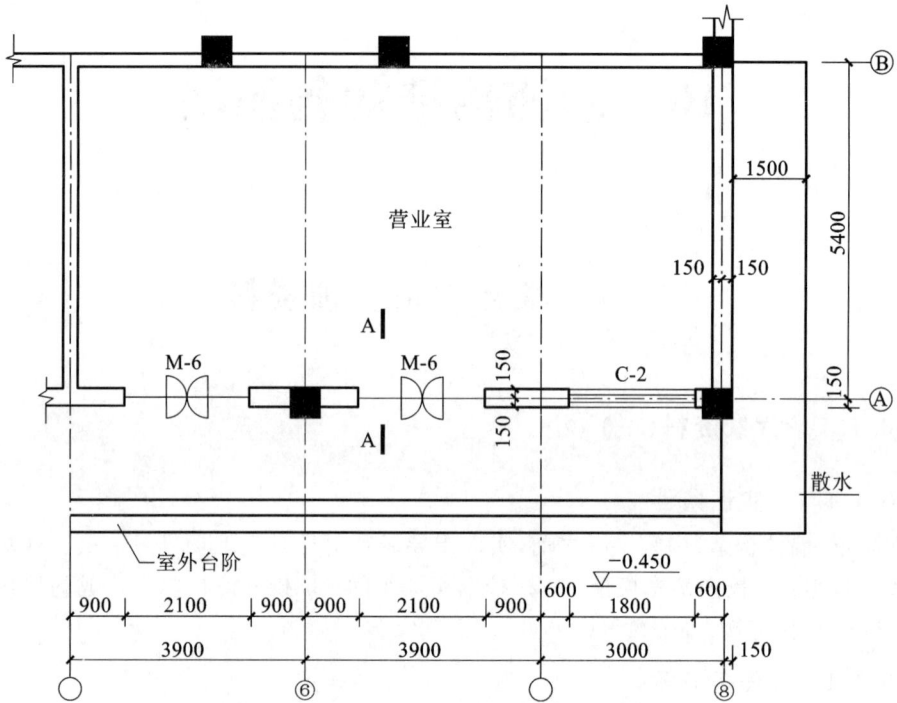

图 10-1　一层局部平面图

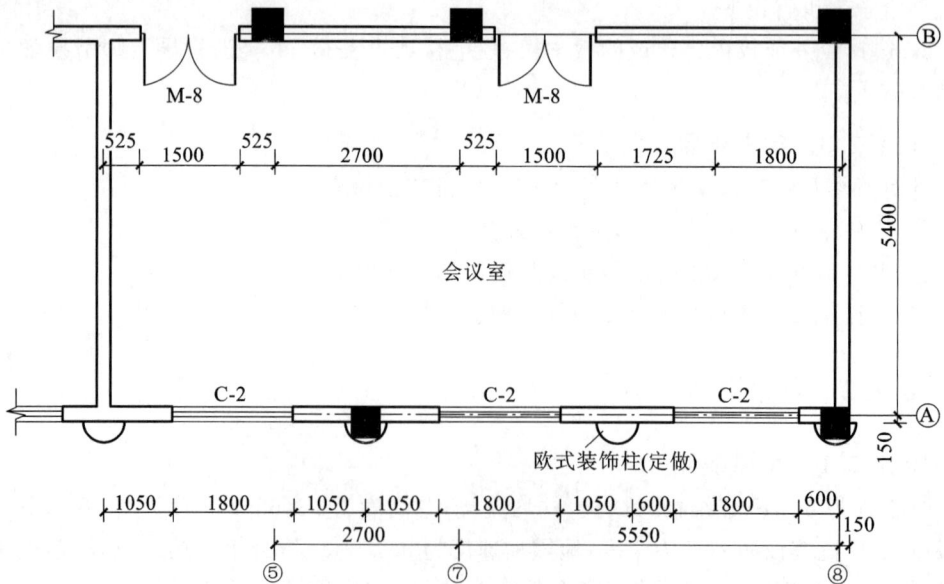

图 10-2　二层局部平面图

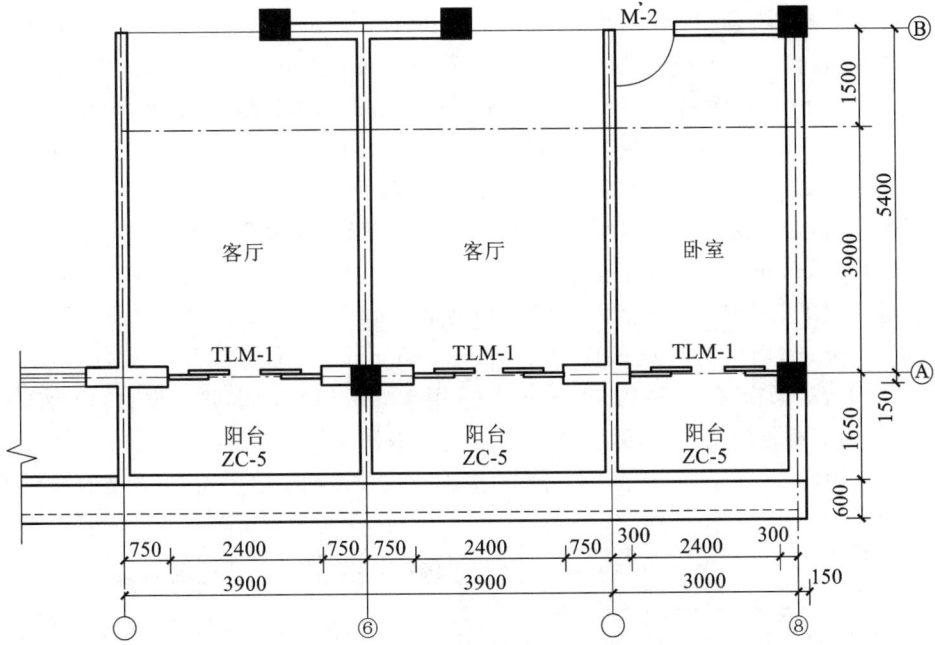

图 10-3 三至六层局部平面图

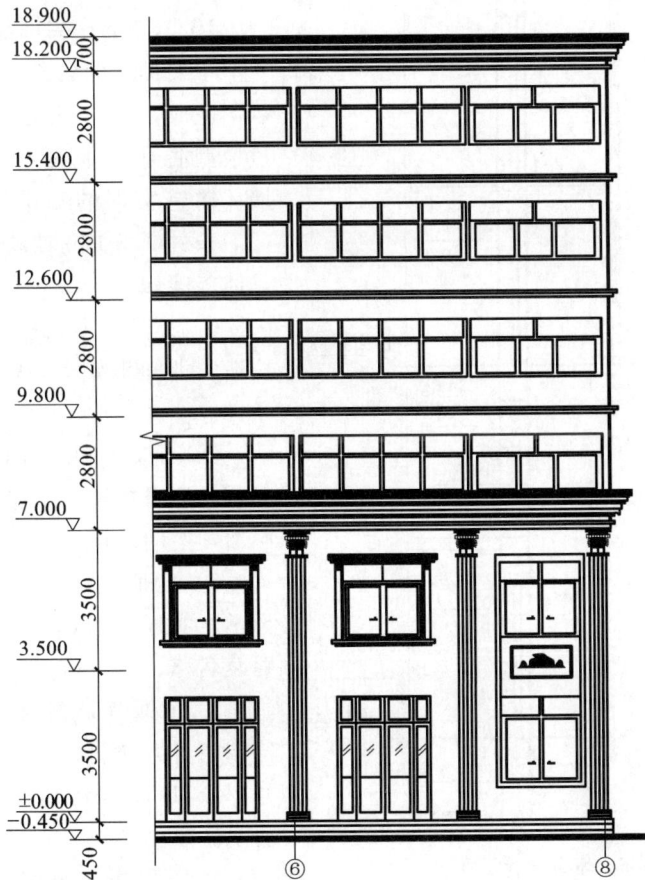

图 10-4 局部立面图

一、二层平面图说明：一、二层层高均为 3.5m，室内外高差为 0.450m，一层外墙处 M-6 为 2100mm×2700mm，二层外墙处 C-2 为 1800mm×1800mm。一层室外台阶处上部平台宽 1200mm，台阶宽 300mm。一层室内地面自上而下构造做法为：20mm 厚 1:2 水泥砂浆面层，80mm 厚 C10 素混凝土，100mm 厚 3:7 灰土，素土夯实。二层楼板为 100mm 厚现浇钢筋混凝土板。图中外墙所对应处框架梁截面为 300mm×500mm。采用 60mm 厚预制水磨石窗台，窗台宽同墙厚，门窗均为断桥铝门窗，外墙门窗洞口过梁均为钢筋混凝土，截面为 300mm×120mm。

三至六层平面图说明：三至六层层高均为 2.8m，图中外墙所对应处框架梁截面为 300mm×500mm，阳台封口梁截面为 150mm×400mm，推拉门（TLM-1）为 2400mm×2300mm，阳台处通窗 ZC-5 高为 1400mm。采用 60mm 厚预制水磨石窗台，窗台宽同墙厚，门窗均为断桥铝门窗。楼板为 100mm 厚现浇钢筋混凝土板。

立面图说明：图中立面檐线和装饰柱及窗套仅供参照，学生可根据立面设计自行设计。

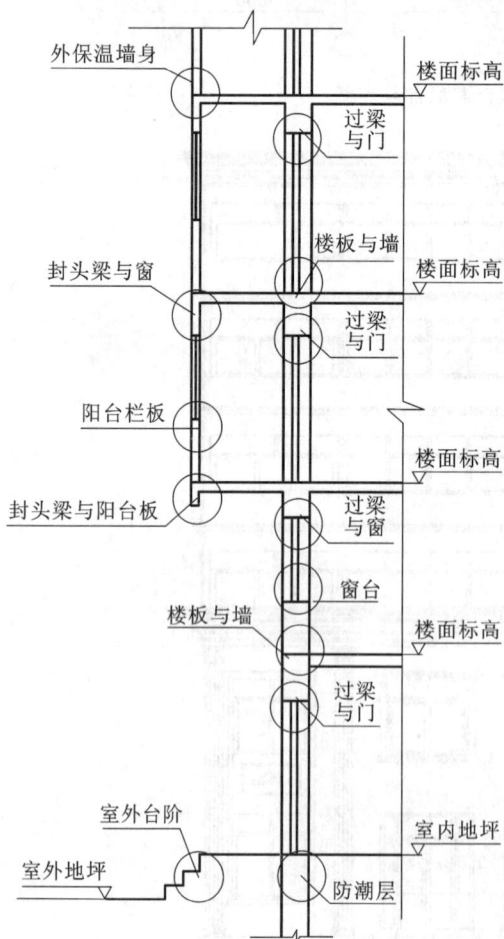

图 10-5　墙身设计示意图

10.1.2.2　任务分解

依据背景资料（二）的实训条件，先读懂平面身大样图，即 A—A 剖面图。

10.1.2.3　实训步骤

本实训在背景资料的要求和附加提示下完成，任务一和任务二先后衔接，通过模型演习，实物见习，最后结合第 2 章墙体构造实训的知识要点在背景资料（二）条件下完成一张外墙墙身大样图。具体步骤如下。

① 实训老师先引导学生熟悉墙体构造实训知识要点，认真阅读背景资料条件。

② 实训老师在校内仿真模型室选择相关墙身构造节点模型或墙身节点动画给学生演示讲解。

③ 实训老师选择已建成建筑物，引导学生实地见习，认识墙身主要节点位置及名称。

④ 依据背景资料（二）的实训条件绘制墙身大样图（A—A 剖面图）一张（2 号图纸，1:10 比例），具体内容如图 10-5 所示。

a.说明：外墙采用外保温，保温层为

50mm 厚 XPS 板,墙身大样图主要表示清楚下列部位各构件的构造做法。

(a)墙脚处:散水、防潮层、勒脚、首层地面、踢脚线构造做法。

(b)门窗洞口处:窗台、过梁构造做法。

(c)楼板与墙交接处:框架梁、踢脚线、楼面构造做法。

(d)内墙抹灰、外墙外保温做法。

b. 要求:各节点节能构造做法很多,可任选一种做法绘制。图中必须表明材料、做法、尺寸。图中线型、材料符号严格按照建筑制图标准表示;字体工整,线型分明;按1:10的比例在竖向 2 号图纸上完成。

10.2 墙体构造实训能力评价标准

墙体构造实训综合成绩评定分为教师评价和学生自评,评价标准如表 10-1~表 10-4所示。

墙体构造实训一综合成绩评定:_____分　　　　　　教师签字:_____

表 10-1　　　　　　　　　　墙体构造实训一评价标准(教师评价)

项次	考核类别		分值/分	备注
1	基础素质	学习的认真程度,学习总结的全面程度	10	
		文字表达的清晰程度	5	
		语言表达、应辩能力的强弱度	10	
2	专业知识	知识点的掌握　通过成果反映的知识点掌握程度	15	
		实体建筑中能准确指出墙身各组成部位的认知能力	15	
		专业知识应用能力　准确回答墙脚的组成及窗台基本作用的认知能力	15	
		准确回答过梁与圈梁及框架梁的兼并关系的认知能力	15	
		清楚各种结构的墙身的共性和异同点的认知能力	15	
总分				
权重(总分×0.8)				

表 10-2　　　　　　　　　　墙体构造实训一评价标准(学生自评)

项次	考核类别	分值/分	备注
1	实体建筑中能准确指出墙身各组成部位的认知能力	5	
2	准确回答墙脚的组成及窗台基本作用的认知能力	5	
3	准确回答过梁与圈梁及框架梁的兼并关系的认知能力	5	

4	清楚各种结构的墙身的共性和异同点的认知能力	5	
总分			

墙体构造实训二综合成绩评定：_____分　　　　　　　教师签字：_____

表 10-3　　　　　　　　　　墙体构造实训二评价标准（教师评价）

项次	考核类别			分值/分	备注
1	基础素质		学习的认真程度,学习总结的全面程度	10	
			文字表达的清晰程度	5	
			语言表达、应辩能力的强弱度	10	
2	专业知识	知识点的掌握	通过成果反映的知识点掌握程度	15	
		专业知识应用能力	依据背景资料,确定出各构件几何尺寸的设计能力	15	
			准确画出墙身各节点的构造,表明材料、做法及尺寸的设计应用能力	20	
		绘图能力	正确绘制 A—A 剖面图（字体工整、线型分明）的绘图能力	15	
			按照制图规范标准清楚表达图面、标注构造尺寸的制图能力	10	
总分					
权重（总分×0.8）					

表 10-4　　　　　　　　　　墙体构造实训二评价标准（学生自评）

项次	考核类别	分值/分	备注
1	依据背景资料,确定出各构件几何尺寸的设计能力	6	
2	准确画出墙身各节点的构造,表明材料、做法及尺寸的设计应用能力	7	
3	绘图及图面表达能力	7	
总分			

11 楼梯构造实务操练

11.1 楼梯构造实训资料

11.1.1 背景资料（一）

11.1.1.1 实训条件

在本章（楼梯构造）内容讲授之前，实训指导老师引导学生现场见习一次。见习现场选择如下场地：① 校内仿真模型室；② 校外或校内已建成的民用建筑物的室内或室外楼梯。

11.1.1.2 任务分解

在背景资料（一）的实训条件下，学生由实训指导老师带队完成下列任务：

① 针对本实训知识要点内容，实训指导教师在校内仿真模型室选择相关楼梯构造节点模型给学生进行讲解，说明梯段的组成、楼梯净高的位置及要求、平台和栏杆的要求及构造尺寸等。

② 选择校外或校内已建成的教学楼、住宅楼或办公楼楼梯，由实训指导老师引导学生实地见习楼梯的装饰构造（栏杆的形式及固定，踏面的防滑处理及其他构造）。

11.1.1.3 实训步骤

① 实训老师先引导学生熟悉楼梯构造实训知识要点，认真阅读背景资料的实训条件。

② 实训教师在校内仿真模型室选择相关楼梯构造节点模型或楼梯节点动画给学生演示讲解楼梯构造组成。

③ 实训老师选择已建成建筑物楼梯，引导学生实地见习，认识楼梯主要节点位置及装饰构造。

11.1.2 背景资料（二）

11.1.2.1 实训条件

某 4 层单元式住宅楼，平面布局如图 11-1 所示。设一部双跑平行式楼梯，该建筑耐火等级为二级，房屋层高 3.0m，室内外高差 450mm，楼梯间墙厚 250mm，外墙厚 300mm，内墙厚 200mm,一层平台下为住宅出入口,试设计该楼梯。

附加说明:一层分户门(M-1)为 1200mm×2100mm,楼梯间窗户(C-1)为 1200mm× 1400mm。图 11-1 中所示外墙所对应处框架梁截面为 300mm×500mm,门窗均为铝合金材料,外墙门窗洞口过梁均为钢筋混凝土,截面为 120mm×300mm。楼梯间休息平台梁均为 200mm(300mm)×400mm。

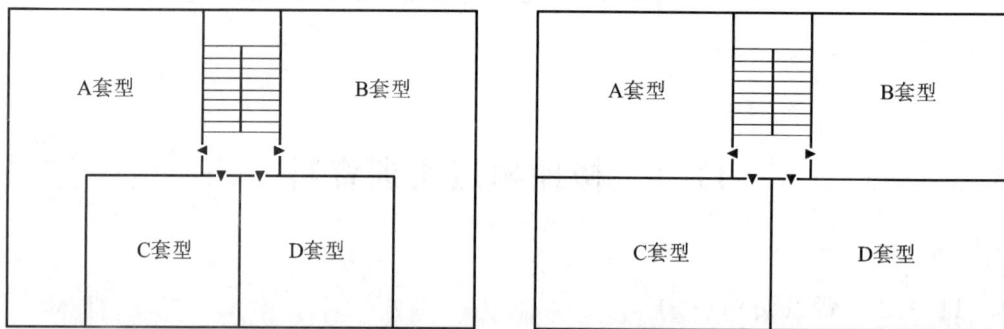

图 11-1　4 层单元式住宅楼平面示意图

11.1.2.2　任务分解

依据背景资料(二)的实训条件计算出楼梯尺寸,画出楼梯平面图及楼梯剖面图草图。

11.1.2.3　实训步骤

本实训在背景资料的要求和附加说明下完成,通过模型演习和实物见习,结合第 3 章楼梯构造实训的知识要点在背景资料(二)的实训条件下完成一张楼梯施工图设计参数的取值及草图绘制。具体步骤如下。

① 依据背景资料(二)的实训条件计算楼梯设计参数,具体步骤内容参见 5.2.6.3 节楼梯设计示例。

② 绘制楼梯平面图和剖面图的草图。

要求:各节点节能构造做法很多,可任选其中一种做法绘制。图中必须表明材料、做法和尺寸。图中线型、材料符号严格按建筑制图标准表示,字体工整、线型分明。按比例 1:50,用一张 2 号图纸完成。

11.1.3　背景资料(三)

11.1.3.1　实训条件

某工程为 6 层框架结构,梁、板、柱均为现浇,总高度为 18.65m,长度为 24.6m,宽度为 15.3m,工程抗震设防烈度为 7 度,地震加速度为 0.15g,地震分组为第二组,场地类别为 Ⅱ 类,框架抗震等级为三级,结构安全等级为二级,结构设计正常使用年限为 50 年。地上部分除卫生间及盥洗室墙采用 KP2 型 MU10 多空砖、M7.5 水泥砂浆砌筑外,其余墙体均采用容量不大于 8.0kN/m³ 的 KK 空心砌块、M5.0 混合砂浆砌筑。室内地坪以下部分采用黏土实心砖、M7.5 水泥砂浆砌筑。外墙 300mm 厚,内墙除楼梯间 250mm 厚外,其余均为 200mm 厚。其局部平面图和立面图如图 11-2～11-4 所示。

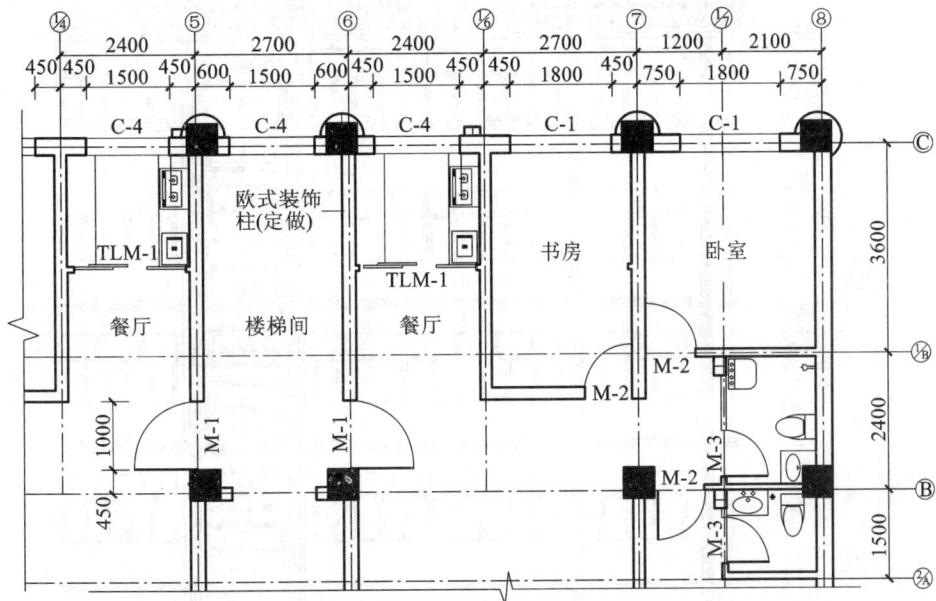

图 11-2 某住宅楼一层局部平面图

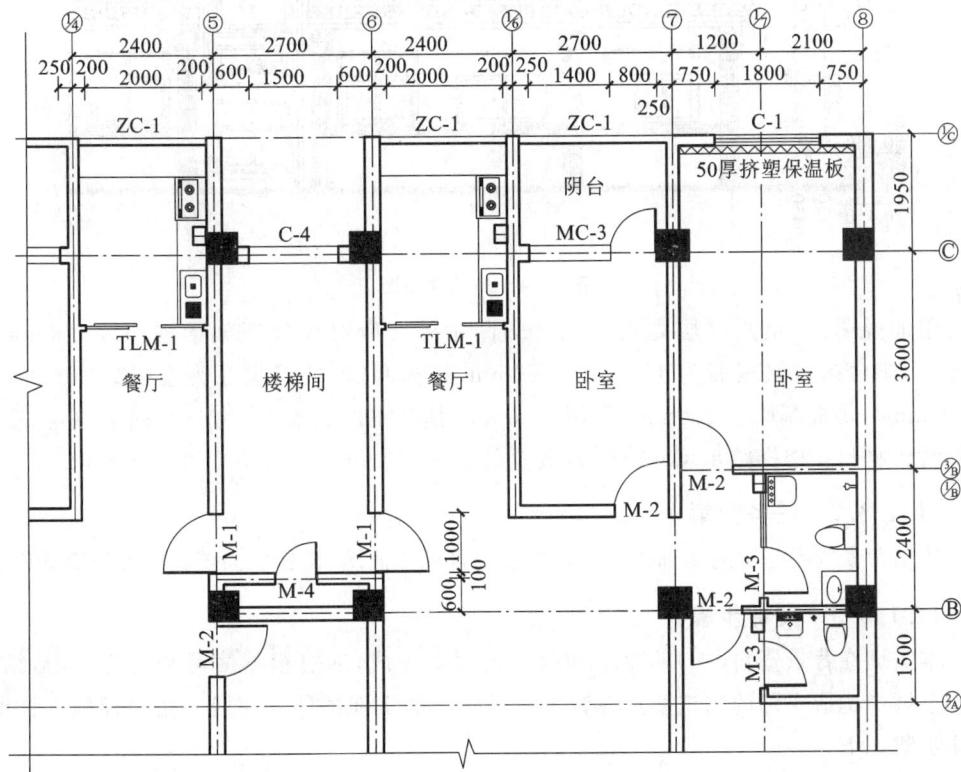

图 11-3 某住宅楼二至六层局部平面图

图 11-4　局部立面图

附加说明:一至六层层高均为 2.8m,图中外墙所对应处框架梁截面为 300mm×500mm,阳台封口梁截面为 150mm×400mm,楼梯间窗(C-4)尺寸为宽(1500mm)×高(3000mm),楼板厚均为 100mm,采用 60mm 厚预制水磨石窗台,窗台宽同墙厚,门窗均为断桥铝材料。楼梯踏步尺寸范围为踏步宽 260～300mm,踏步高 150～175mm。

11.1.3.2　任务分解

依据背景资料(三)的实训条件设计绘制出楼梯平面图、楼梯剖面图及构件节点详图。

11.1.3.3　实训步骤

本实训在背景资料(三)的要求和附加说明下完成,通过模型演习和实物见习,结合第 3 章楼梯构造实训的知识要点在背景资料(三)的实训条件下完成一张楼梯施工详图。具体步骤如下。

① 实训老师先引导学生熟悉楼梯构造实训知识要点,认真阅读、分析背景资料的实训条件。

② 实训老师选择已建成建筑物楼梯,引导学生实地见习,认识楼梯主要节点位置及装饰构造;也可以在校内仿真模型室选择相关楼梯构造节点模型或楼梯节点动画给学生演示讲解楼梯构造组成。

③ 依据背景资料(三)的实训条件绘制楼梯施工详图一张。内容包括底层楼梯平面图、标准层楼梯平面图、顶层楼梯平面图,楼梯剖面图,楼梯栏杆与踏步、扶手连接处的构造节点图。

④ 绘制楼梯详图的要求。各节点节能构造做法很多,可任选其中一种做法绘制。图中必须表明材料、做法及尺寸。图中线型、材料符号应严格按照建筑制图标准表示,字体工整,线型分明。按比例 1:50,用一张 2 号图纸完成。

11.2　楼梯构造实训能力评价标准

楼梯构造实训能力评价分为教师评价和学生自评两部分,评价标准如表 11-1～表 11-6 所示。

楼梯构造实训一综合成绩评定:_____分　　　　　　教师签字:_____

表 11-1　　　　　　　　　　**楼梯构造实训一评价标准(教师评价)**

项次	考核类别		分值/分	备注
1	基础素质	学习的认真程度,学习总结的全面程度	10	
		文字表达的清晰程度	5	
		语言表达、应辩能力的强弱度	10	
2	专业知识	知识点的掌握：通过成果反映的知识点掌握程度	15	
		专业知识应用能力：实体建筑中能准确指出楼梯各组成部位的认知能力	20	
		能准确回答梯段的组成及平台的基本作用的认知能力	20	
		楼梯净高的取值及处理方法的设计能力	20	
总分				
权重(总分×0.8)				

表 11-2　　　　　　　　　　**楼梯构造实训一评价标准(学生自评)**

项次	考核类别	分值/分	备注
1	实体建筑中能准确指出楼梯各组成部位的认知能力	6	
2	能准确回答梯段的组成及平台的基本作用的认知能力	7	
3	楼梯净高的取值及处理方法的设计能力	7	
总分			

楼梯构造实训二综合成绩评定：_____分　　　　　　　　　　　教师签字：_____

表 11-3　　　　　　　　　　　**楼梯构造实训二评价标准（教师评价）**

项次	考核类别		分值/分	备注
1	基础素质	学习的认真程度,学习总结的全面程度	10	
		文字表达的清晰程度	5	
		语言表达、应辩能力的强弱度	10	
2	专业知识	知识点的掌握：通过成果反映的知识点掌握程度	15	
		专业知识应用能力：依据背景资料,准确定出各构件几何尺寸的设计能力	15	
		楼梯平面布置的设计能力	10	
		楼梯剖面设计及净高处理的设计能力	10	
		绘图能力：正确绘制楼梯剖面图、平面图(字体工整、线型分明)的绘图能力	15	
		按照制图规范标准清楚表达图面、标注构造尺寸的制图能力	10	
总分				
权重(总分×0.8)				

表 11-4　　　　　　　　　　　**楼梯构造实训二评价标准（学生自评）**

项次	考核类别	分值/分	备注
1	依据背景资料,准确定出各构件几何尺寸的设计能力	5	
2	楼梯平面布置的设计能力	5	
3	楼梯剖面设计及净高处理的设计能力	5	
4	绘图及图面表达能力	5	
总分			

楼梯构造实训三综合成绩评定：_____分　　　　　　　　　　　教师签字：_____

表 11-5　　　　　　　　　　　**楼梯构造实训三评价标准（教师评价）**

项次	考核类别		分值/分	备注
1	基础素质	学习的认真程度,学习总结的全面程度	10	
		文字表达的清晰程度	5	
		语言表达、应辩能力的强弱度	10	

项次	考核类别			分值/分	备注
2	专业知识	知识点的掌握	通过成果反映的知识点掌握程度	15	
		专业知识应用能力	依据背景资料,准确定出各构件几何尺寸的设计能力	10	
			楼梯平面布置的设计能力	10	
			楼梯剖面设计及净高处理的设计能力	10	
			楼梯构件节点连接处的设计能力	10	
		绘图能力	正确绘制楼梯剖面图、平面图(字体工整、线型分明)的绘图能力	10	
			按照制图规范标准清楚表达图面、标注构造尺寸的制图能力	10	
总分					
权重(总分×0.8)					

表 11-6 **楼梯构造实训三评价标准(学生自评)**

项次	考核类别	分值/分	备注
1	依据背景资料,准确定出各构件几何尺寸的设计能力	4	
2	楼梯平面布置的设计能力	4	
3	楼梯剖面设计及净高处理的设计能力	4	
4	楼梯构件节点连接处的设计能力	4	
5	绘图及图面表达能力	4	
总分			

12 屋面构造实务操练

12.1 屋面构造实训资料

12.1.1 背景资料(一)

12.1.1.1 实训条件

某 6 层住宅楼,层高为 2.9m,平屋面,采用挑檐沟外排水,每根雨水管的最大集水面积每层按不大于 $200m^2$ 计算。绘制屋面排水图及节点构造详图(图 12-1)。

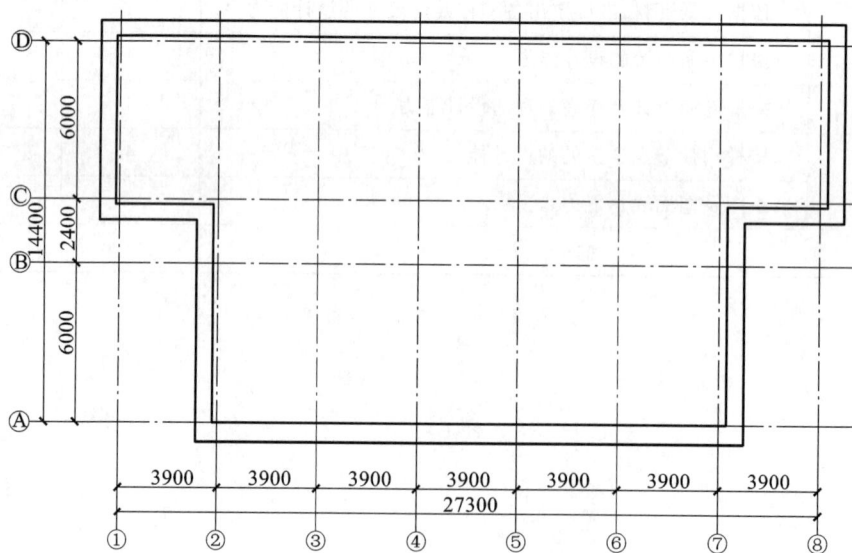

图 12-1 某建筑屋面图

12.1.1.2 任务分解

在背景资料(一)的实训条件下,结合檐沟排水的构造要求,绘制屋面排水图及细部构造节点图。

12.1.1.3　实训步骤

① 掌握屋面构造实训知识要点,认真阅读背景资料的实训条件,初步选择排水方式。

② 依据背景资料,计算雨水管数量,合理布置雨水管位置。

③ 绘制屋面排水图、泛水、雨水口等细部构造节点图(2 号图纸,比例为 1:20～1:10)。

12.1.2　背景资料(二)

12.1.2.1　实训条件

根据给定的某住宅楼平面图(图 12-2)和剖面图(图 12-3),按建筑制图标准的规定,设计该住宅楼屋顶平面图和屋顶节点构造详图。卫生间设有通风道,厨房内设有烟道,均应设计出屋面构造做法。

12.1.2.2　任务分解

在背景资料(二)的实训条件下,结合女儿墙排水的构造要求,绘制屋面排水图及细部构造节点图。

12.1.2.3　实训步骤

① 掌握屋面构造实训知识要点,认真阅读背景资料的实训条件。

② 依据背景资料的平面图、剖面图,选择合理的女儿墙排水方式。

③ 依据背景资料(二)的实训条件,用 2 号图纸,按 1:150 或 1:200 的比例绘制屋顶平面排水图一张。

④ 按 1:10 或 1:20 的比例绘制屋顶节能构造详图。

提示:屋顶节能构造详图包括出屋面的烟道、通风道构造节点详图,出屋面检修孔构造节点详图,雨水口及雨水管的构造节点详图。

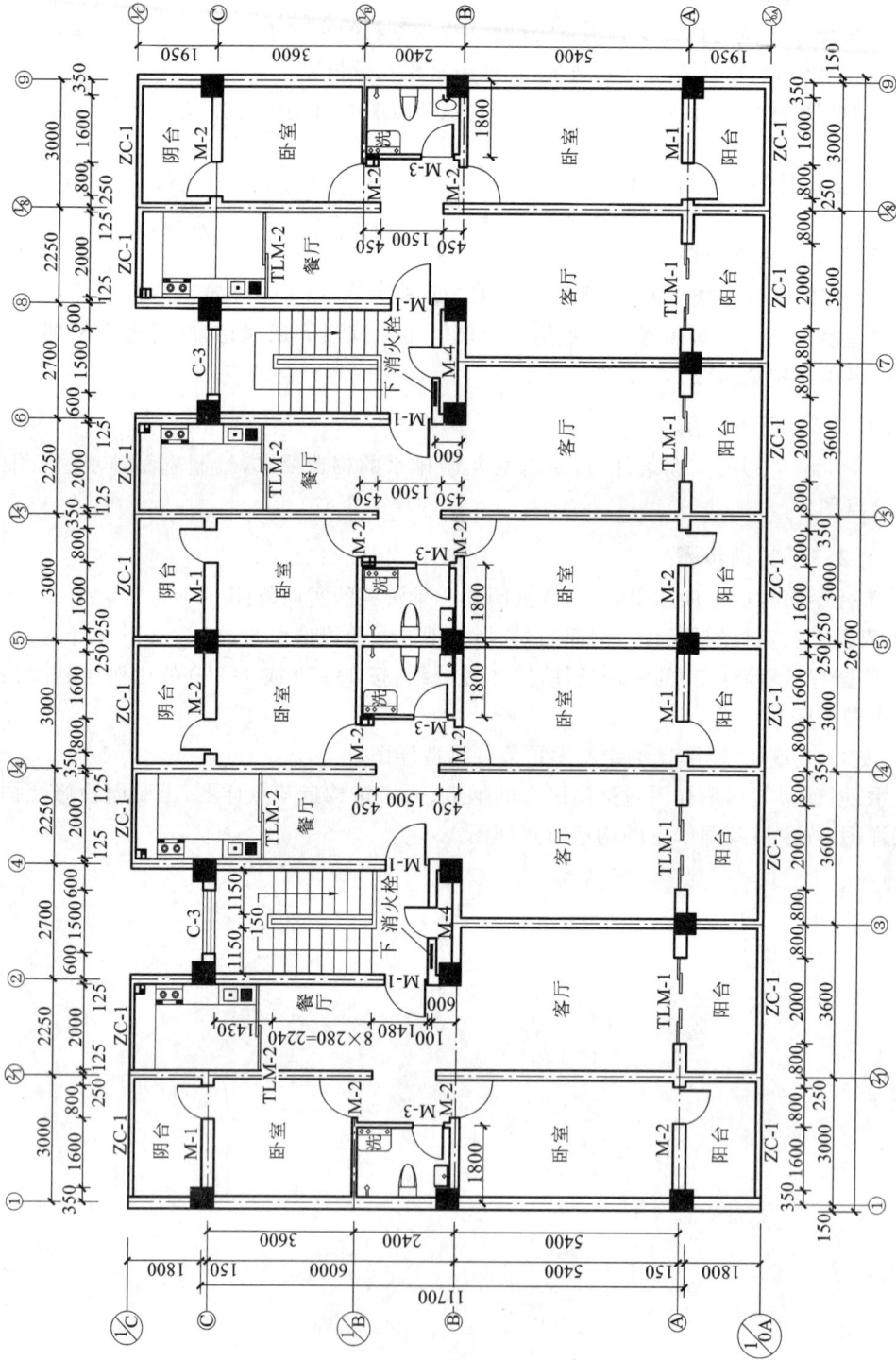

图 12-2 某住宅楼平面图

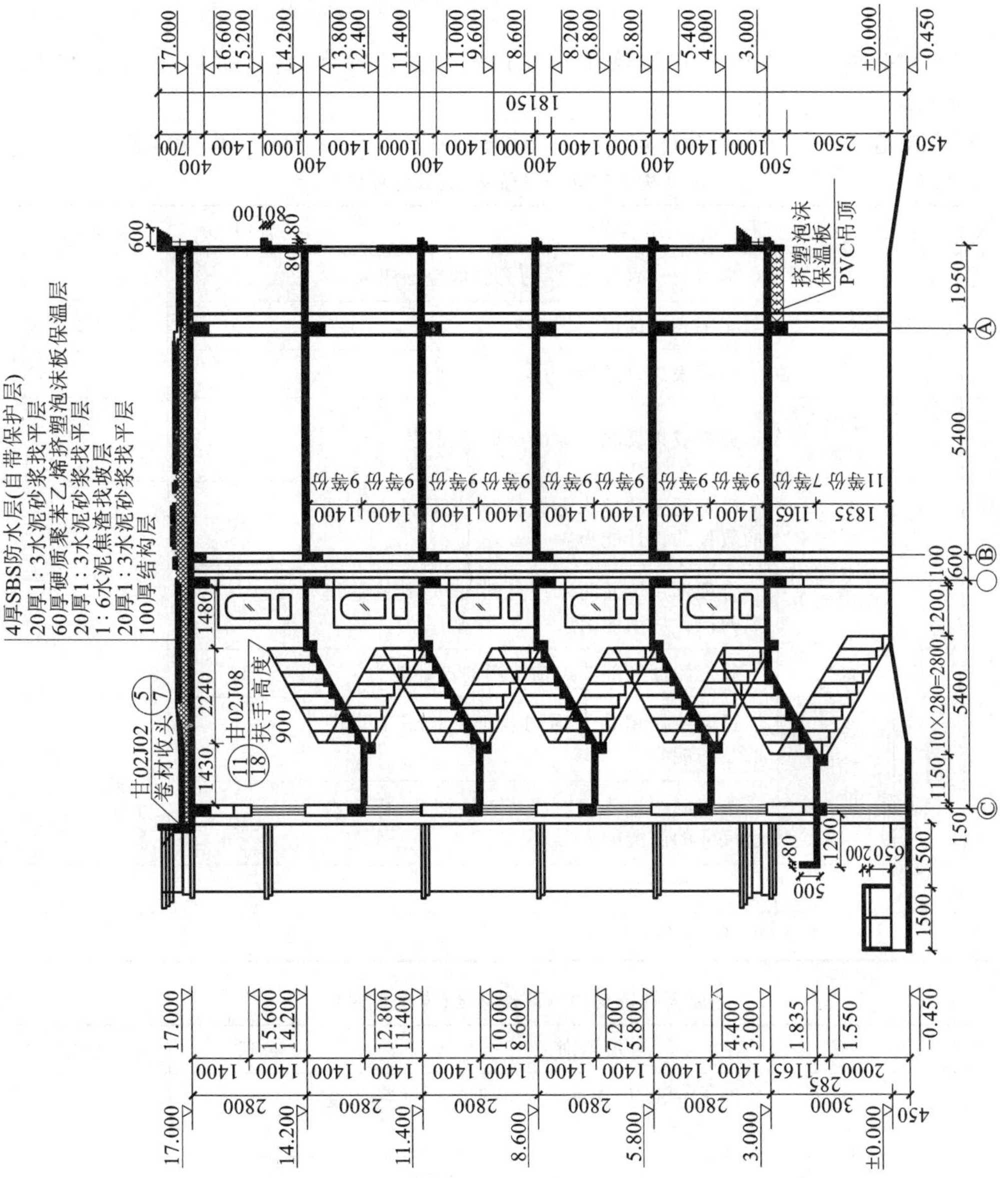

图 12-3 某住宅楼剖面图

12.2 屋面构造实训能力评价标准

屋面构造实训能力评价分为教师评价和学生自评两部分，评价标准如表 12-1～表 12-4 所示。

屋面构造实训一综合成绩评定：_____分　　　　　　　教师签字：_____

表 12-1　　　　　　　　　　屋面构造实训一评价标准（教师评价）

项次	考核类别		分值/分	备注
1	基础素质	学习的认真程度，学习总结的全面程度	10	
		文字表达的清晰程度	5	
		语言表达、应辩能力的强弱度	10	
2	专业知识	知识点的掌握　通过成果反映的知识点掌握程度	15	
		专业知识应用能力　确定屋面的排水方式、排水坡数及雨水管的数量的设计能力	10	
		合理选用屋面防水层材料，清楚其构造组成的设计应用能力	15	
		确定屋面细部节点构造图的设计能力	15	
		绘图能力　正确绘制屋顶平面图及细部构造节点图的绘图能力	10	
		按照制图规范标准清楚表达图面、标注构造尺寸的制图能力	10	
总分				
权重（总分×0.8）				

表 12-2　　　　　　　　　　屋面构造实训一评价标准（学生自评）

项次	考核类别	分值/分	备注
1	确定屋面的排水方式、排水坡数及雨水管的数量的设计能力	5	
2	合理选用屋面防水层材料，清楚其构造组成的设计应用能力	5	
3	确定屋面细部节点构造图的设计能力	5	
4	绘图及图面表达能力	5	
总分			

屋面构造实训二综合成绩评定：_____分　　　　　　　　教师签字：_____

表 12-3　　　　　　　　　　**屋面构造实训二评价标准（教师评价）**

项次	考核类别			分值/分	备注
1	基础素质		学习的认真程度,学习总结的全面程度	10	
			文字表达的清晰程度	5	
			语言表达、应辩能力的强弱度	10	
2	专业知识	知识点的掌握	通过成果反映的知识点掌握程度	15	
		专业知识应用能力	确定屋面的排水方式、排水坡数及雨水管的数量的设计能力	10	
			合理选用屋面防水层材料,清楚其构造组成的设计应用能力	15	
			确定屋面细部节点构造图的设计能力	15	
		绘图能力	正确绘制屋顶平面图及细部构造节点图的绘图能力	10	
			按照制图规范标准清楚表达图面、标注构造尺寸的制图能力	10	
总分					
权重（总分×0.8）					

表 12-4　　　　　　　　　　**屋面构造实训二评价标准（学生自评）**

项次	考核类别	分值/分	备注
1	确定屋面的排水方式、排水坡数及雨水管的数量的设计能力	5	
2	合理选用屋面防水层材料,清楚其构造组成的设计应用能力	5	
3	确定屋面细部节点构造图的设计能力	5	
4	绘图及图面表达能力	5	
总分			

13 住宅楼单体设计实务操练

13.1 住宅楼单体设计实训资料

13.1.1 背景资料(一)

13.1.1.1 实训条件

某城市型住宅,位于城市居住小区内,为单元式多层(4～6层)住宅。面积标准为70～120m²,套型自定。建筑物耐火等级为二级,屋面防水等级为三级;选用砖混结构或钢筋混凝土框架结构。

房间组成及要求:居室包括卧室和起居室。卧室间不宜穿套,主卧室面积不小于12m²,单人卧室不小于6m²,兼起居室的卧室不小于14m²。厨房每户单用,内设案台、灶台、洗池。卫生间每户独用,设蹲位、淋浴(或盆浴),也可设洗脸盆。每户设生活阳台和服务阳台各一个。按具体情况设搁板、吊柜、壁柜等贮藏设施。

13.1.1.2 任务分解

在实训条件下,给该工程按初步设计深度进行方案设计,按1:50的比例绘制单元底层平面图,按1:100的比例绘制标准层平面图,按1:100的比例绘制2～3个单元组合的主立面及侧立面图,按1:100的比例绘制剖面图。

13.1.1.3 任务步骤

① 了解住宅设计的原理,综合运用所掌握的知识制订方案图。

② 绘制单元底层平面图,组合设计绘制标准层平面图。

③ 绘制立面图,方案图中一般包括主立面图和侧立面图。

④ 绘制将建筑物剖切开,形象、具体地反映其内部构造连接的剖面图。

提示:剖面图可为全剖图或阶梯剖面图,剖切到有明显特征的结构部位,如楼梯间、阴阳台等。

13.1.2 背景资料(二)

13.1.2.1 实训条件

某城市型住宅,位于城市居住小区内,两单元共6层,一层为仓库,二至五层为住宅。

建筑物耐火等级为二级,屋面防水等级为三级。选用全现浇钢筋混凝土框架结构。套型为一梯两户(两室两厅一厨一卫)或一梯三户(两室一厅一厨一卫)。

13.1.2.2　任务分解

依据实训条件,结合下列已知的建筑施工图,读懂图纸,根据要求补全不完整的图纸,并按要求绘制建筑构件节点详图。

13.1.2.3　任务步骤

任务步骤如下。

① 认真阅读建筑设计说明、工程材料做法表、门窗表,了解工程概况。

提示:了解工程的地质特点、结构类型、层数、层高、屋面的防水等级要求、门窗的类型、门窗的尺寸、建筑物各构件的装饰做法。

② 认真阅读已知的一层平面图,按下列要求完成图纸:

a. 查阅图集资料,按图集规范要求绘制,包括室外台阶构造做法、混凝土坡道构造做法、湿陷性黄土地区散水构造做法。

b. 用 3 号图纸按 1:10 或 1:20 的比例绘制。

③ 认真阅读各层平面图已知内容,按要求补绘三至五层平面图。要求如下:

a. 在规定范围内,补绘三至五层平面图右侧单元部分。

b. 户型为一梯两户(两室两厅一厨一卫)或一梯三户(两室一厅一厨一卫)均可。

c. 用 3 号图纸绘按 1:100 的比例绘制。

④ 认真阅读屋顶平面图,按要求完成图纸。要求如下:

a. 查阅图集资料,按图集规范要求绘制,包括横式雨水口及雨水管构造做法、直式雨水口及雨水管构造做法、通风道出屋面构造做法、屋面上人孔构造做法。

b. 用 3 号图纸按 1:10 或 1:20 的比例绘制。

⑤ 认真阅读各层平面图、①～⑨立面图及 A—A 剖面图内容,按要求补绘完成⑨～①立面图。要求如下:

a. 阅读各层平面图、①～⑨立面图及 A—A 剖面图内容,补绘⑨～①立面图中阴、阳台处的窗户、栏板及楼梯间休息平台处的窗户。

b. 按线型要求绘图。立面图的三种线型中,建筑物轮廓用粗实线表示,墙上的凹凸部位及勒脚、花台、台阶等用中实线表示,门窗分格线、开启方向线、墙面装饰线等用细实线表示。室外地坪用加粗实线表示。

c. 补全立面图尺寸。立面图尺寸包括标注层高尺寸,门窗的定型及与上下楼地面的定位尺寸,出挑构件的宽度、高度,楼层标高。

d. 用 3 号图纸按 1:100 的比例绘制。

⑥ 认真阅读 A—A 剖面图内容,按要求完成图纸。要求如下:

a. 查阅图集资料,按图集规范要求绘制,包括带保温层的柔性防水屋面构造做法、屋面泛水(卷材收头处的构造做法)、墙体、楼板外保温构造做法。

b. 用 3 号图纸按比例 1:10 或 1:20 绘制。

⑦ 认真阅读各层平面图,结合 A—A 剖面图内容,补绘楼梯平面图。要求如下:

a.仔细阅读剖面图,读懂楼梯剖面图和一层楼梯平面图图示内容。

b.绘制二层楼梯平面图、三至五层楼梯平面图和六层楼梯平面图。

c.按 A—A 剖面图索引要求,查阅图集资料,绘制楼梯栏杆扶手构造节点详图。

d.用 3 号图纸按比例 1:50 绘制。

13.1.2.4 建筑设计说明

① 设计依据。

a.甘肃省广河县盐业有限公司提供的设计委托书。

b.建设单位通过的初步设计方案。

c.兰州有色冶金岩土工程总公司提供的"岩土工程勘察报告"。

② 工程概况。

本工程位于广河县地税局东侧,广河县盐业有限公司南侧,六层框架结构,长26.7m,宽15.3m。一层为丙类仓库,层高3.0m。其他层为住宅楼,层高2.8m。仓库建筑面积为312.4m²,住宅部分建筑面积为2022.34m²,总建筑面积为2334.74m²。

③ 建筑设计参数。

a.本建筑物体型为长方体,体型系数为0.276,窗墙比系数为0.31;外墙导热系数为0.53W/(m·K),屋面导热系数为0.58W/(m·K)。

b.本工程抗震设防烈度为7度,地震加速度为0.15g,地震分组为二组,抗震等级为三级。

c.建筑物耐火等级为二级,屋面防水等级为三级,使用年限为10年。

d.本工程合理使用年限为50年。

④ 为贯彻甘肃省《民用建筑节能设计标准(采暖居住建筑部分)实施细则》(DBJ 25-20—1997)的有关规定:

a.本工程采用铝合金推拉窗,所有窗距墙中安装;预埋件按厂家提供的安装要求设置;所有阳台封闭窗及外露窗开启扇带纱,应由单位统一购置安装,不得由用户自理,以保证建筑立面的协调统一。

b.所有阴、阳台外露底板、栏板均做保温处理。做法为内抹30mm厚1:2.5水泥砂浆、贴50mm厚挤塑泡沫板。保温阳台外露底板做聚苯板吊顶,做法见甘 02J01-151-棚30,施工时应注意底面的平齐。

c.一层地面做200mm厚1:8水泥炉渣垫层保温层,屋面保温采用60mm厚硬质挤塑泡沫板外墙面内抹20mm厚保温砂浆。

d.本工程采用《新型复合保温夹板系列门》(甘 02J06-1-3)图案,内门里平装,全部加贴脸,做法见图集甘 02J4-1-4。

e.本工程除标注外,外墙300mm厚,内墙除楼梯间为250mm厚外,其余均为200mm厚,隔墙为100mm厚。

⑤ 除卫生间外,所有房间暖气片采用半暗装,凹槽深度120mm,宽度与窗洞口同宽。

⑥ 卫生间、厨房设备除坐便器、洗脸盆、洗菜池均由甲方定外,其余均由用户自理。

⑦ 卫生间及厨房低于楼地面20mm,与卫生间相连的走道处用1:6水泥炉渣填实至楼面标高处,其上做法同楼地面。卫生间、厨房0.5%找坡,坡向地漏。

⑧ 阳台晒衣架做法见甘 02J03-50-2,在阳台底板浇筑时注意埋设铁件(在板底)。

⑨ 底落水管出水口距地 200mm,每层阳台挑出部分必须按照屋面雨水管相应位置预留洞口。

⑩ 通风道做法详见甘 02SJ906 图集,厨房烟道选甘 02J1S-2-7-A,施工时要特别预留洞口位置及注意风道的选型及风口位。

⑪ 所有阳台隔板采用 C15 混凝土,厚 80mm,采用 ϕ6@200 双向配筋。

⑫ 本工程的设计内容包括建筑、结构,水、暖,电设备安装工程中应该注意各工种的相互协调工作,特别是预埋件的位置,楼板上预留洞口及暖气套管的敷设,不得随意在板或梁上砸洞。

⑬ 施工单位在做装饰件时应与装饰件生产厂家联系预留铁件。

⑭ 本说明及施工图中未注明的其他事宜应按现行的建筑、安装工程施工验收规范施工。

工程材料做法表及门窗表如表 13-1、表 13-2 所示。

表 13-1　　　　　　　　　　　　　　**工程材料做法表**

项目	名称	用料编号	使用部位	备注
屋面	SBS 防水屋面	甘 02J01-177-屋Ⅲ9	屋面	见图 13-8
	水泥砂浆屋面		挑檐、雨篷	1:2.5 水泥砂浆加 5%防水粉
平顶	板底抹灰顶棚	甘 02J01-140-棚 4	居室、客厅、走道	外刷白色涂料
	水泥砂浆抹灰顶棚	甘 02J01-141-棚 5	仓库、阳台	外刷白色涂料
	PVC 板条吊顶	甘 02J01-151-棚 30	阳台外露部分	
内粉刷	水泥砂浆墙面	甘 02J01-117-内 4	居室、客厅及其他	外刷白色涂料
	水泥砂浆墙面	甘 02J01-117-内 4	阳台、户内外走道	外刷白色涂料
	水泥砂浆踢脚	甘 02J01-90-踢 3	楼梯间	高度为 150mm,外刷一底二度棕色调和漆
	200×300 白瓷砖墙面	甘 02J01-127-内 38	厨房、卫生间	贴到顶棚底(白色)
外装饰	涂料	甘 02J01-25-外 15	见立面图	涂料色彩由甲方选定
	面砖	甘 02J01-29-外 23		
楼地面	水泥楼地面	甘 02J01-61-楼 3	楼梯、走道及所有房间	楼梯、走道压实赶光
		甘 02J01-40-地 5	所有房间、楼梯、走道	所有房间拉毛
	地板砖楼地面	甘 02J01-73-楼 41	卫生间、厨房	硅胶涂膜防水层
		甘 02J01-48-地 29	卫生间、厨房	硅胶涂膜防水层
油漆	木门	刷底油一道,乳白色调和漆两道	内门	
		刷底油一道,橘黄色调和漆两道	外门	
	楼梯栏杆、扶手	栏杆刷一底两二度苹果绿色调和漆;扶手刷一底二度棕色调和漆		

续表

项目	名称	用料编号	使用部位	备注
其他	散水	甘 02J09-53-1	一层	宽度为 1.5m
	台阶	甘 02J09-48-5	一层	
	坡道	甘 02J09-49-3	一层	
	外露铁件	刷两道防锈漆,外刷银粉一道		

表 13-2　　　　　　　　　　　　　**门窗表**

层号	类别	设计编号	洞口尺寸/mm 宽	洞口尺寸/mm 高	数量	采用标准图集及编号 图集代号	甘 00J06-1-44 参见 编号	备注
一层	门	M-6	3000	2400	4	甘 00J01-2-02	LDHM70-42	地道门,外道堵串门
		M-4	800	2100	4	甘 00J01-2-07	M2-13	
		M-7	1500	2000	2	单元防盗对讲门(定做)		
	窗	C-2	1800	900	4	甘 00J01-2-21	TLO70-27	底部标高为 1500mm
二至六层	门	M-1	1000	2100	20	甘 00J01-2-24	MFM1(乙)-10212(W)	分户防火木门
		M-2	900	2100	40	甘 00J01-2-	M2-73	
		M-3	800	2100	20	甘 00J01-2-	M2-42	
		MC-2	2400	2300	20	甘 00J01-2-15	参照 M4-122	屋面
		MC-1	2400	2300	20	甘 00J01-2-15	参照 M4-110	屋面
		TLM-1	2000	2300	20	甘 00J01-2-10	参照 TLM70-17	屋面
		TLM-2	2000	2300	20	甘 00J01-2-10	参照 TLM70-7	屋面
		M-4	700	2100	10	甘 00J01-2-10	M2-13	屋面
	窗	C-3	1500	1300	10	甘 00J01-2-10	参照 TLC70-19	屋面
		ZC-1	通长	1400	80	甘 00J01-2-10	参照 TLC70-19	屋面

编制的工程平面图、立面图、剖面图如图 13-1～图 13-8 所示。

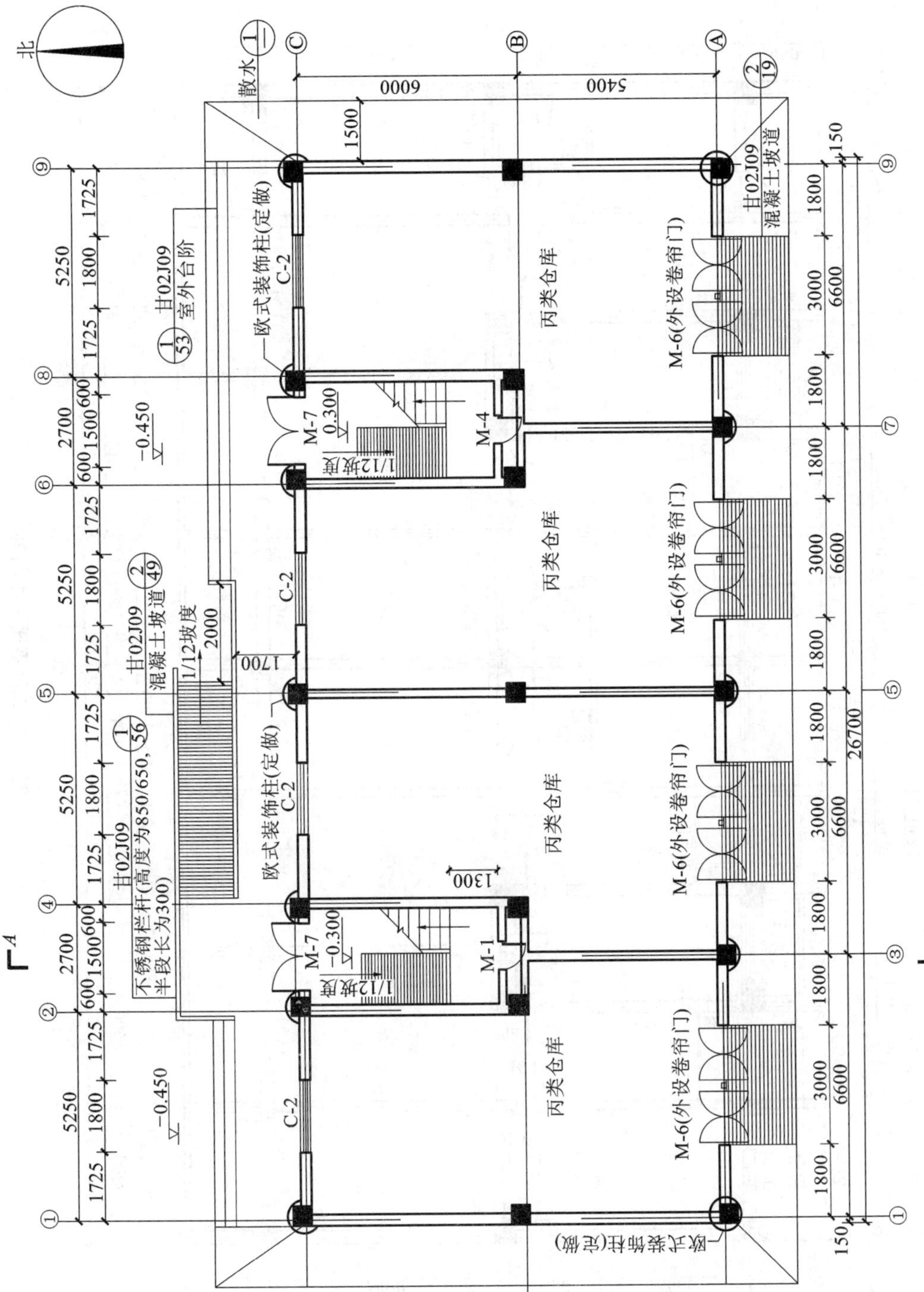

图 13-1 一层平面图(1:100)

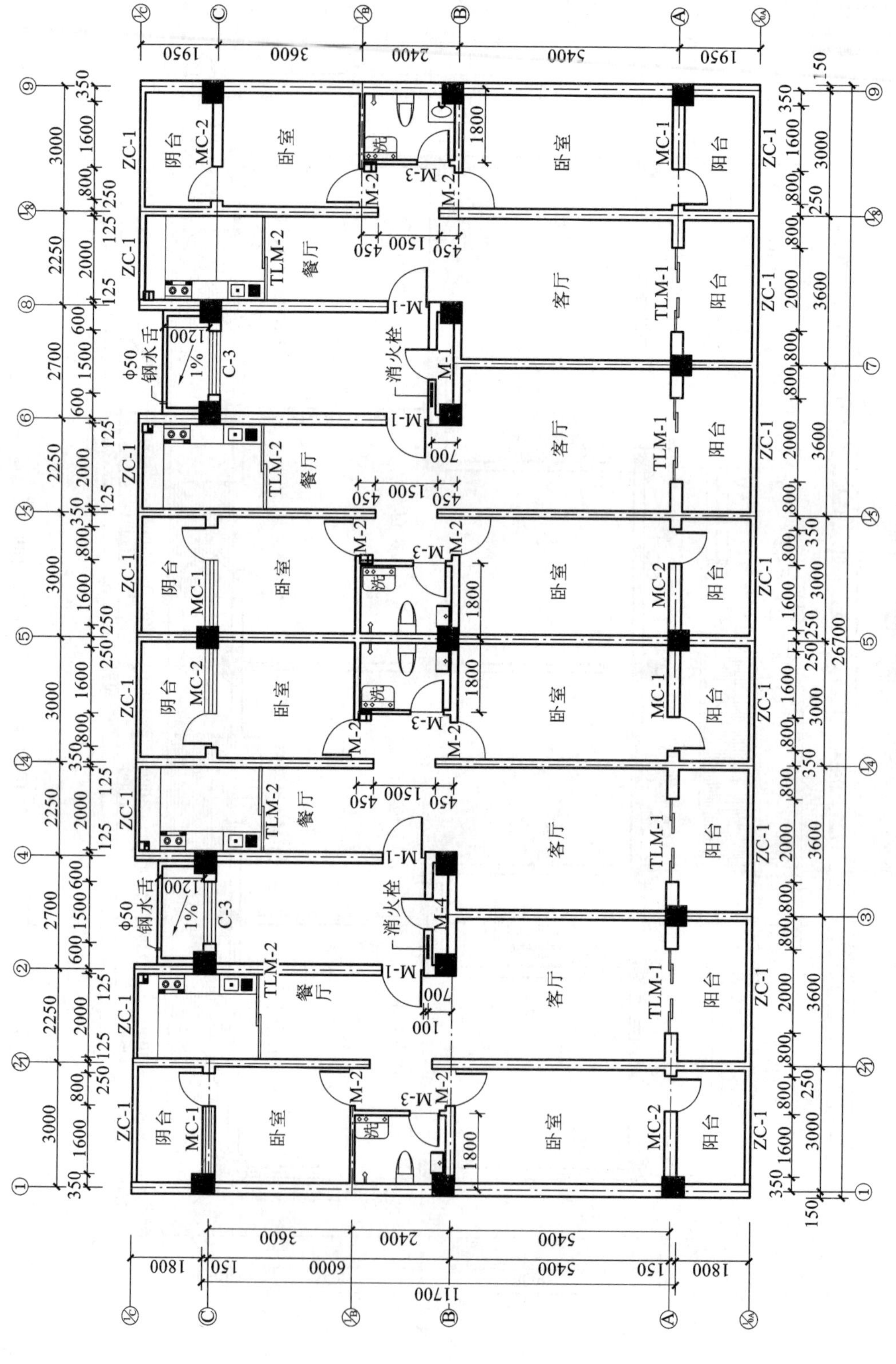

图 13-2 二层平面图(1:100)

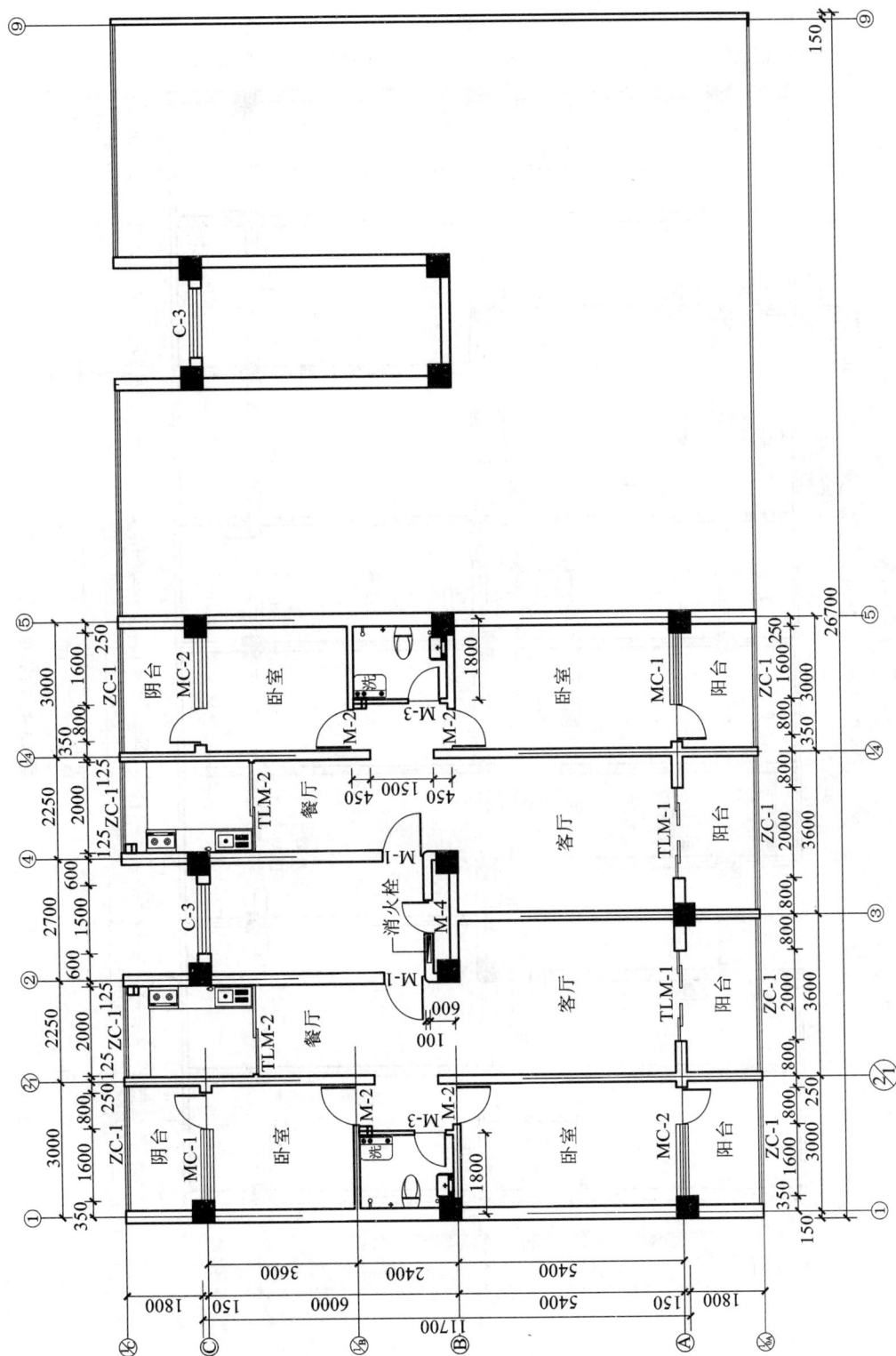

图 13-3 三至五层平面图(1:100)

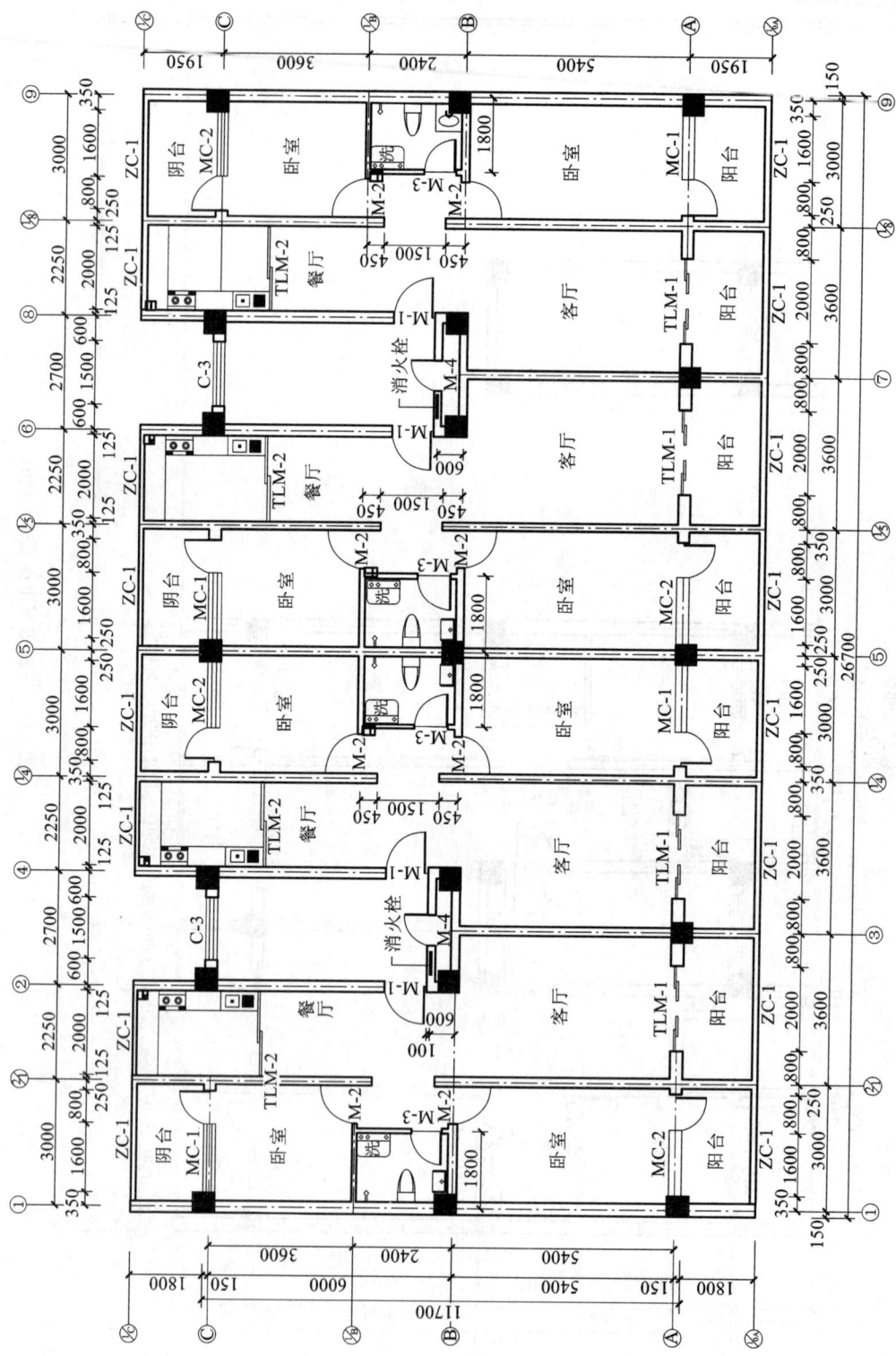

图 13-4 六层平面图(1:100)

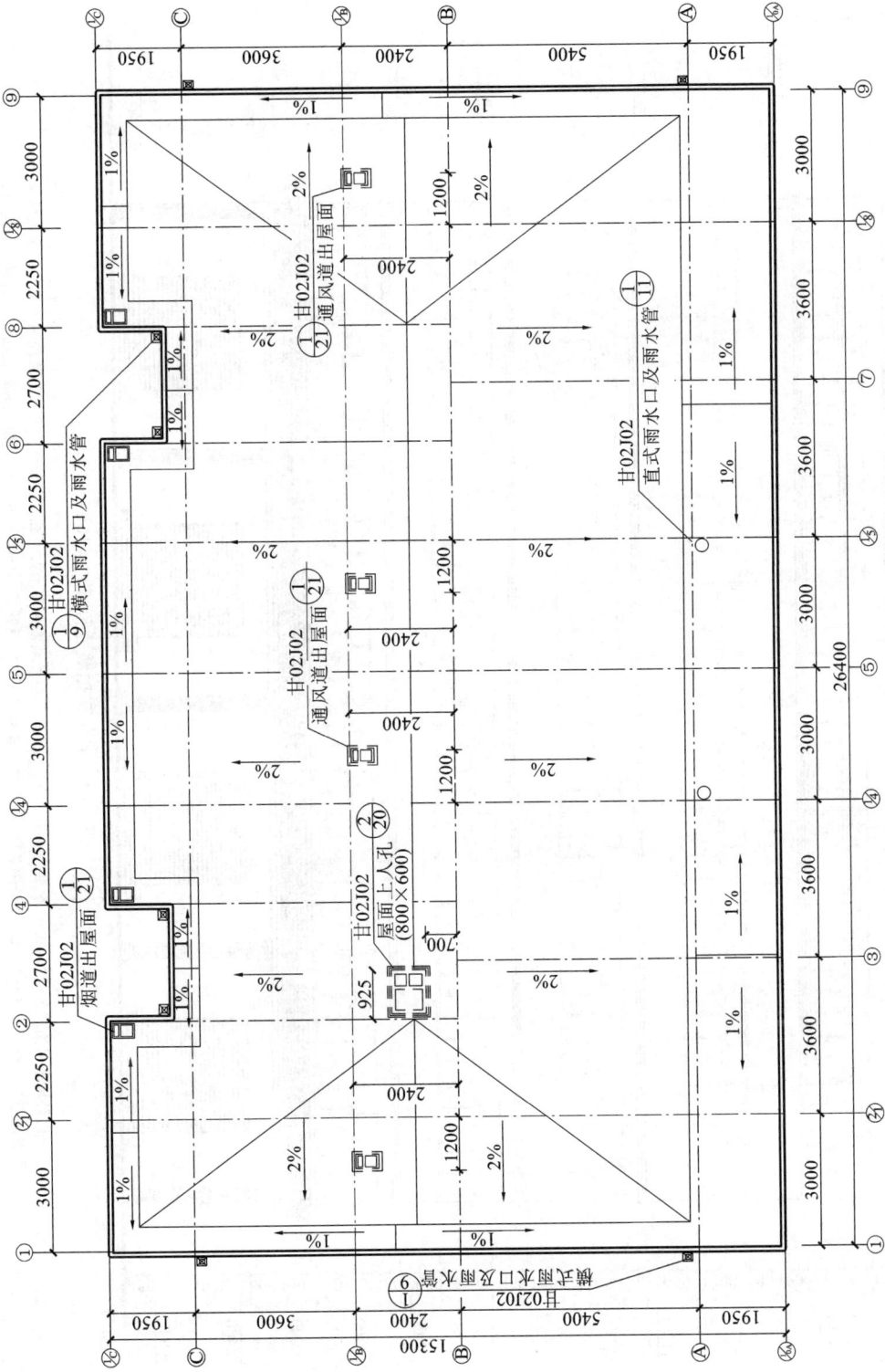

图 13-5　屋顶平面图(1 : 100)

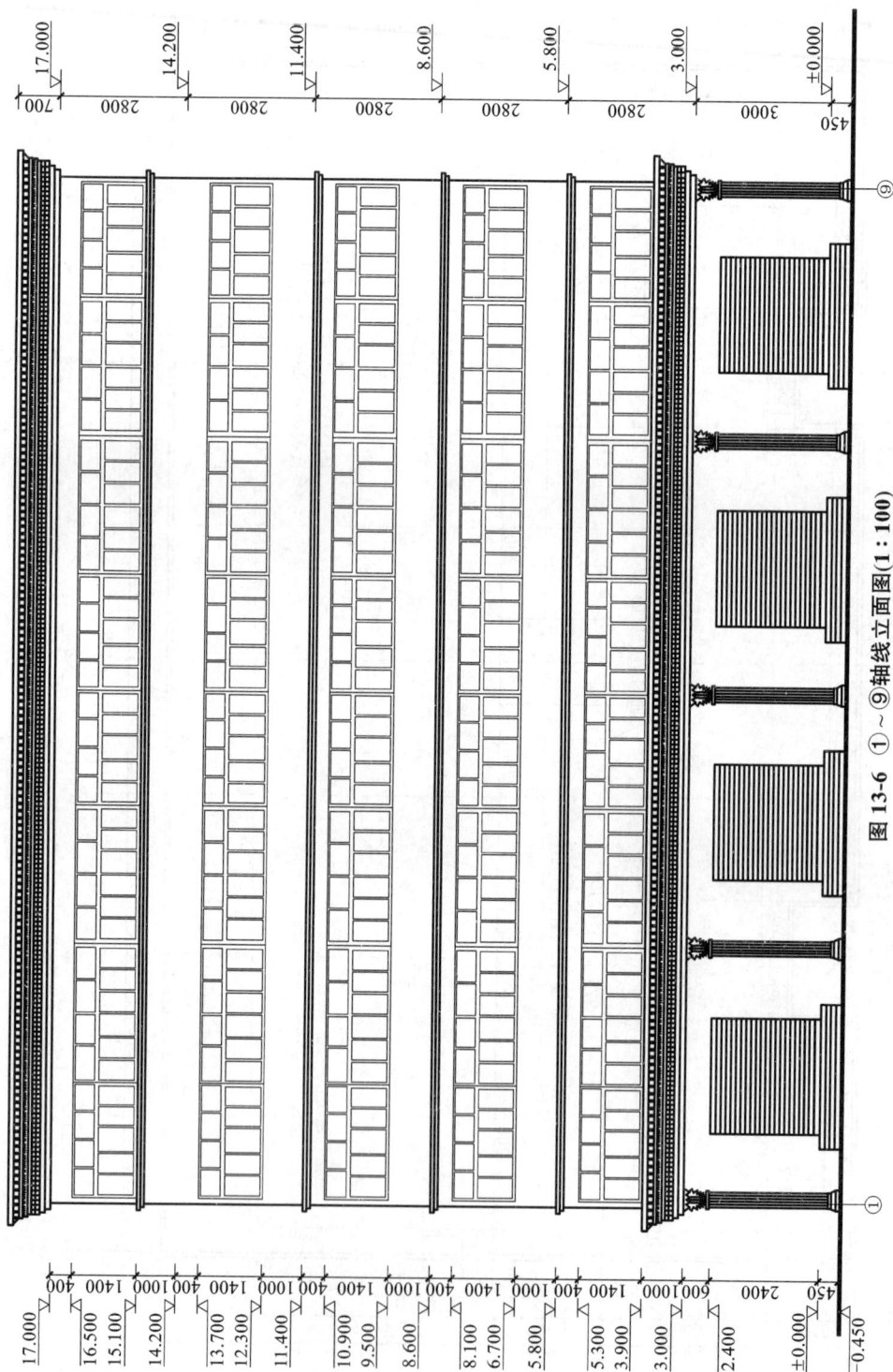

图 13-6 ①~⑨轴线立面图(1∶100)

注：①一层外墙面采用200mm×400mm乳白色仿石面砖；②二至五层外墙面采用米黄色乳胶漆装饰，六层外墙面采用乳白色乳胶漆装饰；
③每层层高处横向线条均用白色乳胶漆装饰；④檐线、壁画、墙向线条均用白色乳胶漆装饰；⑤一层欧式装饰柱由甲方定做，着色均为白色。

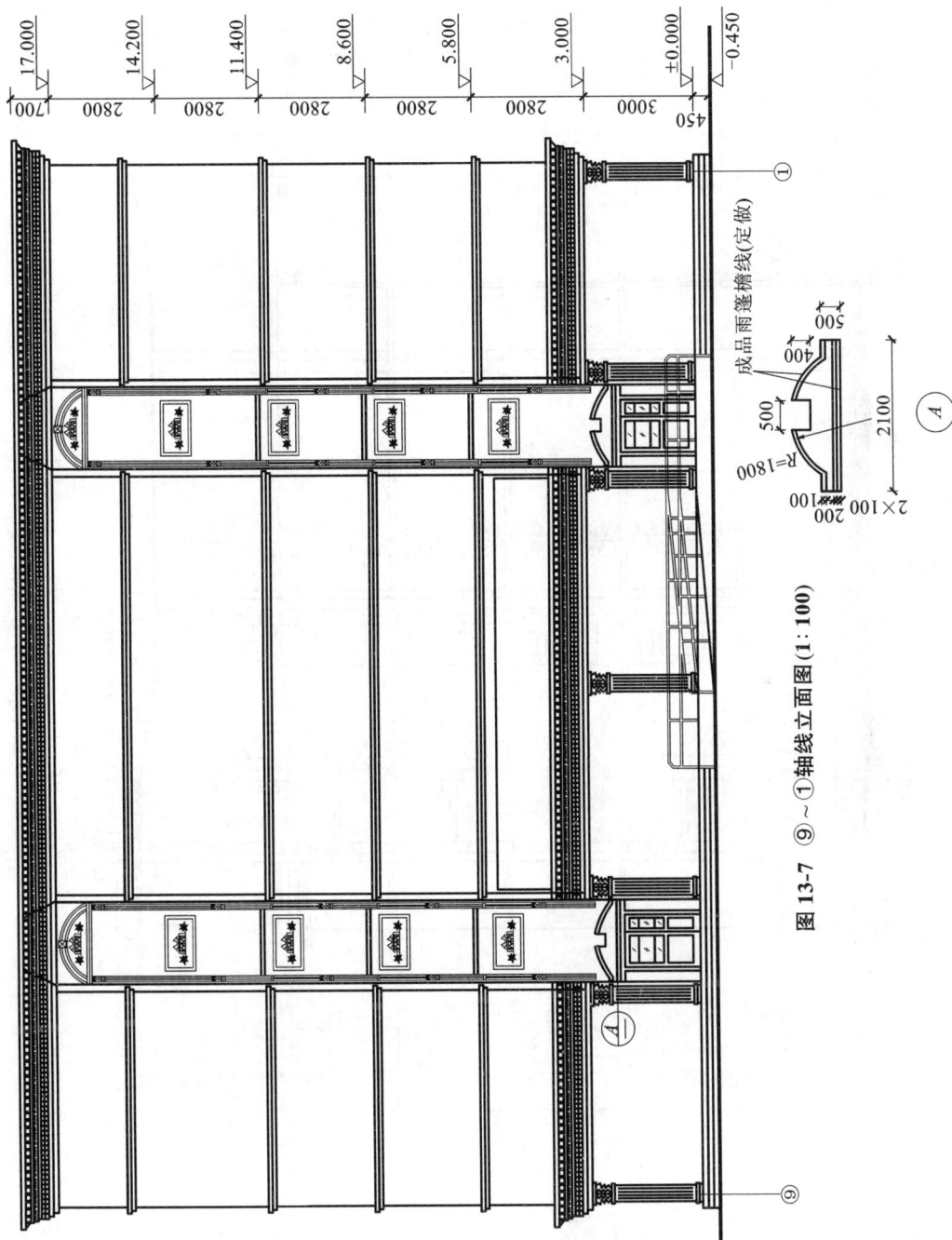

图 13-7 ⑨ ~ ①轴线立面图 (1 : 100)

成品雨篷檐线(定做)

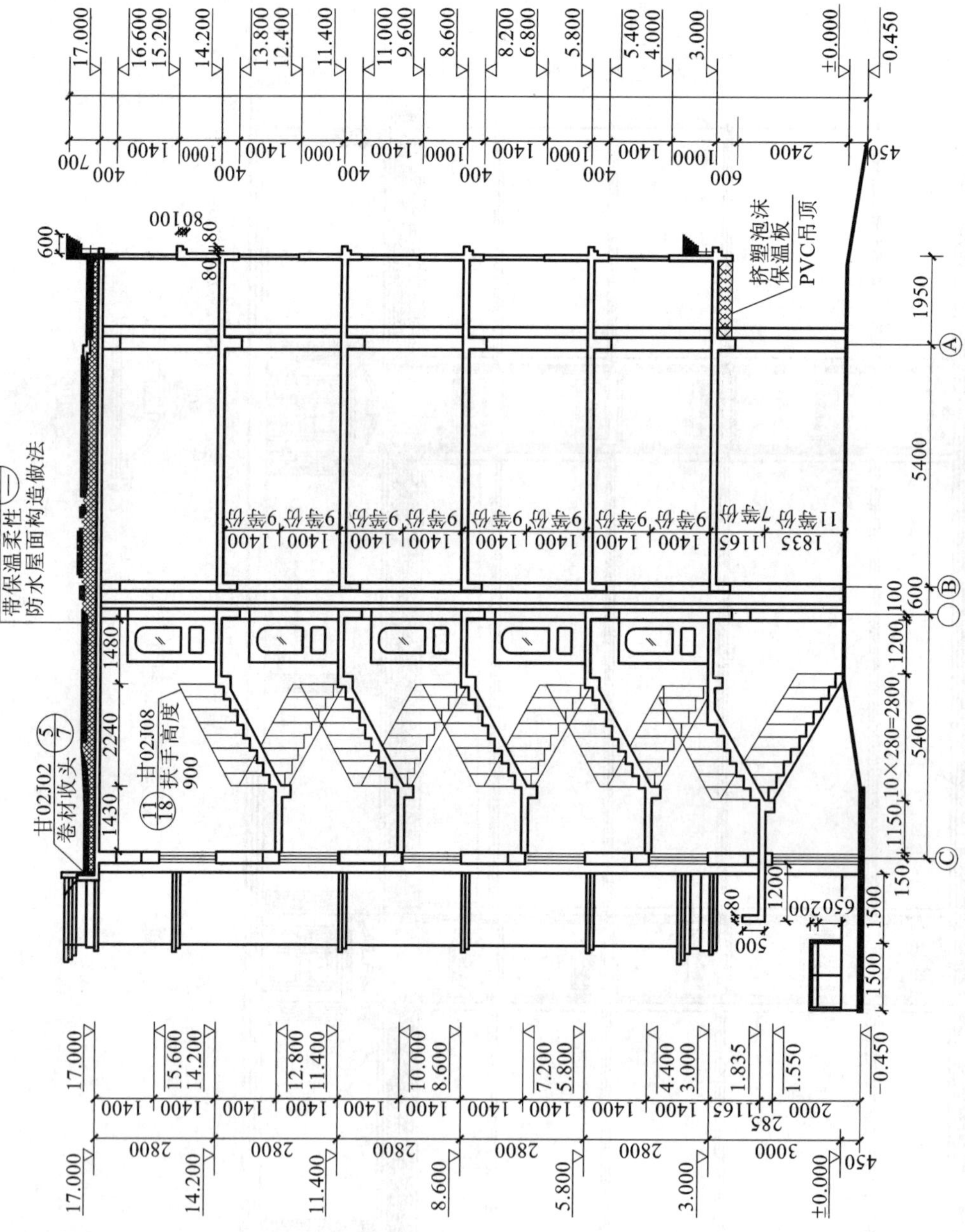

图 13-8 *A—A* 剖面图(1∶100)

13.2 住宅楼单体设计实训能力评价标准

住宅楼单体设计实训能力评价分为教师评价和学生自评两部分,评分标准如表 13-3～表 13-6 所示。

住宅楼单体设计实训一综合成绩评定:_____分　　　　　　教师签字:_____

表 13-3　　　　　　　住宅楼单体设计实训一评价标准(教师评价)

项次	考核类别			分值/分	备注
1	基础素质		学习的认真程度,学习总结的全面程度	10	
			文字表达的清晰程度	5	
			语言表达、应辩能力的强弱度	10	
2	专业知识	知识点的掌握	通过成果反映的知识点掌握程度	5	
		专业知识应用能力	合理确定单个房间平面的设计能力	15	
			合理进行平面组合设计的设计能力	15	
			综合运用知识进行立面、剖面方案设计的设计能力	15	
		绘图能力	正确绘制方案设计的平面图、立面图、剖面图的绘图能力	15	
			按照制图规范标准清楚表达图面、标注构造尺寸的制图能力	10	
总分					
权重(总分×0.8)					

表 13-4　　　　　　　住宅楼单体设计实训一评价标准(学生自评)

项次	考核类别	分值/分	备注
1	合理确定单个房间平面的设计能力	5	
2	合理进行平面组合设计的设计能力	5	
3	综合运用知识进行立面、剖面方案设计的设计能力	5	
4	绘图及图面表达能力	5	
总分			

住宅楼单体设计实训二综合成绩评定：_____分　　　　　　教师签字：_____

表 13-5　　　　　　　　　　　住宅楼单体设计实训二评价标准（教师评价）

项次	考核类别			分值/分	备注
1	基础素质		学习的认真程度,学习总结的全面程度	10	
			文字表达的清晰程度	5	
			语言表达、应辩能力的强弱度	10	
2	专业知识	知识点的掌握	通过成果反映的知识点掌握程度	5	
		专业知识应用能力	由方案图能准确设计各层平面图、屋面排水图的设计能力	15	
			合理地设计立面、剖面施工图的设计能力	15	
			详尽、准确地设计建筑详图的设计能力	15	
		绘图能力	正确绘制建筑施工图的绘图能力	15	
			按照制图规范标准清楚表达图面、标注构造尺寸的绘图能力	10	
总分					
权重（总分×0.8）					

表 13-6　　　　　　　　　　　住宅楼单体设计实训二评价标准（学生自评）

项次	考核类别	分值/分	备注
1	由方案图能准确设计各层平面图、屋面排水图的设计能力	5	
2	合理地设计立面、剖面施工图的设计能力	5	
3	详尽、准确地设计建筑详图的设计能力	5	
4	绘图及图面表达能力	5	
总分			

14 办公楼单体设计实务操练

曲

14.1 办公楼单体设计实训资料

(1)实训条件

本工程为某 4 层现浇钢筋混凝土框架结构办公楼(图 14-1)。平面形状呈一字形,建筑物总长 42.70m,横向轮廓宽度 16.00m,建筑物高度 18.60m。办公楼一层层高为4.20m,二至四层层高均为 3.6m,室内外高差 0.6m,首层标高±0.000 为 1931.45m。

结构抗震设防烈度为 7 度,基本地震加速度为 0.15g,设计地震分组为第二组,场地类别为Ⅱ类,场地特征周期为 0.45s。

(2)任务分解

依据实训条件,从该工程方案设计入手读懂图纸内容进行建筑施工图的设计,根据要求补全不完整的图纸,并按要求绘制建筑构件节点详图。

(3)任务步骤

本实训根据背景资料的要求结合已知建筑施工图,按要求完成补绘图纸及建筑构件节点详图。

① 认真阅读一层平面图,读懂图示内容。要求如下:

a.查阅图集资料,按图集规范要求绘制,包括室外台阶构造做法、无障碍坡道构造做法、湿陷性黄土地区散水构造做法。

b.用 3 号图纸按比例 1∶10 或 1∶20 绘制。

② 认真阅读一层(图 14-2)、二层(图 14-3)、四层(图 14-4)平面图,自己设计绘制完成三层平面图。要求如下:

a.设计尺寸要满足功能房间需求。

b.平面图标注三道外部尺寸(外包总尺寸、轴线尺寸、细部定形及定位尺寸),如果平面图上下、左右均对称,尺寸标注在图的下方及左侧;如果平面不对称,则四周都要标注。

c.各层平面图标注的定位轴线的位置、命名均应上下对应。

d.线型:被剖切到的构件用粗实线绘制;门窗及未被剖切到但投视可见的构件用中实线或细实线绘制;建筑符号、尺寸线、尺寸界线、尺寸数字用细实线绘制。

e.用 2 号图纸按比例 1∶100 绘制。

③ 认真阅读①~⑧立面图(图 14-5),补全四层平面图。要求如下:

a.应表明屋面排水分区、排水方向、坡度、檐沟、泛水、雨水口及女儿墙的位置。

b. 用 2 号图纸按比例 1:100 绘制。

④ 补全屋顶平面图(图 14-6)。要求如下:

a. 表明屋面排水分区、排水方向、坡度、檐沟、泛水、雨水口及女儿墙的位置。

b. 查阅图集资料,按图集规范要求绘制,包括雨水口及雨水管构造做法、屋面上人孔构造做法、屋面构造做法、绘制屋面泛水(卷材收头处的构造做法)。

c. 用 2 号图纸按比例 1:100 绘制。

⑤ 认真阅读①～⑧立面图及各层平面图,绘制⑧～①建筑立面图。要求如下:

a. 阅读各层平面图、①～⑧立面图及 1—1 剖面图(图 14-7)内容,明确构件尺寸取值。

b. 按线型要求绘制立面图,注意区分三种线型:建筑物轮廓用粗实线表示,墙上的凹凸部位及勒脚、花台、台阶等用中实线表示,门窗分格线、开启方向线、墙面装饰线等用细实线表示。室外地坪用加粗实线表示。

c. 补全立面图尺寸:标注层高尺寸,门窗的定型及与上下楼地面的定位尺寸,出挑构件的宽度、高度,楼层标高。

d. 用 2 号图纸按比例 1:100 绘制。

⑥ 认真阅读各层平面图、1—1 剖面图及立面图,绘制楼梯详图一副。要求如下:

a. 绘制楼梯平面图,包括底层、标准层、顶层三个平面图。标注全楼梯尺寸,标明楼梯方向,标注标高、剖切符号。

b. 绘制楼梯剖面图一副。标注梯段高度,踏步数量及尺寸,门窗定形、定位的细部尺寸。

c. 绘制构件节点图,包括踏步和栏杆大样图等。

d. 用 2 号图纸按比例 1:100 绘制。

图14-1 某四层层现浇钢筋混凝土框架结构办公楼

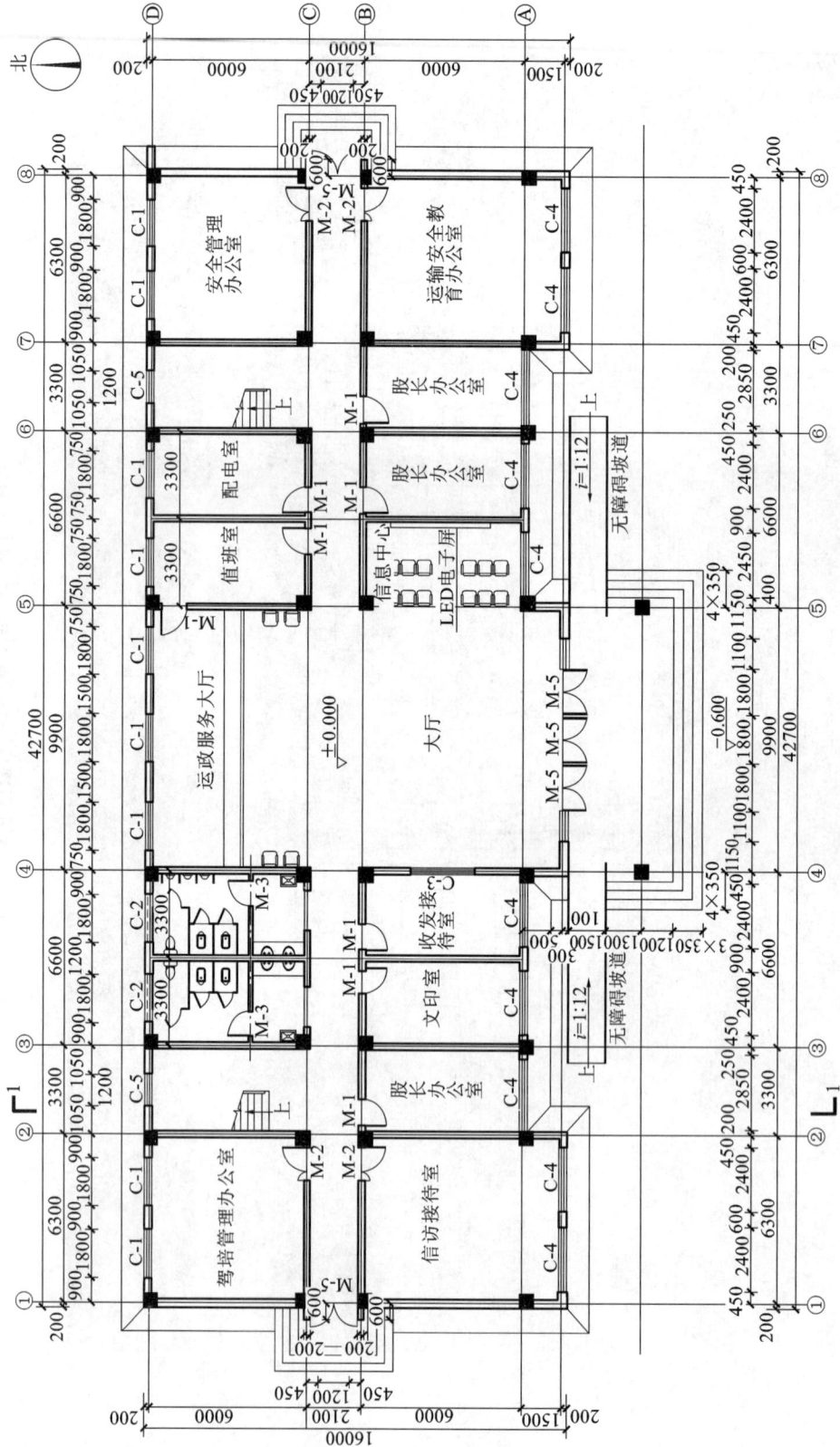

图14-2 一层平面图(1:100)

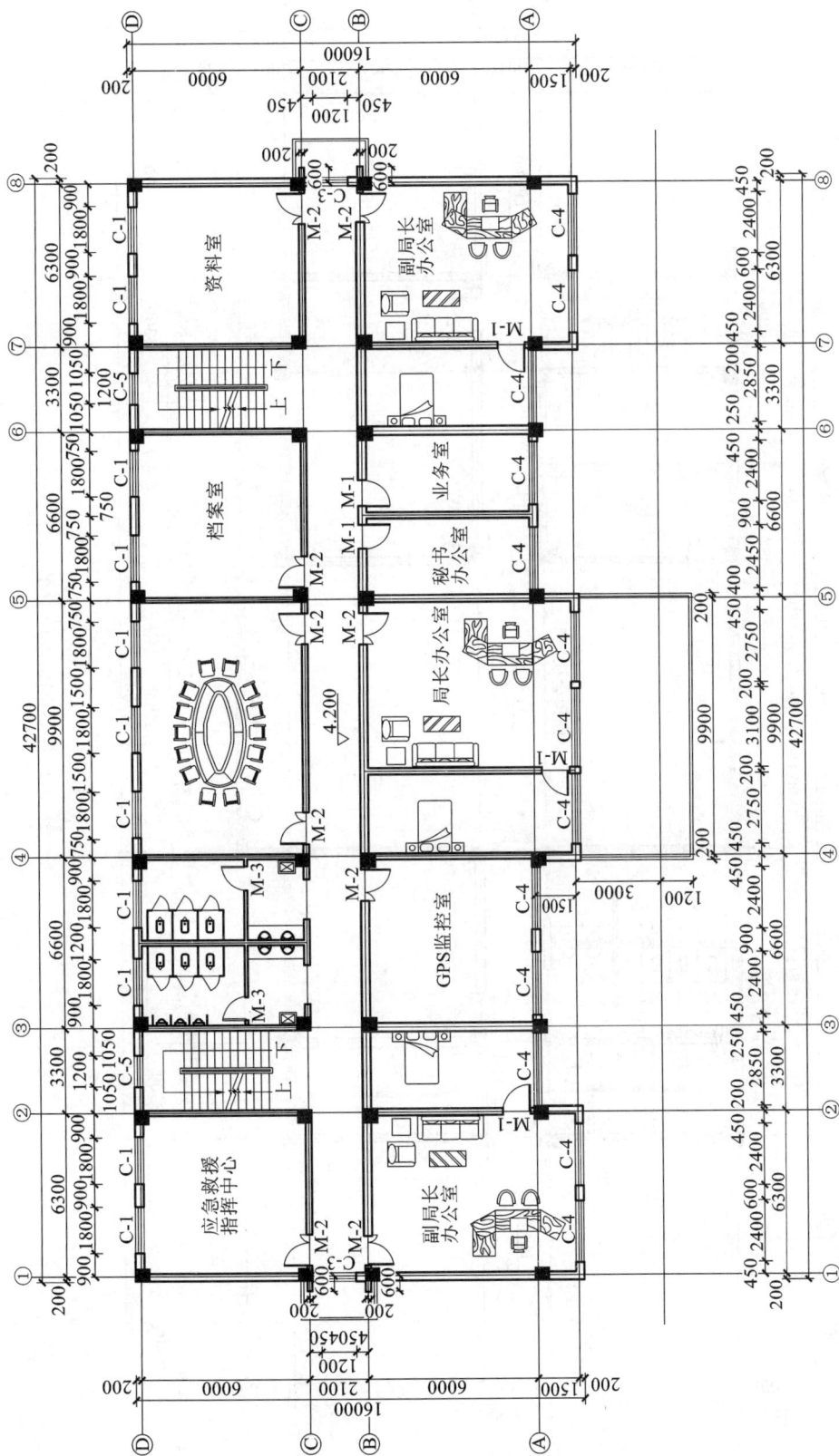

图14-3　二层平面图(1∶100)

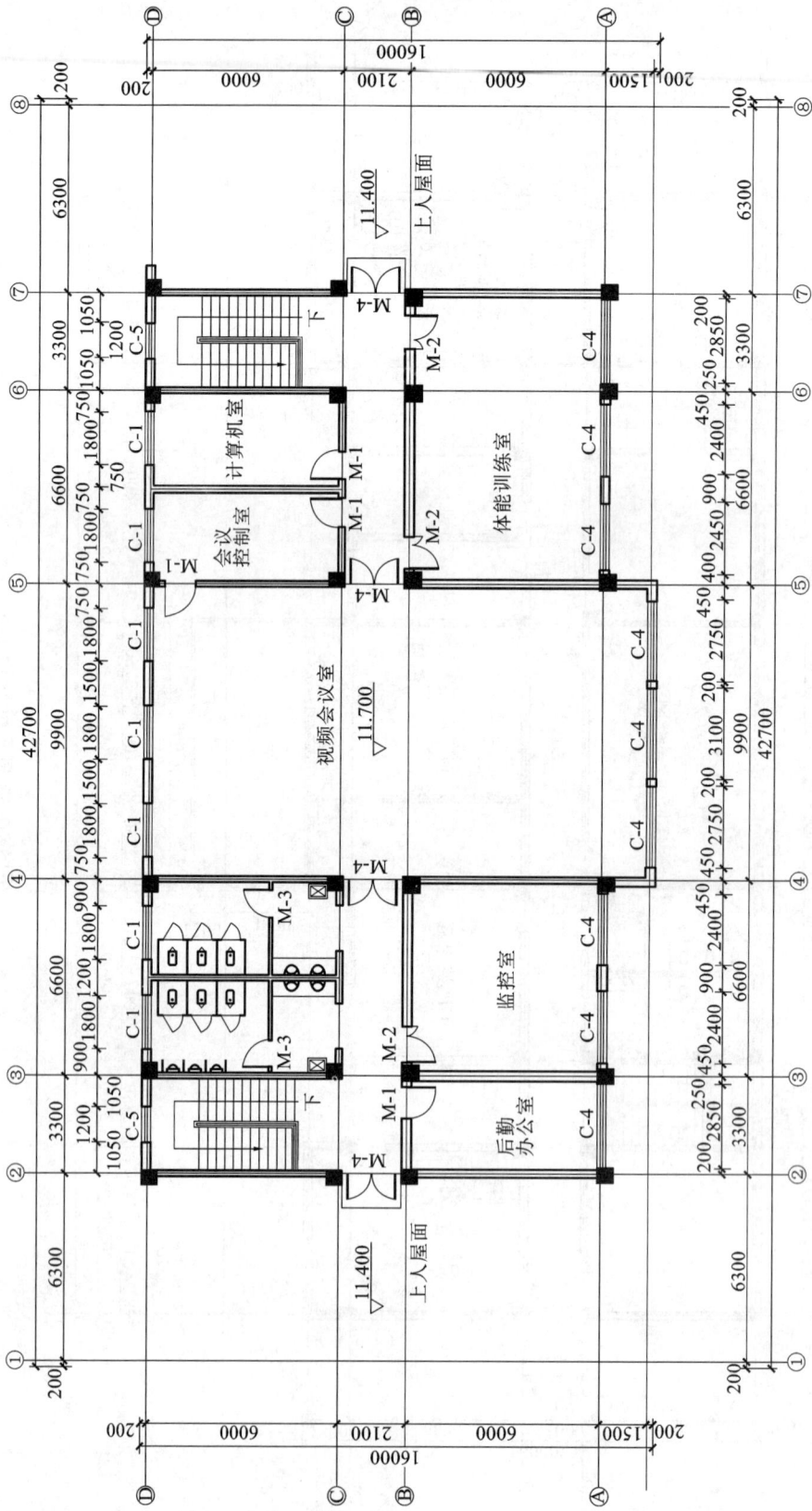

图 14-4 四层平面图(1∶100)

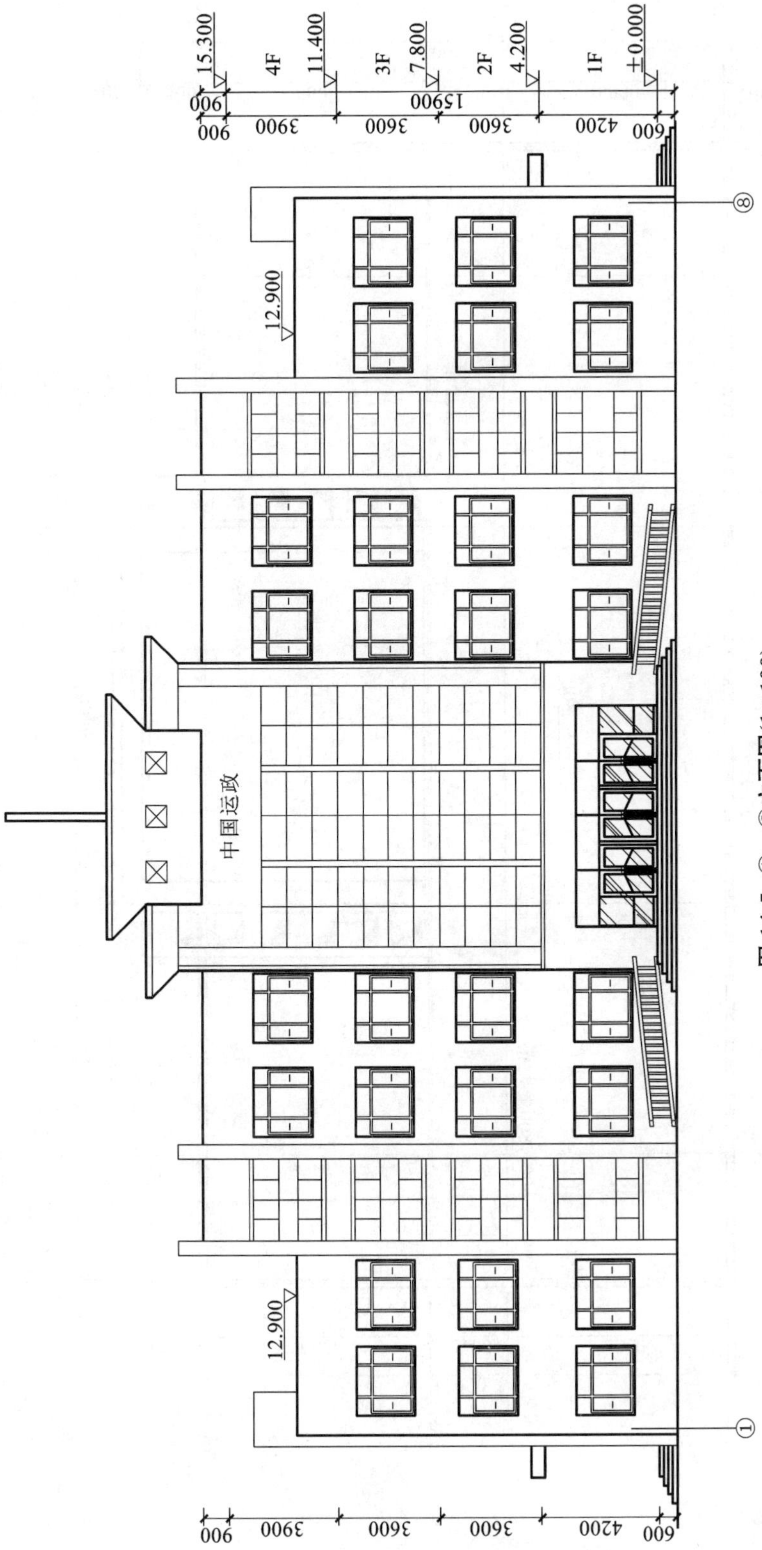

中国邮政

图14-5　①～⑧立面图(1∶100)

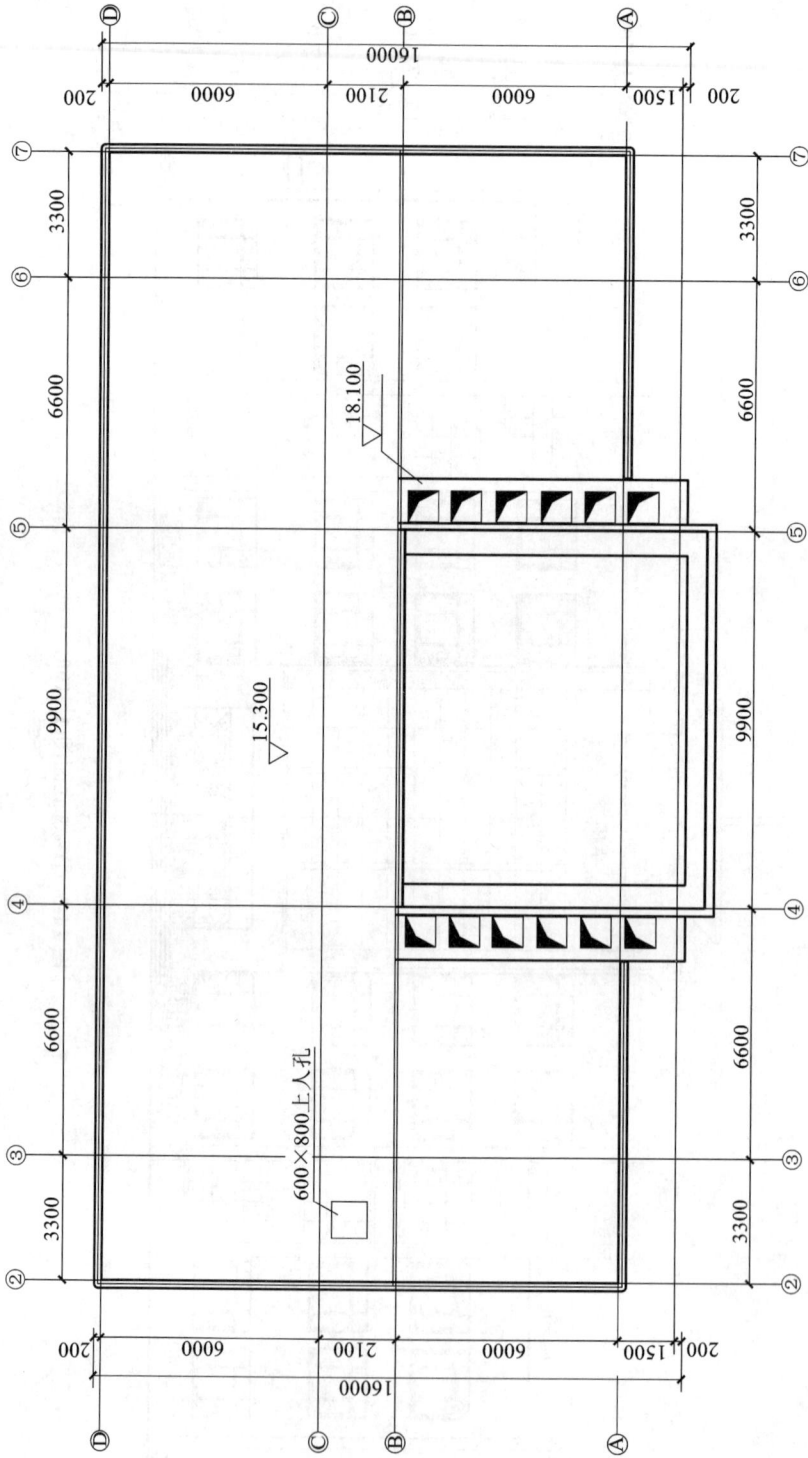

图 14-6 屋顶平面图(1 : 100)

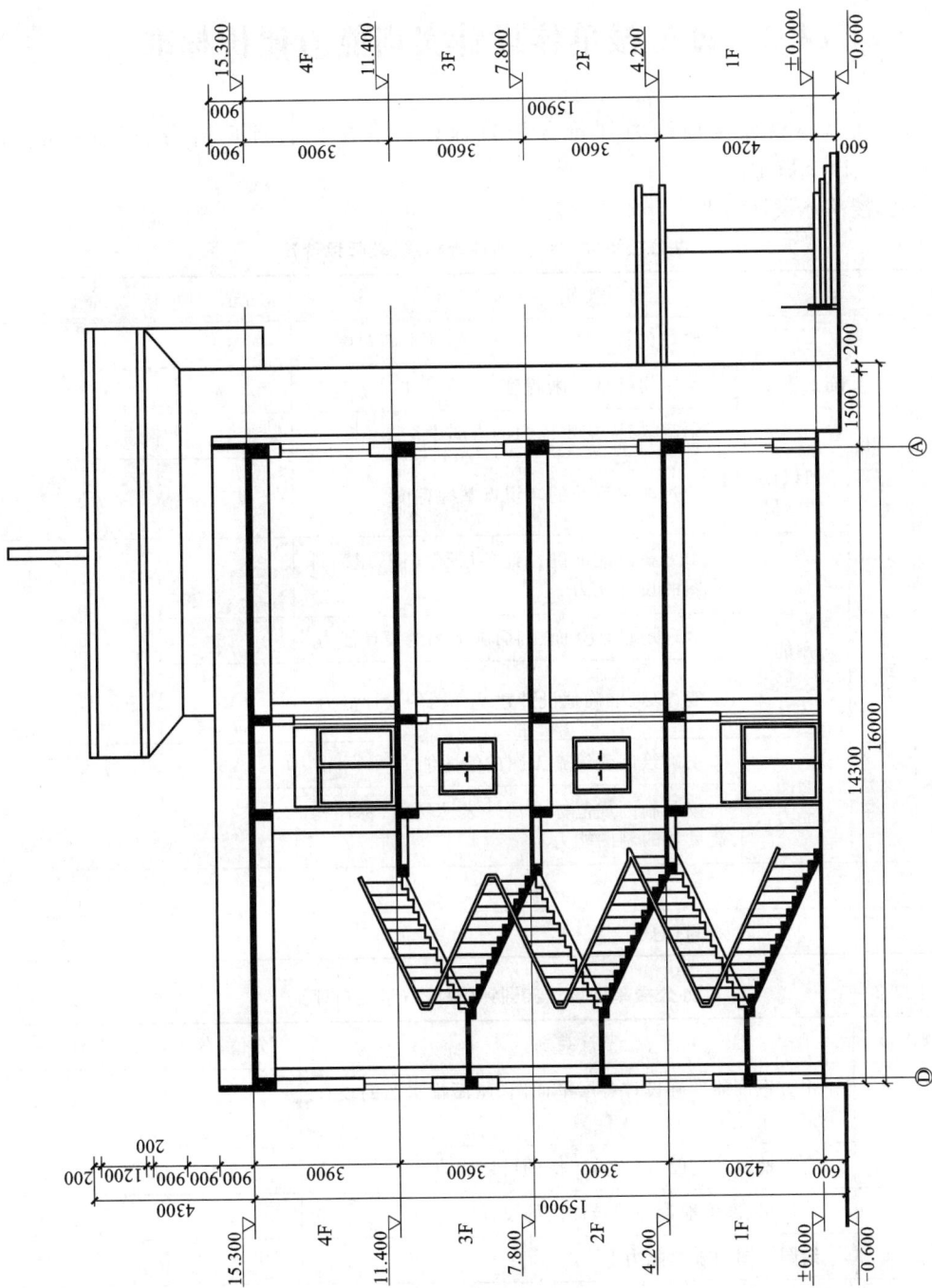

图 14-7　1—1剖面图(1:100)

14.2　办公楼单体设计实训能力评价标准

办公楼单体设计实训能力评价分为教师评价和学生自评两部分,评价标准如表 14-1、表 14-2 所示。

办公楼单体设计实训综合成绩评定:_____分　　　　　　教师签字:_____

表 14-1　　　　　　办公楼单体设计实训评价标准(教师评价)

项次	考核类别			分值/分	备注
1	基础素质		学习的认真程度,学习总结的全面程度	10	
			文字表达的清晰程度	5	
			语言表达、应辩能力的强弱度	10	
2	专业知识	知识点的掌握	通过成果反映的知识点掌握程度	5	
		专业知识应用能力	由方案图能准确设计各层平面图、屋面排水图的设计能力	15	
			合理地设计立面、剖面施工图的设计能力	15	
			能详尽、准确地设计建筑详图的设计能力	15	
		绘图能力	正确绘制建筑施工图的绘图能力	15	
			按照制图规范标准清楚表达图面、标注构造尺寸的制图能力	10	
总分					
权重(总分×0.8)					

表 14-2　　　　　　办公楼单体设计实训评价标准(学生自评)

项次	考核类别	分值/分	备注
1	由方案图能准确设计各层平面图、屋面排水图的设计能力	5	
2	合理地设计立面、剖面施工图的设计能力	5	
3	能详尽、准确地设计建筑详图的设计能力	5	
4	绘图及图面表达能力	5	
总分			

15 建筑总平面设计实务操练

15.1 总平面设计实训资料

15.1.1 背景资料(一)

15.1.1.1 实训条件

某城市体育场总平面图如图 15-1 所示,其西侧为公园,南侧、东侧及北侧均为城市道路,且东侧已有出入口和内部道路至已建办公楼(18m 高);城市规划要求建筑物退至道路红线后 5m。当地日照间距系数为 1.2。规划在用地内新建体育馆、训练馆、餐厅各 1 栋,以及运动员公寓楼 2 栋(高 20m)。各建筑平面形状及尺寸如图 15-2 所示。

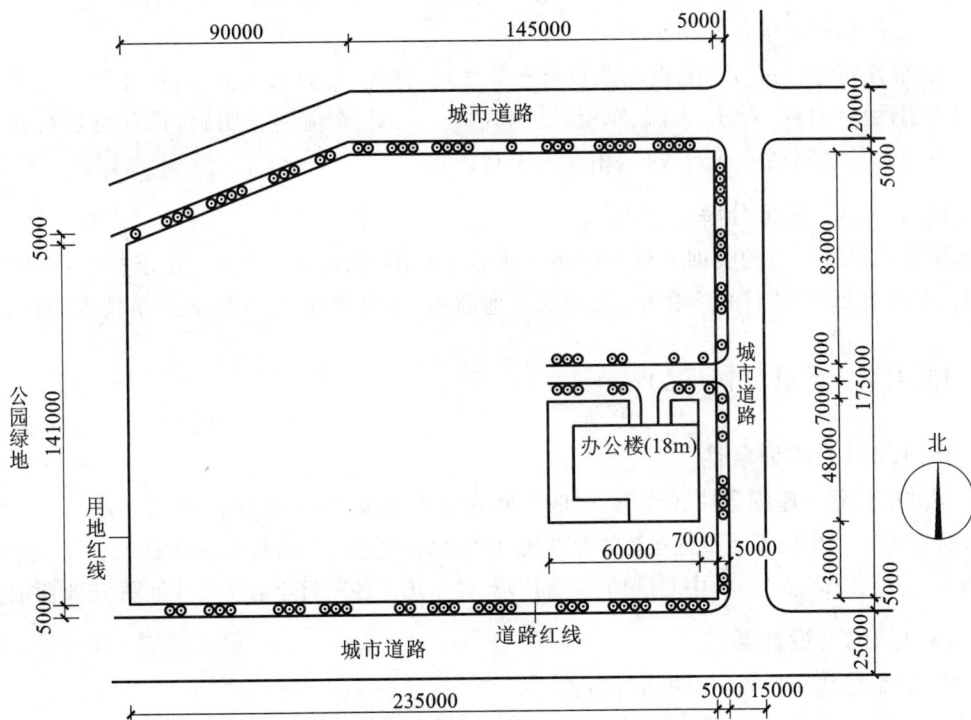

图 15-1 场地总平面图(1:2000)

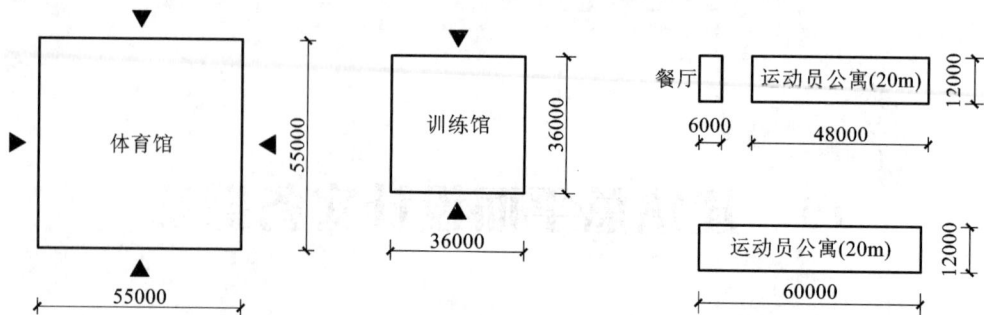

图 15-2　各建筑平面形状及尺寸

15.1.1.2　设计要求

① 体育馆主入口朝南,其前面的广场面积不得小于 4800m²。体育馆四周 18m 范围内不得布置其他建筑物和停车场。体育馆的周围为环形道路,南侧是主入口,北侧是场地主入口,与训练馆共用。西侧为公园,东侧与已有道路及场地东入口正对。体育馆的外围广场面对城市道路,以满足集散、视觉等要求。

② 训练馆与公寓和体育馆均应有便利的联系。

③ 小汽车停车场面积小于 4000m²,车位尺寸为 3m×6m,行车道及出入口宽 7m。画出停车带和出入口即可。另外再布置电视转播车及运动员专车停车位(4m×12m)10 个,以及贵宾停车位(3m×6m)12 个,各一处。汽车车位、路线与广场互不干扰,并有绿化带隔开,同时停车场位于体育馆和办公楼之间,交通便利。

④ 自行车停车场面积不小于 1200m²。

⑤ 布置新建建筑、广场、汽车及自行车停车场、绿地、道路及出入口,标注相关尺寸和不同使用性质(对内、对外、人流、车流)的出入口。人流、车流路线明确,在普通观众和贵宾及内部人员之间划分不同入口,相互无干扰。

15.1.1.3　任务分解

在背景资料(一)的实训条件下绘制一张总平面图,比例为 1:500。要求标明:总用地面积、总建筑面积(估计)、容积率、总建筑占地面积、建筑密度、绿地率等经济技术指标。

15.1.2　背景资料(二)

15.1.2.1　实训条件

某城市拟建一座综合性展览馆,用地南侧为城市公园,用地范围如图 15-3 所示。用地界线后退 15m 范围内不能布置建筑物及展场,作为绿化用地。综合性建筑包括展览厅、序厅、库房、办公楼、旅馆、过街楼、中心广场、卸货广场、停车场。各项目层数及尺寸如图 15-4 所示。

15.1.2.2　设计要求

① 绘制场地布置图,标明项目名称。

② 设置四个出入口,南侧不许设机动车出入口;人流主入口及中心广场应在场地最南面选定。

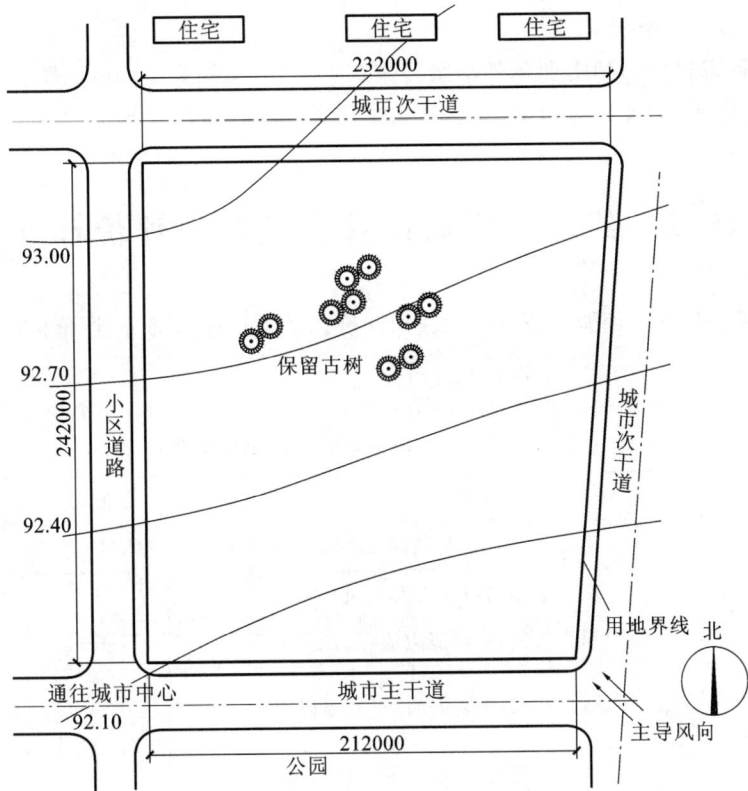

图 15-3　场地总平面图(1:2000)

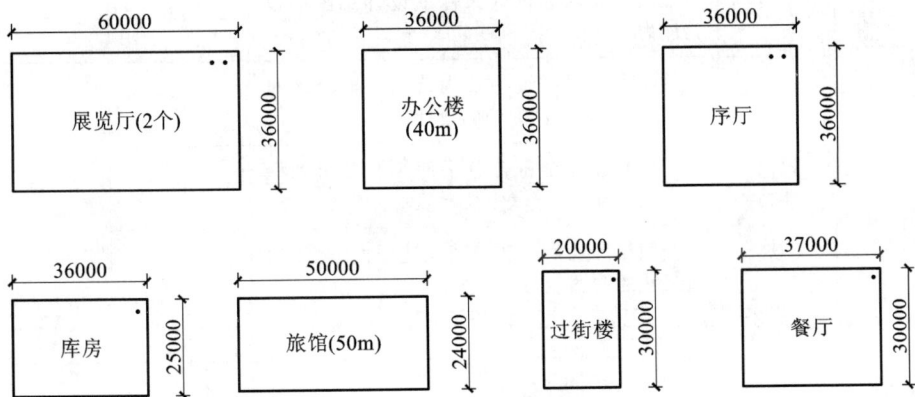

图 15-4　各项目层数及尺寸

③ 餐厅要有独立内院。

④ 展览馆前要有不小于 9000m² 的中心广场,在其附近布置不小于 1800m² 的卸货广场。

⑤ 餐厅前布置大客车停车位(4m×12m)6 个,办公楼前布置小汽车停车场 2400m²。

⑥ 保留古树。

⑦ 各项目的形状及尺寸不得改动,但方位可旋转。

⑧ 根据用地地形等高线标出各出入口的标高。

15.1.2.3 任务分解

依据背景资料(二)的实训条件绘制一张总平面图,比例为1:500。要求标明:总用地面积,总建筑面积(估计),容积率、总建筑占地面积、建筑密度,绿地率等经济技术指标。

15.2 建筑总平面设计实训能力评价标准

建筑总平面设计实训能力评价分为教师评价和学生自评两部分,评价标准如表15-1～表15-4所示。

建筑总平面设计实训一综合成绩评定:_____分　　　　教师签字:_____

表 15-1　　　　　　　　　建筑总平面设计实训一评价标准(教师评价)

项次	考核类别			分值/分	备注
1	基础素质		学习的认真程度,学习总结的全面程度	10	
			文字表达的清晰程度	5	
			语言表达、应辩能力的强弱度	10	
2	专业知识	知识点的掌握	通过成果反映的知识点掌握程度	5	
		专业知识应用能力	合理确定总平面中的道路和出入口位置的设计能力	15	
			在设计要求和设计条件下设计总图的设计能力	15	
		绘图能力	总图中能对建筑物及构筑物平面合理布置,经济指标计算准确的设计能力	15	
			图面制作完全符合总平面绘制要求和标准的绘图能力	15	
			按照制图规范标准清楚表达图面、标注构造尺寸的制图能力	10	
总分					
权重(总分×0.8)					

表 15-2 建筑总平面设计实训一评价标准（学生自评）

项次	考核类别	分值/分	备注
1	合理确定总平面中的道路和出入口位置的设计能力	5	
2	在设计要求和设计条件下设计总图的设计能力	5	
3	总图中能对建筑物及构筑物平面合理布置，经济指标计算准确的设计能力	5	
4	绘图及图面表达能力	5	
总分			

建筑总平面设计实训二综合成绩评定：_____分　　　　　　　教师签字：_____

表 15-3 建筑总平面设计实训二评价标准（教师评价）

项次	考核类别			分值/分	备注
1	基础素质		学习的认真程度，学习总结的全面程度	10	
			文字表达的清晰程度	5	
			语言表达、应辩能力的强弱度	10	
2	专业知识	知识点的掌握	通过成果反映的知识点掌握程度	5	
		专业知识应用能力	合理确定总平面中的道路和出入口位置的设计能力	15	
			在设计要求和设计条件下设计总图的设计能力	15	
		绘图能力	总图中能对建筑物及构筑物平面合理布置，经济指标计算准确的设计能力	15	
			图面制作完全符合总平面绘制要求和标准的绘图能力	15	
			按照制图规范标准清楚表达图面、标注构造尺寸的制图能力	10	
总分					
权重（总分×0.8）					

表 15-4 建筑总平面设计实训二评价标准（学生自评）

项次	考核类别	分值/分	备注
1	合理确定总平面中的道路和出入口位置的设计能力	5	
2	在设计要求和设计条件下设计总图的设计能力	5	
3	总图中能对建筑物及构筑物平面合理布置，经济指标计算准确的设计能力	5	
4	绘图及图面表达能力	5	
总分			

参 考 文 献

[1] 中国建筑标准设计研究院.04DX002 工程建设标准强制性条文及应用示例(房屋建筑部分-电气专业)[S].北京:中国建筑工业出版社,2004.

[2] 中华人民共和国建设部,中华人民共和国国家质量监督检验检疫总局.GB 50016—2006 建筑设计防火规范[S].北京:中国计划出版社,2006.

[3] 国家技术监督局,中华人民共和国建设部.GB 50045—1995 高层民用建筑设计防火规范(2005 年版)[S].北京:中国计划出版社,2006.

[4] 中华人民共和国建设部,中华人民共和国国家质量监督检验检疫总局. GB 50352—2005 民用建筑设计通则[S].北京:中国建筑工业出版社,2005.

[5] 中华人民共和国建设部,中华人民共和国国家质量监督检验检疫总局. GB 50368—2005 住宅建筑规范[S].北京:中国建筑工业出版社,2005.

[6] 中华人民共和国住房和城乡建设部,中华人民共和国国家质量监督检验检疫总局.GB 50096—2011 住宅设计规范[S].北京:中国建筑工业出版社,2011.

[7] 中华人民共和国建设部.JGJ 67—2006 办公建筑设计规范[S].北京:中国建筑工业出版社,2006.

[8] 中华人民共和国住房和城乡建设部,中华人民共和国国家质量监督检验检疫总局.GB 50345—2012 屋面工程技术规范[S].北京:中国建筑工业出版社,2012.

[9] 杨志勇.工民建专业毕业设计手册[M].武汉:武汉工业大学出版社,1997.

[10] 李祯祥.房屋建筑学[M].北京:中国建筑工业出版社,1995.

[11] 舒秋华.房屋建筑学[M].4 版.武汉:武汉理工大学出版社,2011.

[12] 中国建设教育协会组织.建筑构造[M].北京:中国建筑工业出版社,2000.

[13] 傅信祁,广进奎,同济大学.房屋建筑学[M].北京:中国建筑工业出版社,1990.

[14] 韩建绒,白雪,孔玉琴.建筑构造与设计基础[M].北京:中国建筑工业出版社,2013.

[15]《建筑设计资料集》编委会.建筑设计资料集 3[M].2 版.北京:中国建筑工业出版社,1994.